U0237115

青藏高原羌塘沉积盆地演化与油气资源丛书

# 羌塘盆地二维地震勘探技术与实践

付修根　彭清华　王　剑　李忠雄　等 著

科 学 出 版 社

北　京

## 内 容 简 介

本书采用以代表世界最新技术水平的低频、大吨位新型可控震源和常规可控震源采集设备为依托的激发方式，配合成熟的高速层下大药量激发技术，在二维地震采集思路上有明显的创新，获得的二维地震资料信噪比大幅度提高，地质现象更加清晰，解决地下地质问题能力大幅度提高，首次清晰地识别出地腹构造，解决研究区域长达20余年未解决的油气勘探关键的科学问题，在高原二维地震的特殊处理技术方面也取得了重要突破。

本书可供从事油气勘探、石油地质、沉积地质、地球物理等工作生产、科研和教学人员参考。

**图书在版编目（CIP）数据**

羌塘盆地二维地震勘探技术与实践 / 付修根等著. —北京：科学出版社，2020.12

（青藏高原羌塘沉积盆地演化与油气资源丛书）

ISBN 978-7-03-063125-1

Ⅰ. ①羌…　Ⅱ. ①付…　Ⅲ. ①羌塘高原－含油气盆地－地震勘探－油气勘探　Ⅳ. ①P618.130.8

中国版本图书馆CIP数据核字（2019）第249527号

责任编辑：罗　莉 / 责任校对：彭　映
责任印制：罗　科 / 封面设计：蓝创世界

科学出版社出版
北京东黄城根北街16号
邮政编码：100717
http://www.sciencep.com

四川煤田地质制图印刷厂印刷
科学出版社发行　各地新华书店经销

*

2020年12月第　一　版　开本：787×1092　1/16
2020年12月第一次印刷　印张：14 1/2
字数：345 000

**定价：198.00元**

（如有印装质量问题，我社负责调换）

# 丛书编委会

## 《羌塘盆地二维地震勘探技术与实践》
## 作 者 名 单


付修根　彭清华　王　剑　李忠雄
刘中戎　谭富文　陈　明　杜佰伟
万友利　谢尚克　孙　伟　马　龙
王　东　任　静　周小琳

# 前　言

羌塘盆地位于全球油气产量高、储量丰富的特提斯构造域东段，西与著名的中东波斯湾油区毗邻，东与东南亚的含油气盆地群相近，具有广阔的油气勘探前景。我国沉积学家、石油勘探家通过长期对构造、沉积及含油气盆地进行分析研究，初步证实羌塘中生代沉积盆地分布面积广、沉积厚度大、具有较好的生储盖条件及组合。羌塘中生代沉积盆地是我国中生代海相盆地油气勘探的首选区域，也是寻觅新油气接替区的首选目标。在羌塘盆地油气勘探工作中开展关键地球物理勘探技术攻关，特别是二维地震勘探技术攻关，对寻找新的后备能源基地，具有十分重要的意义。

青藏高原的石油地质调查工作开始于20世纪50年代，从1994年起，中国石油天然气总公司勘探局成立的新区油气勘探事业部青藏油气勘探项目经理部开展了以羌塘盆地为主的地质填图、地质路线、地球物理、石油化探、专题研究等调查与评价工作。2001～2004年，由中国地质调查局成都地质调查中心牵头组成联合科研队伍，从沉积、油气、构造与保存条件三个方面开展工作，对羌塘盆地油气有利远景区进行优选。羌塘盆地的地震勘探工作始于1996年。2015年以前，主要由自然资源部（原国土资源部）、中国石油天然气集团有限公司（中石油）和中国石油化工集团有限公司（中石化）开展相关的地震工作，该阶段地震测线密度虽然已经达到一定程度且局部地区测网密度较高，但是由于信噪比较低，可用于解释的地震剖面不多，地震解释的整体可靠性较低，制约了地震勘探的效果。2015年，中国地质调查局成都地质调查中心组织相关单位，分别在羌塘盆地半岛湖地区、托纳木-笙根地区、鄂斯玛-玛曲地区开展地震测量工作，获得了品质较好的地震资料，取得了羌塘盆地地震勘探历史性的突破。

本书是在2015年取得羌塘盆地地震勘探突破的基础上，对地震勘探成果的总结，是二级项目“羌塘盆地金星湖-隆鄂尼地区油气资源战略调查”成果的组成部分，该项目由中国地质调查局成都地质调查中心承担完成，项目于2015年1月启动，2018年12月完成，地震测量、调查与评价工作历时4年。针对羌塘盆地复杂地表、地质条件，开展石油地球物理数据采集方法与数据处理方法试验攻关，对试验资料进行定性和定量分析，总结适用于羌塘复杂地质条件的地球物理采集方法与处理技术方案；通过完成一定工作量的二维地震测量和地质调查，揭示测区盆地基底、边界及其上覆地层的构造格架，重点落实本区已发现的局部地下构造，为羌塘盆地有利油气勘探构造落实、目标层优选和井位论证提供依据。本书共分为九章，其基本内容如下：

第一章，概述羌塘盆地的地理概况、地质条件、地震地质条件及地震勘探历程。

第二章，通过对半岛湖重点区块、托纳木-笙根重点区块及隆鄂尼-玛曲重点区块二维地震采集技术攻关试验，确定适用于羌塘盆地不同地貌、地形及岩性的二维地震数据采集参数。

第三章至第六章，依据二维地震攻关结果，分述适用于羌塘盆地的数据采集技术、地震数据处理静校正技术、地震资料处理技术及地震资料解释技术的理论基础。

第七章，讨论适合地震数据采集、处理及解释的技术方法及参数。

第八章和第九章，以半岛湖重点区块、托纳木-笙根重点区块、隆鄂尼-玛曲重点区块为例，介绍羌塘盆地二维地震勘探实践过程及取得的成果。

本书是集体智慧的结晶，是青藏高原羌塘盆地石油地质调查与勘探工作成果的体现，撰写者由沉积地质、石油地质、地震地球物理等领域专业人员组成。

本书编写分工如下：前言由付修根主笔，万友利、彭清华参与编写；第一章由彭清华主笔，谢尚克参与编写；第二章由万友利主笔，彭清华参与编写；第三章由彭清华主笔，谢尚克参与编写；第四章与第五章由万友利主笔；第六章由谢尚克主笔，付修根、刘中戎参与编写；第七章由彭清华主笔，谢尚克参与编写；第八章和第九章由万友利主笔，彭清华、付修根参与编写；由谢尚克统稿，彭清华、王剑、付修根修改；最终由王剑、付修根审查定稿；本书的统稿、定稿和校稿工作是作者在西南石油大学完成的。本书前期由王剑、付修根、谭富文、李忠雄、陈明、杜佰伟、彭清华、马龙、孙伟、谢尚克组织参与了野外地震资料的采集，王剑、付修根、谭富文、刘中戎组织了地震资料的处理与解译。

在野外地质调查及二维地震勘探施工过程中，西藏自治区自然资源厅、西藏自治区地质矿产勘查开发局、西藏自治区地质调查院、西藏自治区林业和草原局、中国地质调查局拉萨工作站、西藏自治区地勘局第六地质大队、那曲市自然资源局、双湖县人民政府等单位给予了大力的支持与帮助；中石化石油工程地球物理有限公司中南分公司、中国石油集团东方地球物理勘探有限责任公司研究院、中石化石油工程地球物理有限公司西南分公司在3个重点区块的二维地震数据攻关与采集过程中做了大量工作，中石化勘探分公司开展了3个重点区块的二维地震资料处理与连片解译工作，中国地质调查局成都地质调查中心车队提供了大力支持和帮助。

在此，谨向所有关心、支持和帮助本书出版的单位和个人一并致以最衷心的感谢。

# 目　录

# 第一章　概　　述

羌塘盆地位于青藏高原腹地，北界为可可西里-金沙江缝合带，南界为班公湖-怒江缝合带，西至阿里，东抵青藏公路一带。广义的羌塘盆地包括了北部羌塘古生代-中生代盆地及位于其南部边缘班公湖-怒江缝合带伦坡拉新生代盆地群，羌塘中生代残留盆地面积约 22 万 $km^2$。羌塘盆地可划分为 3 个次级构造单元，即北羌塘拗陷、南羌塘拗陷和中央隆起带（图 1-1），总体上具有两拗一隆的构造格局。

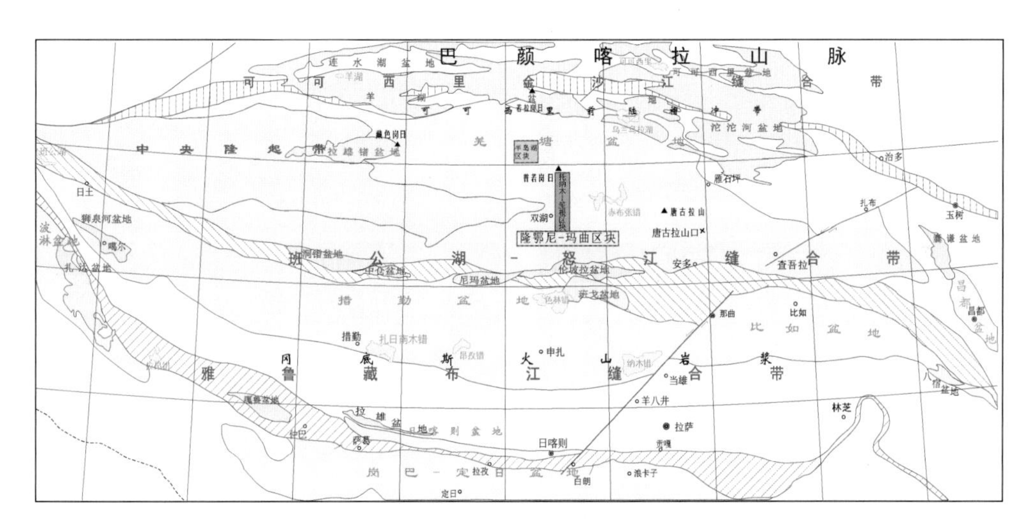


图 1-1　羌塘盆地及区块地理位置图

## 第一节　地 理 概 况

### 一、地理位置

羌塘盆地主体位于西藏自治区及青海省境内，其行政区划包括西藏自治区那曲市安多县、班戈县、双湖县、尼玛县等。

### 二、气候条件

羌塘盆地平均海拔 5000m 以上，属于高原亚寒带干旱气候区，空气稀薄，气候复杂多变，全年平均气温为–3℃，极端气温变化为–42～42℃（王钧等，1990），无真正夏季，寒冷期漫长；年均降水量仅为 100～200mm，年日照时数为 2852.6～2881.7h，水域冰冻期为 11 月至来年 5 月，全年无绝对无霜期，多为风雪、冰雹、旱涝等灾害性天气。

## 三、地貌特征

羌塘盆地地貌较复杂，发育有草原、山地、湖泊、丘陵、沼泽、河流、冲沟等多种地表地貌类型（图 1-2），总体可以概括为山地、草原-丘陵和湖泊水域三大类地貌。

图 1-2 羌塘盆地典型的地形地貌

山地地貌主要为该盆地内普若岗日、玛依岗日、那底岗日等海拔较高山地，地形较陡，多在 5100m 以上，多为基岩出露区，部分地区如普若岗日冰川等常年冰冻积雪。草原-丘陵地貌出现在盆地内山地之间、海拔相对较低区域，地表多被稀疏、低矮的牧草覆盖，夹杂有河道、砾石冲沟等，海拔相对较低，一般为 4800～5100m。湖泊水域主要为盆地内低洼的部位，主要为一些高原湖泊及河流流经区域。

## 四、交通状况

盆地内交通条件较差，除国道和各县之间的省道县道外，研究区主要为草原简易道路，没有经过交通部门建制，这些道路多沼泽地，极易陷车，特别是 6～8 月冻土层融化后，多数道路均难通行。

# 第二节　地 质 概 况

## 一、构造地质

### （一）构造单元划分

2009年，王剑等在“全国油气资源战略选区调查与评价”的“青藏高原油气资源战略选区调查与评价”项目（2004～2009）中通过野外调查、重点区块填图及羌塘盆地1∶25万区域地质调查成果的统计分析后，结合前期成果，将羌塘盆地划分为北羌塘拗陷、中央隆起带和南羌塘拗陷3个二级构造单元，8个三级构造单元（表1-1，图1-3）。

**表1-1　羌塘盆地构造单元划分简表（据王剑等，2009）**

| 二级构造单元 | 三级构造单元 |
| --- | --- |
| 北羌塘拗陷（I） | 亚克错-乌兰乌拉湖冲断带（$I_{1-1}$） |
| | 羌中舒缓褶皱带（$I_{1-2}$） |
| | 布若错-达尔沃错过渡构造带（$I_{1-3}$） |
| | 大熊湖拗陷边缘冲断带（$I_{1-4}$） |
| 中央隆起带（II） | 西部强烈隆起带（$II_{1-1}$） |
| | 东部强烈隆起带（$II_{1-2}$） |
| 南羌塘拗陷（III） | 帕度错-扎加藏布褶皱带（$III_{1-1}$） |
| | 诺尔玛错-其香错断褶带（$III_{1-2}$） |

### （二）构造层划分及构造演化

研究表明，羌塘盆地经历了多期构造运动的叠加改造，盆内构造特征十分复杂（王剑等，2004；刘家铎等，2007）。王剑等（2009）在前期工作基础上，依据羌塘盆地地层接触关系、沉积事件、岩浆活动和变形-变质特征等，重新将各时代地质体划分为5个构造层：基底构造层、古生代充填构造层、三叠系构造层、下白垩统-上三叠统构造层和新生界-上白垩统构造层。在各构造层内部，又发育若干个构造亚层。

在构造层划分的基础上，依据各构造层变形特征、接触关系、岩浆活动和沉积作用等，认为羌塘盆地自元古代形成变质结晶基底后（谭富文等，2008），主要经历了华力西期、印支期、燕山期和喜马拉雅期等四次构造运动，其中燕山运动、喜马拉雅运动表现为多幕次（刘家铎等，2007）。

结合沉积作用、岩浆活动、变质作用和变形特征等，王剑等（2009）将羌塘盆地构造演化过程划分为古生代构造旋回、印支构造旋回、燕山期伸展-挤压旋回和喜马拉雅构造旋回四个大的演化阶段。

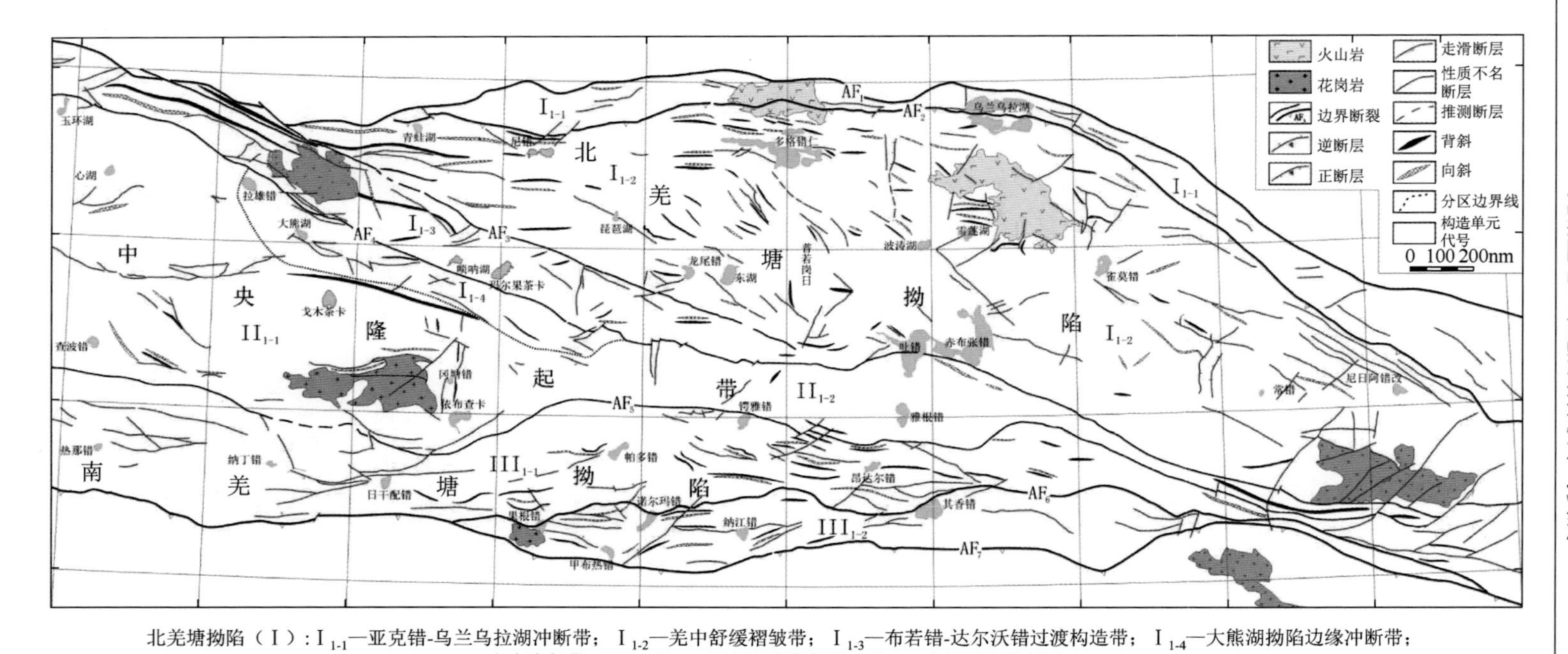


北羌塘拗陷（Ⅰ）：$Ⅰ_{1\text{-}1}$—亚克错-乌兰乌拉湖冲断带；$Ⅰ_{1\text{-}2}$—羌中舒缓褶皱带；$Ⅰ_{1\text{-}3}$—布若错-达尔沃错过渡构造带；$Ⅰ_{1\text{-}4}$—大熊湖拗陷边缘冲断带；
中央隆起带（Ⅱ）：$Ⅱ_{1\text{-}1}$—西部强烈隆起区；$Ⅱ_{1\text{-}2}$—东部强烈隆起区；
南羌塘拗陷（Ⅲ）：$Ⅲ_{1\text{-}1}$—帕度错-扎加藏布褶皱带；$Ⅲ_{1\text{-}2}$—诺尔玛错-其香错断褶皱

图 1-3　羌塘盆地构造纲要及构造单元划分图（据王剑等，2009）

## 二、区域地层

### （一）地层分区

区域上，羌塘盆地内广泛分布中、新生界地层，古生界地层主要沿中央隆起带出露，前奥陶系仅在中央隆起带个别露头出露。根据岩石地层组合特征，羌塘盆地可划分为北羌塘拗陷和南羌塘拗陷两个大的地层分区（图 1-4）。

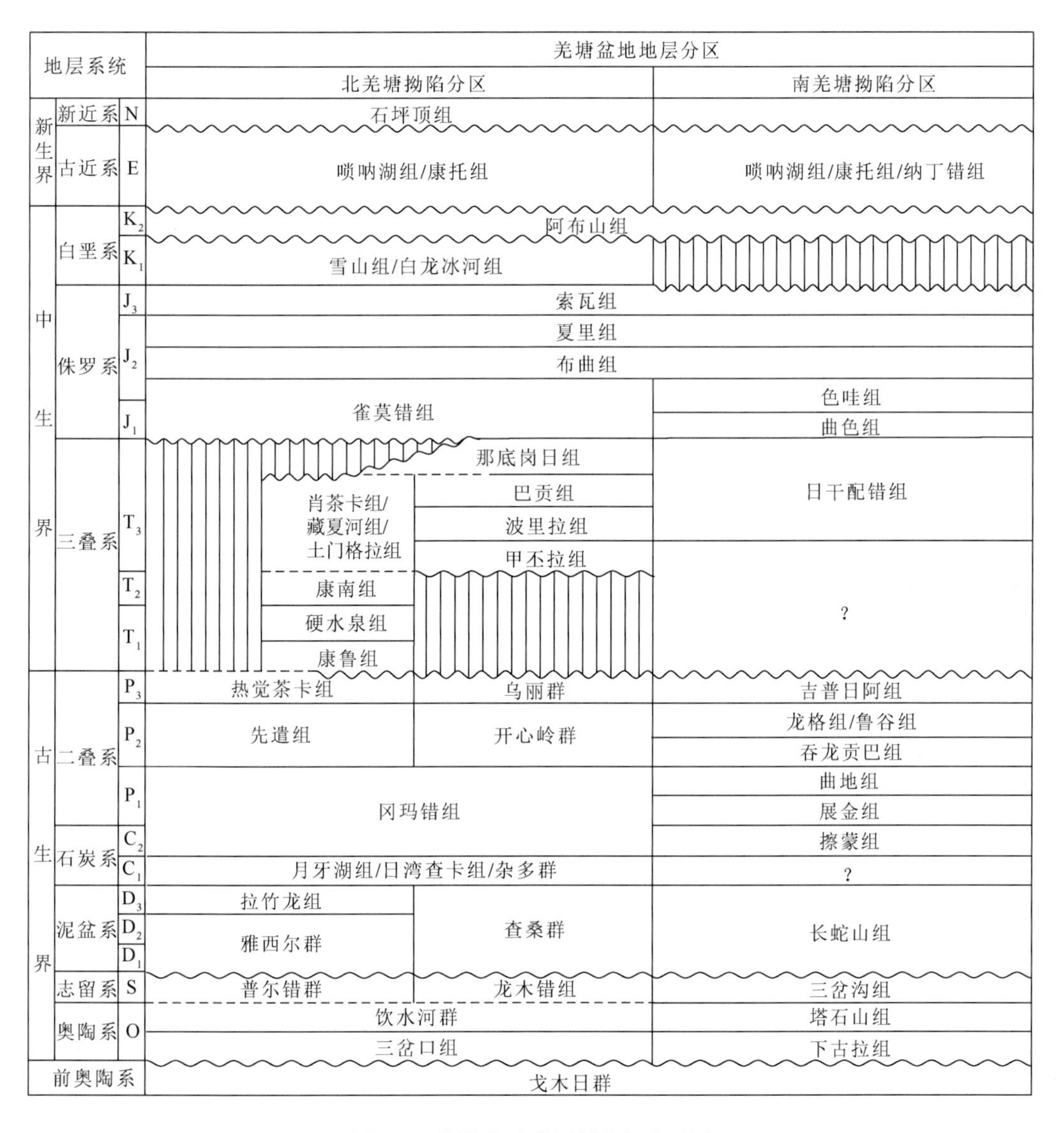


图 1-4 羌塘盆地地层划分与分区图

## （二）地层划分与对比

在青藏高原1∶25万区域地质调查（2003～2006年）和新一轮油气地质调查及战略选区研究的基础上，王剑等（2004, 2009）对羌塘盆地地层进行了新的系统划分与对比，补充完善了羌塘盆地的地层系统，分为北羌塘拗陷地层和南羌塘拗陷地层（图1-5、图1-6）。

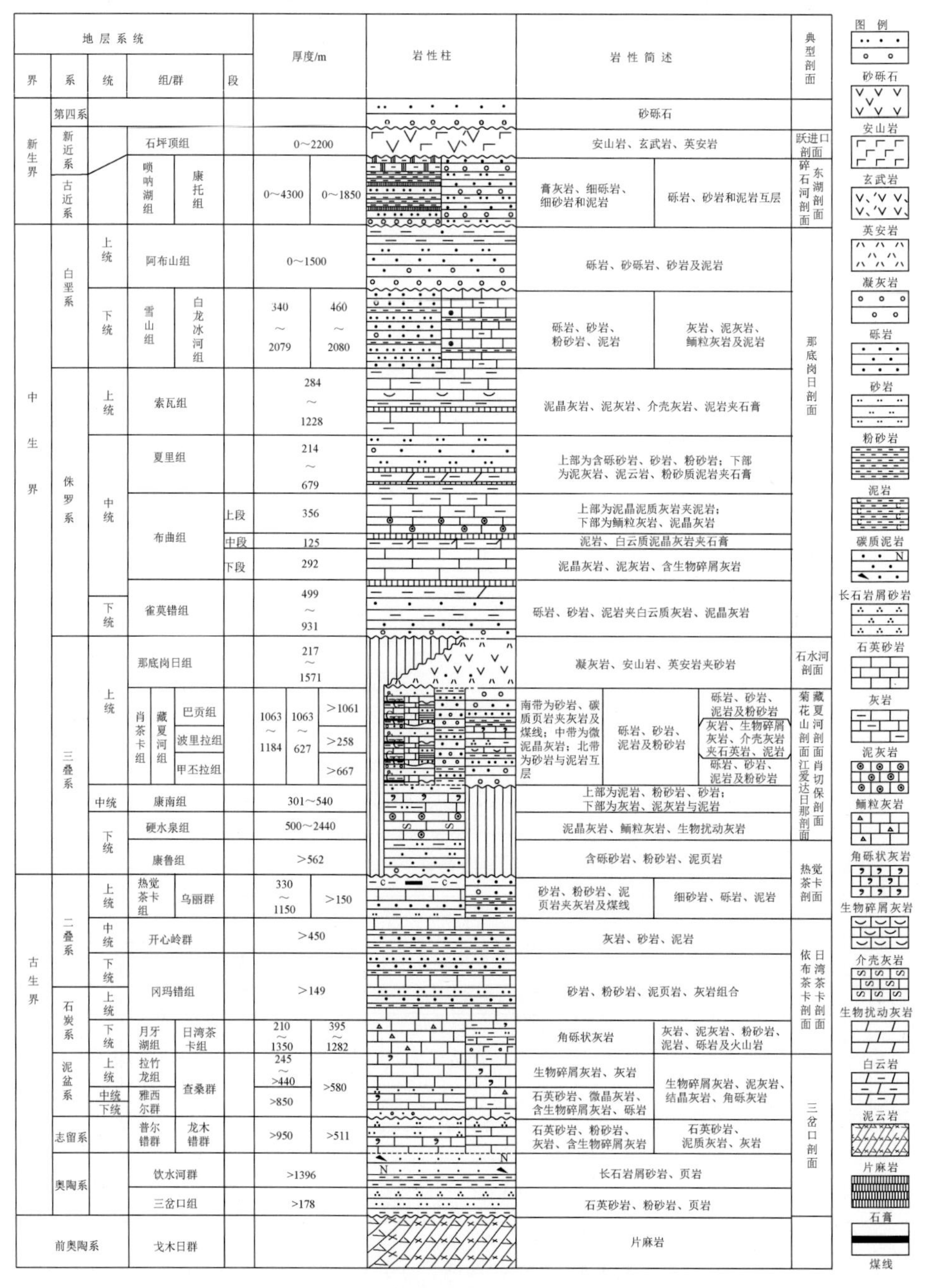


图1-5 北羌塘拗陷地层综合柱状图

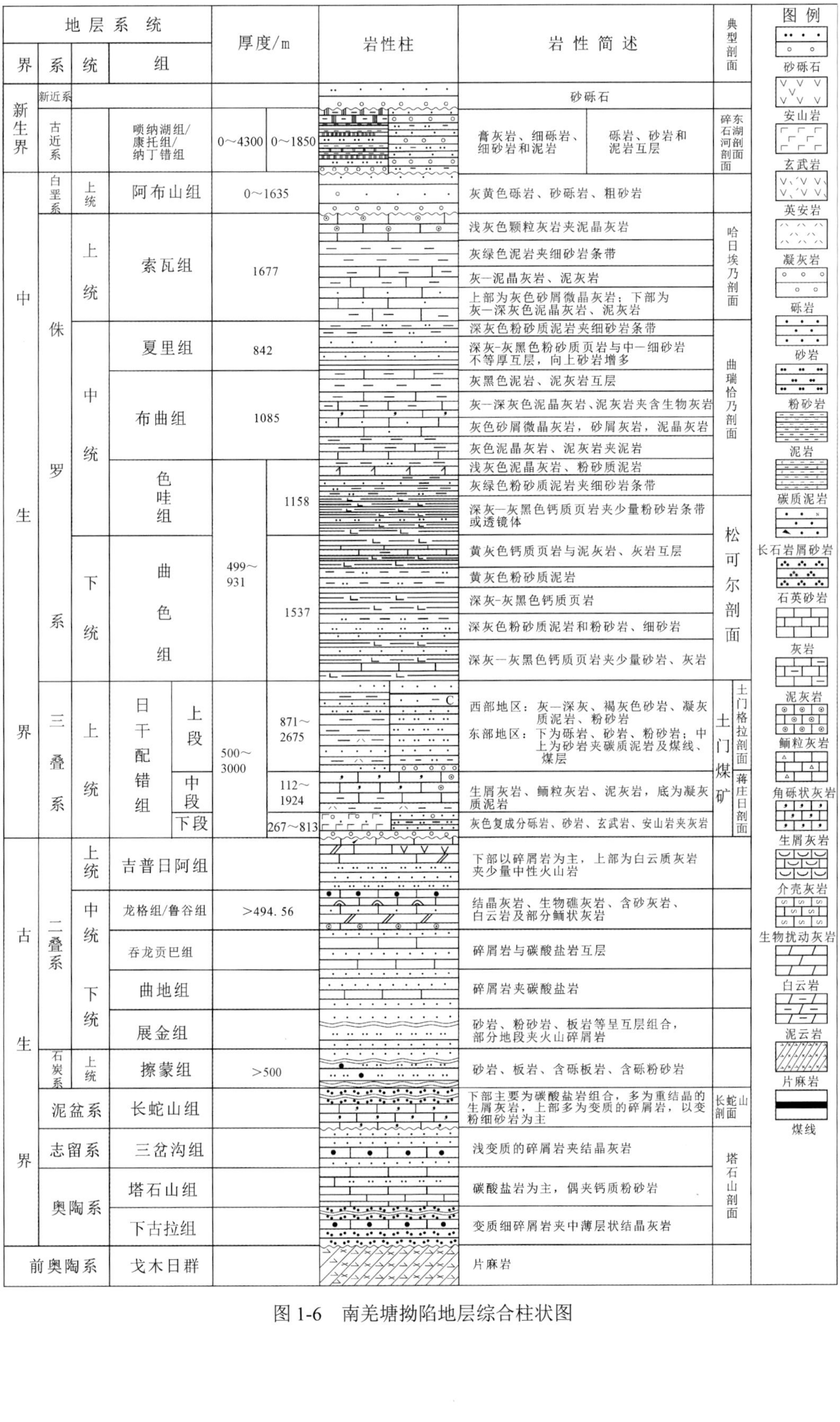

| 界 | 系 | 统 | 组 | 厚度/m | 岩性柱 | 岩性简述 | 典型剖面 |
|---|---|---|---|---|---|---|---|
| 新生界 | 新近系 | | | | | 砂砾石 | |
| 新生界 | 古近系 | | 唢纳湖组/康托组/纳丁错组 | 0～4300 | | 膏灰岩、细砾岩、细砂岩和泥岩 | 碎石河剖面 |
| | | | | 0～1850 | | 砾岩、砂岩和泥岩互层 | 东湖剖面 |
| 中生界 | 白垩系 | 上统 | 阿布山组 | 0～1635 | | 灰黄色砾岩、砂砾岩、粗砂岩 | |
| | 侏罗系 | 上统 | 索瓦组 | 1677 | | 浅灰色颗粒灰岩夹泥晶灰岩 | 哈日埃乃剖面 |
| | | | | | | 灰绿色泥岩夹细砂岩条带 | |
| | | | | | | 灰—泥晶灰岩、泥灰岩 | |
| | | | | | | 上部为灰色砂屑微晶灰岩；下部为灰—深灰色泥晶灰岩、泥灰岩 | |
| | | 中统 | 夏里组 | 842 | | 深灰色粉砂质泥岩夹细砂岩条带 | 曲瑞恰乃剖面 |
| | | | | | | 深灰-灰黑色粉砂质页岩与中—细砂岩不等厚互层，向上砂岩增多 | |
| | | | 布曲组 | 1085 | | 灰黑色泥岩、泥灰岩互层 | |
| | | | | | | 灰—深灰色泥晶灰岩、泥灰岩夹含生物灰岩 | |
| | | | | | | 灰色砂屑微晶灰岩，砂屑灰岩，泥晶灰岩 | |
| | | | | | | 灰色泥晶灰岩、泥灰岩夹泥岩 | |
| | | | 色哇组 | 499～931<br>1158 | | 浅灰色泥晶灰岩、粉砂质泥岩 | |
| | | | | | | 灰绿色粉砂质泥岩夹细砂岩条带 | |
| | | | | | | 深灰—灰黑色钙质页岩夹少量粉砂岩条带或透镜体 | 松可尔剖面 |
| | | 下统 | 曲色组 | 1537 | | 黄灰色钙质页岩与泥灰岩、灰岩互层 | |
| | | | | | | 黄灰色粉砂质泥岩 | |
| | | | | | | 深灰-灰黑色钙质页岩 | |
| | | | | | | 深灰色粉砂质泥岩和粉砂岩、细砂岩 | |
| | | | | | | 深灰一灰黑色钙质页岩夹少量砂岩、灰岩 | |
| | 三叠系 | 上统 | 日干配错组 上段 | 500～3000<br>871～2675 | | 西部地区：灰—深灰、褐灰色砂岩、凝灰质泥岩、粉砂岩<br>东部地区：下为砾岩、砂岩、粉砂岩；中上为砂岩夹碳质泥岩及煤线、煤层 | 土门煤矿 土门格拉剖面 |
| | | | 日干配错组 中段 | 112～1924 | | 生屑灰岩、鲕粒灰岩、泥灰岩，底为凝灰质泥岩 | 蒋庄日剖面 |
| | | | 日干配错组 下段 | 267～813 | | 灰色复成分砾岩、砂岩、玄武岩、安山岩夹灰岩 | |
| 古生界 | 二叠系 | 上统 | 吉普日阿组 | | | 下部以碎屑岩为主，上部为白云质灰岩夹少量中性火山岩 | |
| | | 中统 | 龙格组/鲁谷组 | >494.56 | | 结晶灰岩、生物礁灰岩、含砂灰岩、白云岩及部分鲕状灰岩 | |
| | | | 吞龙贡巴组 | | | 碎屑岩与碳酸盐岩互层 | |
| | | 下统 | 曲地组 | | | 碎屑岩夹碳酸盐岩 | |
| | | | 展金组 | | | 砂岩、粉砂岩、板岩等呈互层组合，部分地段夹火山碎屑岩 | |
| | 石炭系 | 上统 | 擦蒙组 | >500 | | 砂岩、板岩、含砾板岩、含砾粉砂岩 | |
| | 泥盆系 | | 长蛇山组 | | | 下部主要为碳酸盐岩组合，多为重结晶的生屑灰岩，上部多为变质的碎屑岩，以变粉细砂岩为主 | 长蛇山剖面 |
| | 志留系 | | 三岔沟组 | | | 浅变质的碎屑岩夹结晶灰岩 | 塔石山剖面 |
| | 奥陶系 | | 塔石山组 | | | 碳酸盐岩为主，偶夹钙质粉砂岩 | |
| | | | 下古拉组 | | | 变质细碎屑岩夹中薄层状结晶灰岩 | |
| 前奥陶系 | | | 戈木日群 | | | 片麻岩 | |

图例：砂砾石；安山岩；玄武岩；英安岩；凝灰岩；砾岩；砂岩；粉砂岩；泥岩；碳质泥岩；长石岩屑砂岩；石英砂岩；灰岩；泥灰岩；鲕粒灰岩；角砾状灰岩；生屑灰岩；介壳灰岩；生物扰动灰岩；白云岩；泥云岩；片麻岩；煤线

图 1-6　南羌塘拗陷地层综合柱状图

1. 古生界

羌塘盆地内古生界出露地层为奥陶系—二叠系，奥陶系与志留系在盆内主要表现为浅海相碎屑岩沉积，泥盆系以稳定型浅海相碳酸盐岩沉积为主，石炭系为碳酸盐岩和碎屑岩含煤沉积，二叠系主要为碳酸盐岩、碎屑岩组合，局部夹火山岩和煤线。

2. 中生界与新生界

中生界地层在羌塘盆地出露齐全。三叠系中、下统仅在北羌塘拗陷出露，以浅海-半深海相碎屑岩地层为主，向南过渡为陆相，在中央隆起带北缘地层尖灭；侏罗系主要为海、陆过渡相-浅海相碎屑岩、碳酸盐岩地层，南羌塘拗陷发育次深海至深海相细碎屑岩。下白垩统主要为河、湖相碎屑岩及海相碳酸盐岩地层，上白垩统为碎屑岩及火山岩地层；古近系全区以冲洪积相-湖相陆源碎屑岩地层为主，新近系主要发育在北羌塘拗陷，为一套基性-酸性火山岩地层。

# 第三节　地震地质条件

## 一、表层地震地质条件

羌塘区块表层地震地质条件较为复杂，主要表现为出露地层岩性复杂，变化较大。主要出露地层为第四系、古近系和侏罗系等地层；第四系覆盖层主要为砂土、砂砾石；古近系主要为碎屑灰岩，砂砾岩及泥岩；侏罗系老地层主要为灰岩、粉砂岩、泥页岩互层沉积（图 1-7）。

(a) 灰岩　(b) 砂砾岩　(c) 泥岩　(d) 砂岩

图 1-7　出露地层主要岩性

对设计测线不同出露地层的炮点进行统计（表 1-2、表 1-3）可以看出，布置在出露老地层侏罗系的炮点占总数的 34.15%。

**表 1-2 设计测线不同出露地层的炮公里数及炮点统计表**

| 地层 | 炮公里数/km | 炮点/个 | 所占比例/% | 激发、接收条件 |
|---|---|---|---|---|
| 第四系（Q） | 65.7 | 1116 | 21.23 | 冲积物，以黏土为主，含沙砾石。激发、接收条件较差 |
| 古近系（E） | 138.0 | 2345 | 44.62 | 碎屑灰岩，砂砾岩、泥岩。激发、接收条件好 |
| 侏罗系（J） | 105.6 | 1795 | 34.15 | 灰岩为主，极少量泥页岩及砂岩。激发、接收条件较差 |

**表 1-3 设计测线炮点范围内出露地层情况统计表**

| 测线名称 | 设计炮公里/km | 设计炮点/个 | 第四系（Q）炮点/个 | 古近系（E）炮点/个 | 侏罗系（J）炮点/个 |
|---|---|---|---|---|---|
| QB2015-03SN | 58.56 | 984 | 190 | 329 | 465 |
| QB2015-04SN | 23.16 | 388 | 105 | 216 | 67 |
| QB2015-05SN | 39.24 | 658 | 92 | 381 | 185 |
| QB2015-06SN | 26.64 | 516 | 91 | 198 | 227 |
| QB2015-07SN | 30.84 | 516 | 230 | 145 | 141 |
| QB2015-08EW | 26.16 | 438 | 0 | 438 | 0 |
| QB2015-09EW | 34.44 | 576 | 0 | 450 | 126 |
| QB2015-10EW | 34.08 | 570 | 189 | 120 | 261 |
| QB2015-11EW | 36.12 | 610 | 219 | 68 | 323 |
| 合计 | 309.24 | 5256 | 1116 | 2345 | 1795 |

前期近地表结构调查资料表明，区块内低速层速度变化较大，速度为 1000～2000m/s，丘陵、山区低速层缺失；降速层在第四系平原地区基本为冻土层；高速层为永冻层或基岩，速度为 2100～5200m/s。

由于青藏高原气候寒冷，雨雪较多，地表含水量丰富，因此在地表形成了一层冻土层，除地表基岩出露地区外，该冻土层常年不化。以羌塘盆地为代表的青南-藏北高原冻土区是青藏高原永久冻土层主要分布区之一。本区块内冻土层具有典型的高原冻土结构，表层结构冬季与夏季变化大，夏季空洞含水。

在本区块前期进行了单井微测井与高密度电法探测段试验，用以探索季节性冻土层及永冻层的电法特征，确定永冻层的顶界面。从微测井与高密度电法反演对应效果图可以看到（图 1-8），微测井与高密度电法在深度上稍有误差，不过大致能反映低降速层为低阻的情况。段试验剖面浅部主要分为表土层、季节性冻土层、冰层以及胶泥层。表土层在剖面上主要表现为浅部低阻或高阻，主要反映地表土壤与碎石分布；季节性冻土层主要表现为不连续的高、低阻异常或连续的较薄的高、低阻层。剖面深部主要表现为永冻层。永冻层是在土壤、水分、温度共同作用下形成的一种多相组分，冻土与非冻土之间存在明显的电阻率差异。参考测井的界面，永冻层的顶面在低洼处稍厚，高处稍薄。永冻层顶面随海拔的增高有降低的趋势。

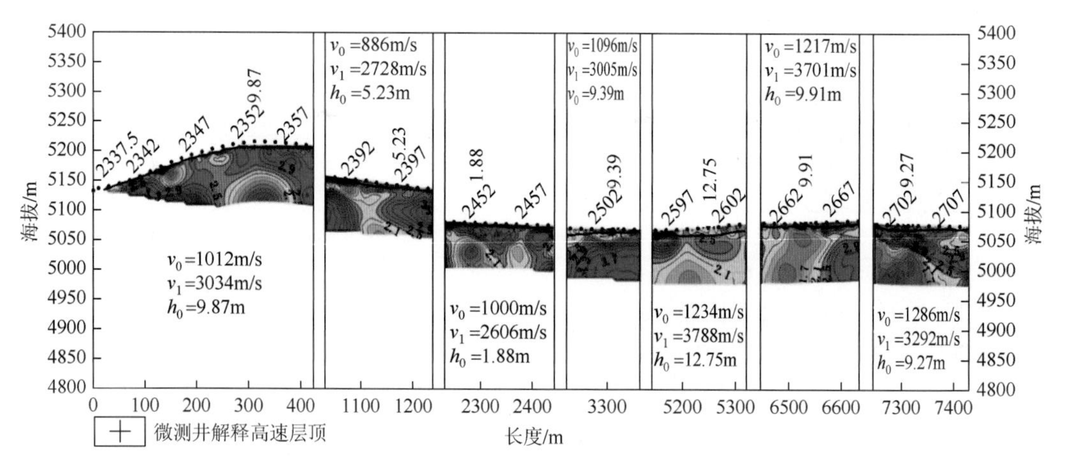


图 1-8　微测井与高密度电法反演对应效果图（来自江苏省有色金属华东地质勘查局资料）

注：$v_0$为永冻层速度，$h_0$为永冻层厚度，$v_1$为折射界面速度。

## 二、深部地震地质条件

羌塘盆地是以三叠系、侏罗系为主的中生界海相盆地，属构造型残留盆地，深部地震地质条件十分复杂。盆地基底为古生界地层，重、磁、电资料均反映羌塘盆地基底具有“两拗一隆”的构造格局，且两拗陷内分布有多个次级凹陷、凸起，盆地中生界最大沉积厚度为6000～7000m。

在变质基岩之上，羌塘盆地沉积地层主要为三叠系、侏罗系，其沉积厚度在不同的构造部位各不相同。主要勘探目的层褶皱严重，地层倾角大，产状多变，各类断层较为发育，地层切割性强，成像效果较差（图 1-9），但部分地区地震剖面各目标层波形特征较明显、波组关系较清楚（图 1-10，表 1-4）。

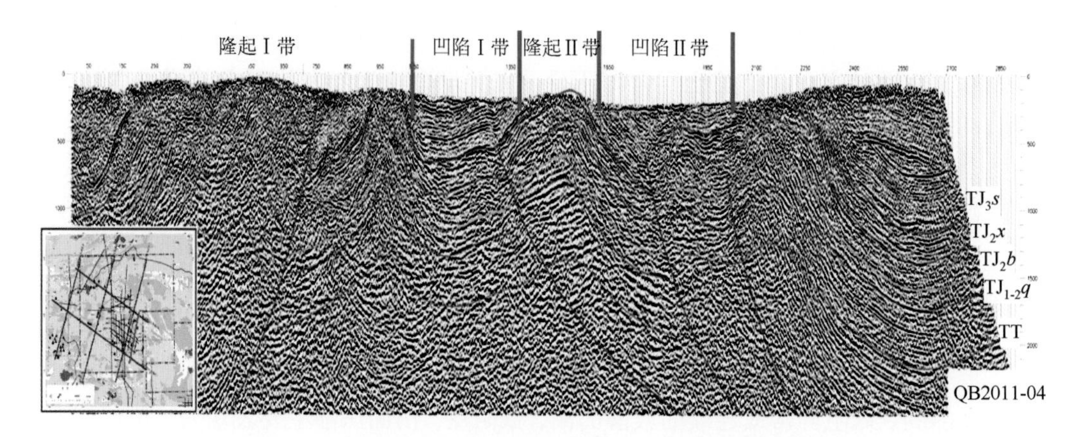


图 1-9　羌塘盆地半岛湖地区 QB2011-04 线解释成果剖面

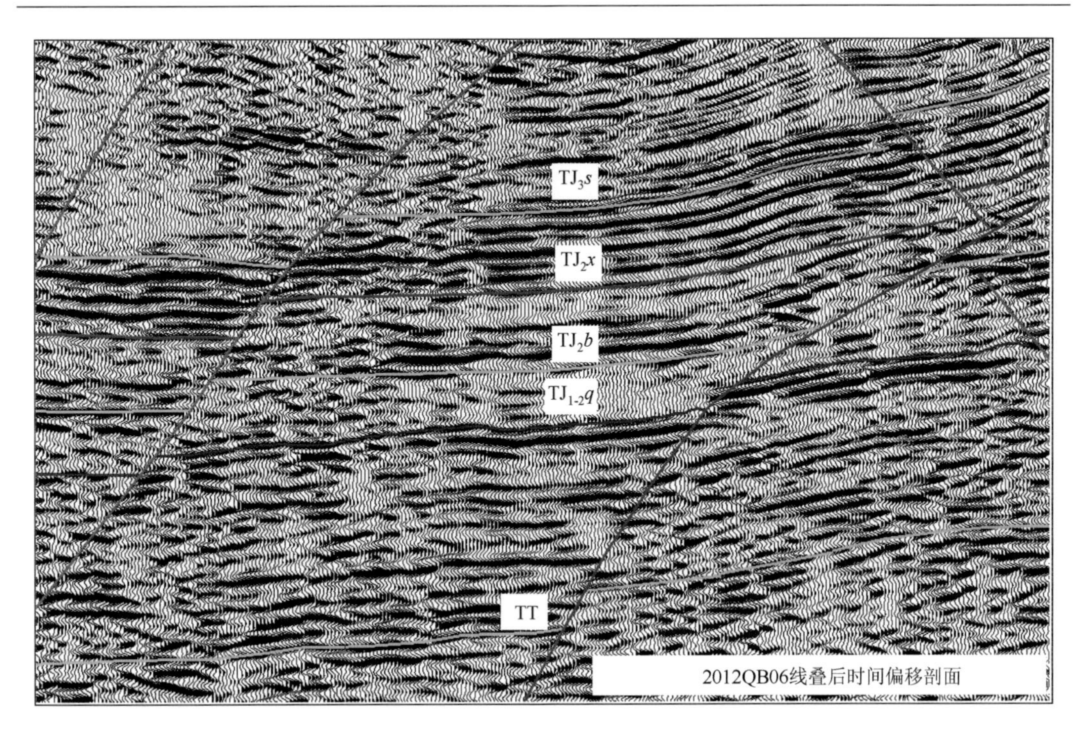


图 1-10 主要反射层波形特征剖面

**表 1-4 区块地震反射波组特征表**

| 波组 | 波组特征 | 地震属性 | 岩性描述 |
|---|---|---|---|
| $TJ_3s$ | 由前后两个中强相位组成，能量较稳定，特征较清楚，连续性较好，基本能连续追踪对比 | 上侏罗统索瓦组底界反射 | 生物礁、颗粒灰岩、白云岩 |
| $TJ_2x$ | 剖面上表现为3～4个中-强相位。其中中间两个相位相对较弱，连续性较差；最上面和最下面的两个相位能量相对较强，基本能连续追踪对比 | 中侏罗统夏里组底界反射 | 主要为中、细粒砂岩及粉砂岩 |
| $TJ_2b$ | 由前强后弱两个相位组成，有时后相位后存在一次强相位，该反射层能量较强，属中强振幅，基本可连续追踪，部分地区连续性差 | 中侏罗统布曲组底界反射 | 粒屑灰岩、生物碎屑灰岩、砂屑灰岩、鲕粒灰岩、藻礁灰岩、珊瑚礁灰岩和白云岩 |
| $TJ_{1\text{-}2}q$ | 由前后两个强相位组成，能量较稳定，特征较清楚，连续性较好，基本能连续追踪对比 | 中下侏罗统雀莫错组底界反射 | 灰绿、紫色砂砾岩，泥岩，钙质泥岩，泥灰岩 |
| TT | 地震反射剖面上表现为3～4个中-强相位，但特征不是很明显，连续性较差，仅部分地区可连续追踪 | 三叠系底界反射 | 砂岩、泥岩、灰岩、夹煤层 |

## 第四节 地震勘探简况

羌塘盆地的地震勘探工作始于1996年，主要由自然资源部（原国土资源部）、中石油和中石化开展相关的地震工作。按地震勘探取得的效果可分为探索和突破两个大的阶段。

## 一、探索阶段

探索阶段指2015年以前的地震勘探阶段。虽然该阶段地震测线密度已经达到一定程度，但是由于信噪比较低，可用于解释的地震剖面不多，地震解释的整体可靠性较低，影响了地震勘探的效果。探索阶段主要由中石油、自然资源部、中石化三个单位承担相关工作。

### （一）中石油

1994~1998年，中石油在羌塘盆地投入9个地震队，布设二维地震测线41条，获得生产记录34122张，完成实物工作量2773.68km，完成60次以覆盖为主的满覆盖工作量2491.74km（赵政璋等，2001a）。除了控制盆地整体结构的区域大剖面外，还针对羌塘北部的金星湖、万安湖和羌塘南部的土门-达卓玛、毕洛错地区的有利构造部署了较详细的地震探查，其中在万安湖地区测网密度达到4km×4km。

1996年，中石油在南羌塘和北羌塘进行了可控震源与炸药震源的地震采集调查，完成的96-1000线横贯羌塘东部。结果表明，可控震源激发采集的数据信噪比明显低于炸药震源。1997年在北羌塘万安湖-毕洛错重新进行炸药震源的采集调查，并将QT880线从羌北拗陷向南延伸到怒江缝合带附近（夏代祥，1986）。在土门地区已有1996年、1997年完成的4条测线基础上，1998年又进行了采集试验和面积探测（10条测线）。

受当时仪器设备和采集技术总体发展水平的限制，所使用的采集参数中排列长度较短、激发井深较浅、激发药量较小，这些在中国东部的油气勘探中发展成熟的常规采集方法技术，在青藏高原特殊地震地质和复杂构造条件下遇到了挑战，导致大部分资料信噪比较低。在当时技术条件下虽然也进行了精细处理，如1997年对位于北羌塘万安湖地区的3条测线（QT96-341EA、QT96-341EB、QT96-880）进行的资料处理方法试验和特殊处理，1998年对南羌塘土门地区14条测线进行的处理方法试验和联片处理，以及“羌塘盆地油气勘探前期评价”专题期间复查物探资料进行的处理，但不同公司处理、同一公司先后处理的剖面面貌都不相同，因此没有形成一条区域性基准剖面，仅有一些剖面的局部被用于石油构造解释。之后十多年石油界再未在羌塘盆地投入新的地震工作量。

### （二）中石化

2015年，中石化勘探分公司开展了羌塘盆地野外地质条件的基础研究工作，完成了琵琶湖和半岛湖区块600km二维地震资料采集工作。

### （三）自然资源部

#### 1. 2004～2010年勘探工作

2004～2010年，国家专项“青藏高原油气资源战略选区调查与评价”通过地面地质、地震及非地震物探等方法全方位揭示了羌塘盆地的油气资源远景，先后完成了横穿羌塘盆地的石油地质综合大剖面调查、大地电磁测量，羌塘盆地的 1∶5 万区块构造详查、二维地震方法试验、地质浅钻及低密度化探测量等工作。完成的主要工作量有：石油地质走廊综合大剖面工程 770km，3 个重点区块构造详查 1823km$^2$，大地电磁测深法测量 900km，连续电磁阵列剖面法测量 190km，重、磁测量 850km，二维地震反射剖面方法试验 440km，面积性化探方法试验 1223km$^2$（孙忠军等，2006，2007），3 口石油地质浅钻 2528m，遥感解译 20500km$^2$，油页岩调查评价 350km$^2$（付修根等，2007）。

2. 2011～2013 年勘探工作

2011～2013 年，国土资源部青藏专项“青藏地区油气调查评价”着重对前期优选的光明湖区块、半岛湖区块、托纳木区块、达卓玛区块及隆鄂尼-昂达尔错等重点区块进一步开展了地质-地球物理、地球化学及地质浅钻等综合调查。先后完成：二维地震 710km；复电阻率 90km，大地电磁 104km，二维电震资料解释 750km，1∶5 万调查 1600km$^2$，路线地质 3604km，实测地层剖面 75km，采集样品 5079 件，微生物样品分析 520 件，地质浅钻 1875.2m，地质综合测井 1354.5m。

地震资料采集主要集中在托纳木-笙根区块、琵琶湖和半岛湖区块，托纳木-笙根区块 2008～2012 年完成二维地震工作量 532km，琵琶湖和半岛湖区块 2011～2012 年完成二维地震工作量 420km。

## 二、突破阶段

2015 年中国地质调查局成都地质调查中心在羌塘盆地半岛湖区块组织开展了 260.610km（共 9 条地震测线）的地震测量工作，获得了品质转好的地震资料，取得了羌塘盆地地震勘探历史性的突破。

通过地震勘探，成功识别出半岛湖区块有利圈闭（I类）1 个，落实或较落实的较有利圈闭（II类）1 个，不落实的圈闭（III类）7 个。以地震解释成果为基础，结合资料、相带、保存、规模，圈闭综合优选后，半岛湖区块 6 号和 1 号两个圈闭保存和相带相对有利，为羌科 1 井井位论证提供了可靠的地震物探依据。

# 第二章　二维地震勘探难点与攻关试验

羌塘盆地内近地表结构和深部地震地质条件复杂、气候条件多变等因素制约着高信噪比地震资料的获取。不同重点区块内的近地表结构和深部地震地质条件不尽相同，如地表出露地层及岩性、冻土层分布等，因此需要对不同重点区块、不同地震数据采集难点开展技术攻关试验，以获取高品质二维地震勘探资料。

## 第一节　半岛湖重点区块二维地震攻关试验

半岛湖重点区块内近地表结构复杂，包括表层岩性变化大，如沼泽、河滩区的第四系卵石覆盖区接收条件较差，风化冲积层段较厚，激发能量和频率衰减极快，导致面波、折射波等干扰波发育，加之激发及接收条件不稳定，造成资料信噪比低，同时由于区内风天多，极易产生高频干扰。因此，针对区块内复杂的地表及地下地质条件的特点，结合前期采集资料过程遇到的一系列问题及解决经验，制定针对性的试验方案，开展二维地震资料采集攻关试验，进一步优化二维地震资料采集方法，确定有针对性的采集参数，以确保各项采集参数更加科学合理、采集到的资料有满足要求的信噪比。

### 一、数据采集难点

1. 近地表结构复杂、表层岩性变化大、激发接收条件不稳定

在进行攻关试验时，针对性选择具有代表性的点位进行生产前激发因素试验，对每个试验点进行岩性录井分析，对每个试验点开展单井、双井微测井调查，获取表层结构数据，在试验资料详细充分的定性和定量分析基础上，确定有针对性的采集参数，确保采集资料有足够的信噪比；充分利用宽线观测系统特点，对高陡地形段采用“避高就低、避陡就缓”的方式布设炮点；采用微测井进行表层结构调查，找到高速层顶界面；室内结合出露岩性和地形变化及近地表调查解释成果逐点设计井深药量，保证在高速层中激发，有效降低资料受低频面波干扰，提高激发资料的信噪比；在放炮前24小时，对井位进行二次闷井，确保激发井深和闷井质量，保证激发能量下传，提高激发资料的信噪比。

2. 区内风天多、极易产生高频干扰

该区气候条件十分恶劣，气候不定，时常一天四季，偶有沙尘、雨雪天气；施工期间多为大风天气，风力干扰较大，高频干扰严重。在开展攻关试验及地震测量时，针对生产

中风力干扰情况，实施严格的动态监控模式，成立风力监控小组，分布于测线大号至小号，使用“测风仪”监控风速，严禁在高频微震干扰背景较大时施工，风大时严禁放炮；仪器站与监控人员严格对放炮背景进行监控，定时进行背景录制，保证在干扰最小时进行放炮，确保生产获取较高品质资料。

## 二、试验目的及项目

为了进一步优化二维地震资料采集方法，确保各项采集参数更加科学合理，制定针对性的试验方案。通过试验，确定了有针对性的采集参数，确保采集资料有足够的信噪比，满足二维地震数据质量要求。

攻关试验项目包括环境噪声相干半径调查、干扰波调查、接收因素试验及激发因素试验，接收因素试验主要为检波器组合图形，激发因素试验包括激发井深、激发药量、激发井数试验等。所有试验工作均以单一因素变化进行，并在点试验（S1）工作结束后（图 2-1），对试验资料进行定性、定量分析，优选采集参数。依据优选出的采集参数，开展三线三炮（3S3L）宽线段试验工作（图 2-2），宽线试验在 QB2015-05SN 线上的 S2 点和 S3 点之间进行，以 QB2015-05SN 与 QB2015-10EW 线交点为中心，选取满覆盖 3.045km、炮线长度为 8.94km。试验过程中，S1 点为第四系砂砾岩河滩区、S2 点为侏罗系基岩山地区、S3 点为古近系山顶区、K1 和 K2 为考核试验点（图 2-1）。

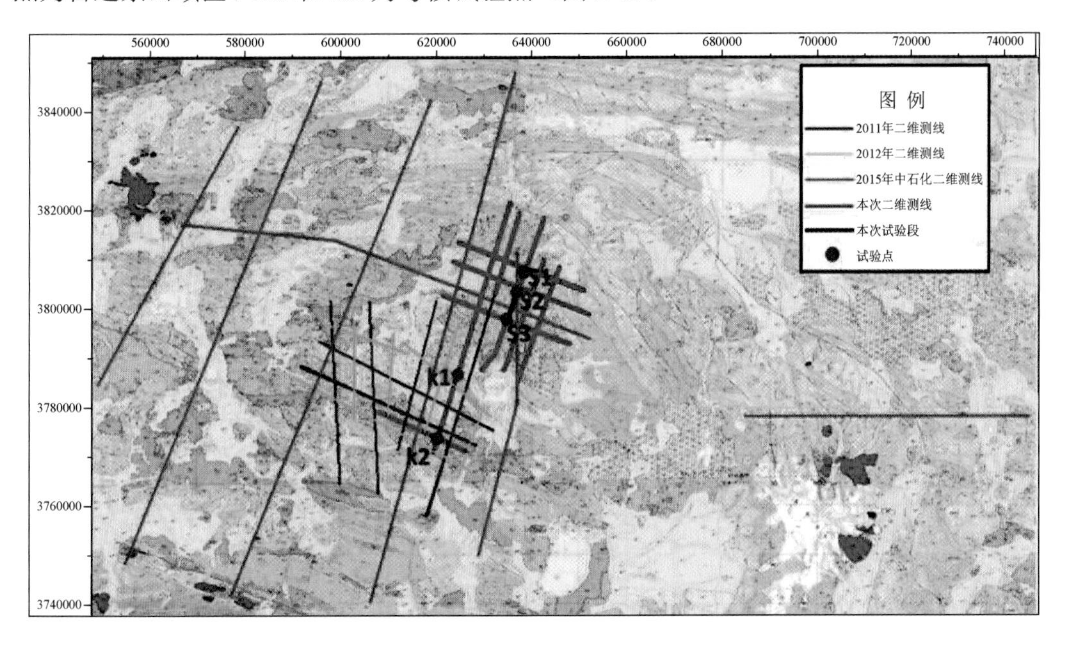


图 2-1　激发因素验证试验点位置分布图（底图为地质图）

环境噪声相干半径调查：确定检波器组合内距，在试验点 S1 进行，采用“十字形”排列，每个排列 60 道、道距为 1m、每道为 1 串，点堆埋置；采样间隔 1ms、记录长度 6s、前放增益 12dB。

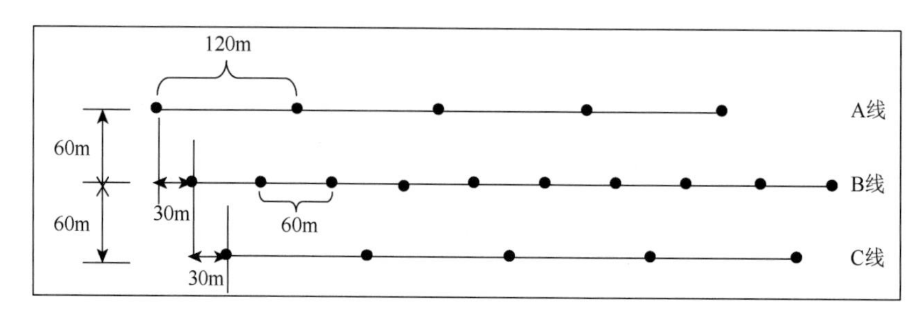


图 2-2　段试验方案示意图

干扰波调查：查明区块内干扰波类型及特种参数，确定检波器组合参数，采用“L”形排列，分别沿测线方向和垂直测线方向各设置 200 道、道距 10m、每道 12 个检波器，扎堆埋置。在试验点 S1，分别沿排列方向和垂直方向追踪 3 炮，炮点距 2000m、最小炮检距 10m；采样率 1ms、记录长度 6s。

通过对前期地震资料分析表明，半岛湖重点区块二维地震单炮原始记录中干扰波类型多样，以面波、侧面干扰、散射干扰及随机干扰等噪声为主，因此接收因素干扰验证试验在试验点 S1 处沿侧向方向同点布设检波点 200 道，采用单边接收，每个点分别布设 2 种组合图形：等距矩形组合（$\delta x = 2$m、$\delta y = 4$m、$Lx = 22$m、$Ly = 4$m）、“×”字形检波器大组合（$\delta x = 4$m，$\delta y = 4$m，$Lx = 15.6$m，$Ly = 15.6$m），其中，$\delta x$、$\delta y$ 为组合距，$Lx$、$Ly$ 为组合基距。

通过点试验开展激发因素验证试验，采用 428XL 数字地震仪、5985-15-30-15-5985（单线单边接收）观测系统，接收道数为 200 道，检波器组合采用 2 串 24 个等距矩形组合（$\delta x = 2$m、$\delta y = 4$m、$Lx = 22$m、$Ly = 4$m），采用间隔 1ms、记录长度 6s，前放增益 12dB。

依据前期二维地震数据采集施工经验，结合获取高信噪比原始地震数据的要求，宽线段试验包括 3L1S、3L2S 两种观测系统，通过对比分析确定生产中采用的观测系统。这 2 种观测系统均采用单排排列，600 次（100 次×6）覆盖，1200 道（400 道×3）、道距 30m 接收，接收线距 60m，中间线炮距 60m、两边炮线炮距 120m。不同的是 3L1S 系统炮点距 30m、炮点分布在中间接收线上，3L2S 系统单线炮点距 120m，炮点错开分布在两边接收线上。

## 三、试验结果分析

### （一）点试验结果

#### 1. 干扰波分析

通过对干扰波调查记录拼接，垂直测线方向及沿测线方向的干扰波均主要为折射波和面波，垂直测线方向干扰波特征参数（平均值）分别为折射波（$v = 4170$m/s、$f = 21$Hz、$\lambda = 199$m）、面波 1（$v = 1100$m/s、$f = 7$～12Hz、$\lambda = 92$～157m）、面波 2（$v = 1540$m/s、$f = 6$Hz、$\lambda = 257$m），沿测线方向干扰波特征参数（平均值）分别为折射波（$v = 3730$m/s、$f = 18$Hz、$\lambda = 207$m）、面波 1（$v = 1360$m/s、$f = 8$～23Hz、$\lambda = 59$～170m）、面波 2（$v = 1140$m/s、$f = 7$Hz、$\lambda = 163$m）。

2. 环境噪声相干半径调查

在 S1 试验点上，采用不同基距（1～8m）进行环境噪声干扰半径调查，抽道后获取不同方向的背景噪声表明，随着基距增加，环境噪声逐渐减小，当相干半径为 4m 左右时，环境噪声较小且稳定，确定检波器组合内距为 4m。

3. 检波器组合试验分析

通过同一震源激发分别得到 2 种不同检波器组合图形接收记录，对比这 2 种图形记录及定量分析（图 2-3），结果表明矩形检波器组合接收能量强、信噪比高、频带略宽、压制规则干扰波相对好，因此确定生产中采用等距矩形检波器组合。

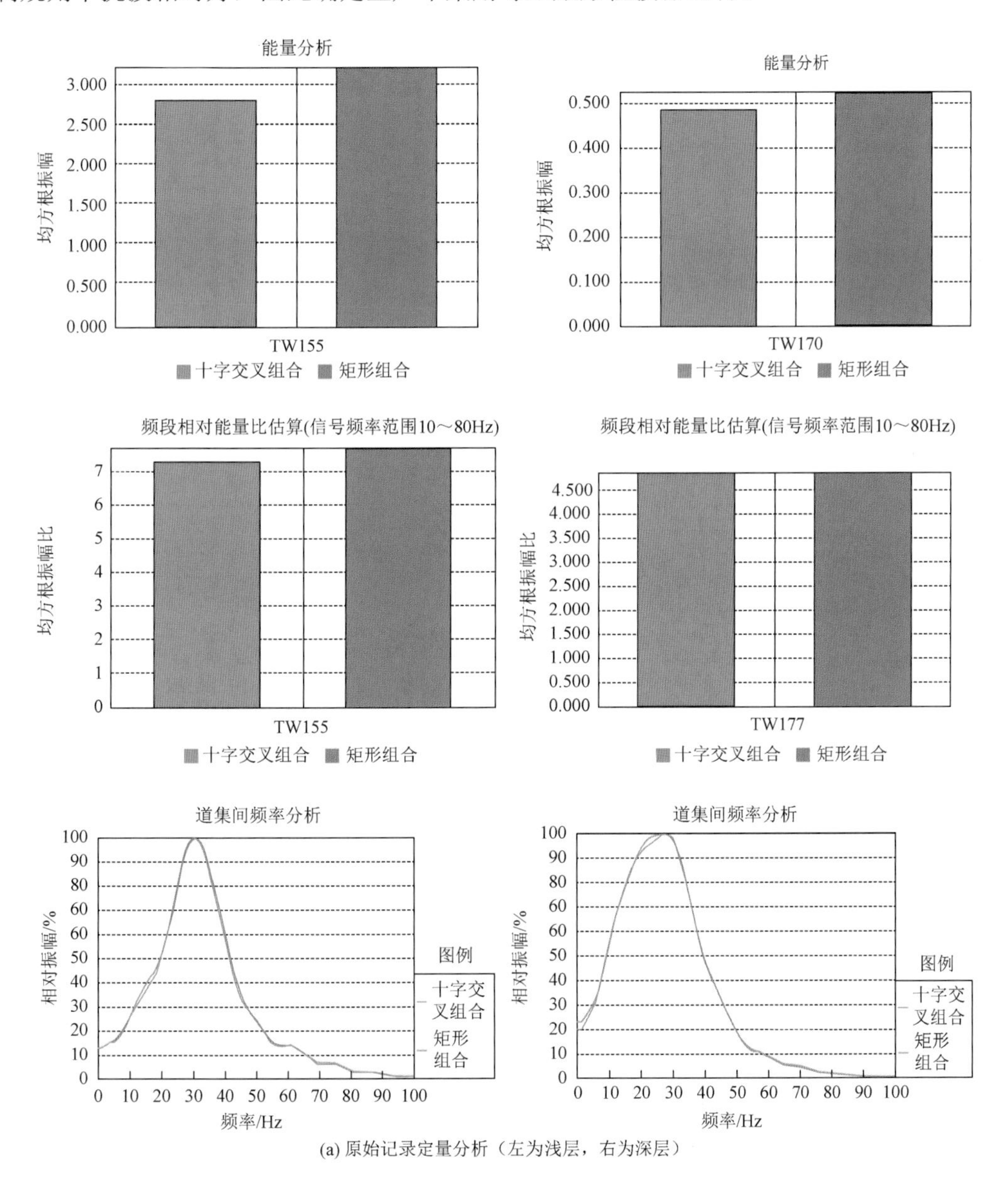


(a) 原始记录定量分析（左为浅层，右为深层）

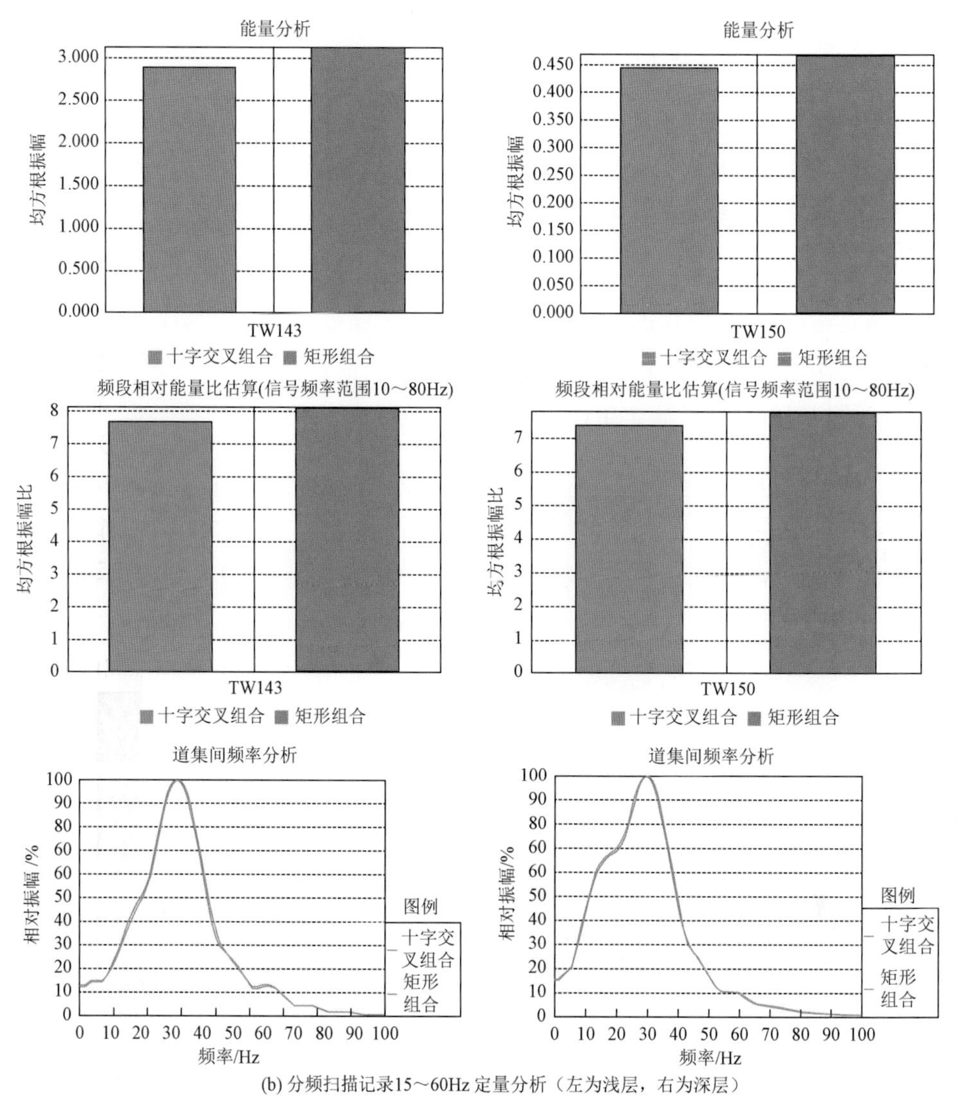

(b) 分频扫描记录15～60Hz 定量分析（左为浅层，右为深层）

图 2-3　检波器组合图形试验定量分析

4. 激发井深及药量验证试验

在第四系砂砾石河滩区（震源点 S1），高速层顶界面下 5～7m 的能量较强、信噪比较高、频带较宽，确定在生产中选择高速层下 7m 激发较为适宜，且在河滩区成井困难地段（震源点 S1），采用 12m×3 和 15m×2 组合井激发，均能取得较好资料。在侏罗系基岩山地区（震源点 S2），高速层顶界面下 5m、7m 激发能量相当且均较强，高速层顶界面下 3m、5m、7m、9m 的信噪比相当，高速层顶界面下 3m、5m、7m 激发频带较宽，依据高速层顶界面下 7m 井深激发的记录，单炮能量相当、信噪比较好、频带较宽，能够得到该区较好的地震记录。在古近系山顶区（震源点 S3），高速层顶界面下 9m 能量最强，5m、7m 能量相当，高速层顶界面下 3m、5m、7m、9m 信噪比相当且均较高，且 3m、5m、7m 主频频宽相当，9m 频带稍窄，依据高速层顶界面下 7m 井深激发的记录，单炮能量相当、信噪比较高、频带较宽、能够得到该区较好的地震记录。

相应的，在第四系河滩卵石覆盖区（S1）药量选择 18～20kg 为宜，在侏罗系基岩山地区（S2）18～20kg 激发药量为最佳激发药量，在古近系山顶区（S3）18～20kg 为最佳激发药量。

## （二）宽线段试验结果

对 3L1S 与 3L2S 两种观测系统进行对比，在叠加剖面上这两种观测系统均能获取较高信噪比的资料，但 3L2S 更有利于优选激发点位，叠加剖面在局部区域的连续性和信噪比较高。在总覆盖次数为 300 次时，3L1S 系统获得 3 条子线，不利于倾角扫描叠加，3L2S 得到的叠加剖面有 5 条子线，有利于横向倾角扫描叠加。3L1S 系统的面元为 15m×75m（面元中心线到面元边界的距离为 37.5m），3L2S 系统的面元为 15m×150m（面元中心线到面元边界的距离为 75m），同时 3L1S 系统的炮-检方位角比 3L2S 系统要窄。通过对比表明，虽然这两种观测系统在频率上无差异，但在能量、信噪比方面，系统 3L2S 优于 3L1S（图 2-4），即采用 3L2S 的观测系统比 3L1S 观测系统更为适宜。

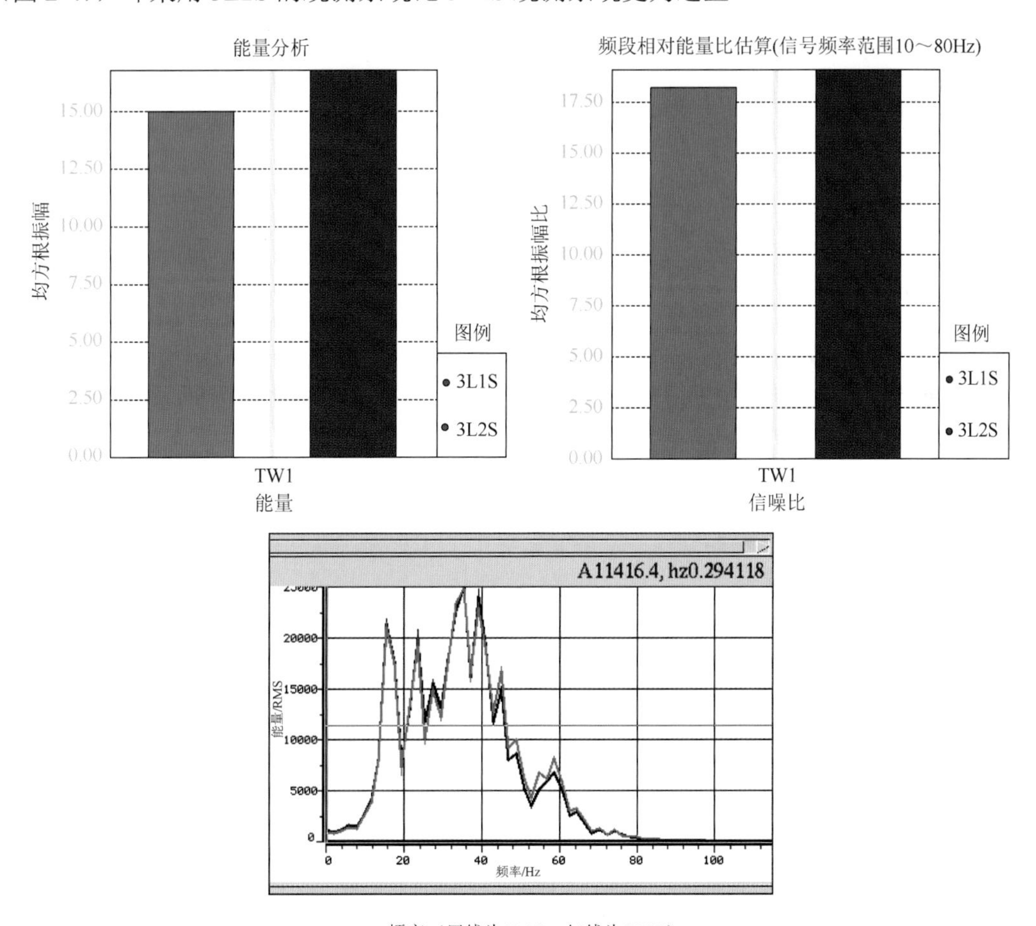


频率（黑线为3L1S，红线为3L2S）

图 2-4　定量分析

## 第二节　托纳木-笙根重点区块二维地震攻关试验

托纳木-笙根重点区块勘探程度极低，地表条件和地下情况十分复杂，地貌以高原丘陵为主，还发育了山地、草原、河滩、沼泽等各种常见的高原地形，且地形相对起伏较大，海拔为 4560～5440m，区块中部笙根部分以南湖泊分布较多，河滩和沼泽发育，7～9 月冻土层和冰川积雪融化，易形成大面积的陷车区。区块内地表岩性变化较大，出露岩性有灰岩、白云岩、泥页岩、砂岩以及第四系覆盖层等，其中第四系覆盖层常常为永久冰冻层和河滩。在非山地区地表基本为两层结构，低降速层为风干沙层、胶泥层和砾石层，高速层为永久冻土层和基岩，使得表层结构复杂、纵横向速度变化快。在深部地层起伏剧烈，褶皱严重，地层倾角大，产状多变，逆掩断层发育，地层切割性强，进而造成区块内二维地震资料信噪比非常低，波组连续性差，波组特征不明显，很难连续追踪，地层间接触关系不清，加之地层倾角大、埋深变化大，为在该地区开展二维地震施工的激发和接收技术方法提出了更高要求。因此，应在掌握区块地表激发岩性和地形条件的基础上开展二维地震攻关试验，通过试验确定有针对性的施工技术参数，确保采集到的地震资料具有满足品质要求的信噪比。

### 一、数据采集难点

#### 1. 结构复杂、跨越构造单元多、成像困难

羌塘盆地是以三叠系、侏罗系为主的中生界海相盆地，主要目的层三叠系、侏罗系地层起伏剧烈，褶皱严重，地层倾角大，产状多变，逆掩断层发育，地层切割性强，成像效果差。另外本区属于勘探程度极低的地区，自然条件恶劣，地震勘探工作起步晚，区块激发、接收等采集因素均不成熟，前期成果借鉴难度大。到目前为止，虽然对托纳木-笙根区块的情况有简单的认识，但受低信噪比的影响，所得资料不能满足地震解释的需要。

#### 2. 沼泽区和陡坡大量分布、炮检点布设困难、变观难度大

重点区块内，夏季地表冻土融化，施工季节沿测线沼泽区分布较多，野外陷车极为严重。另外部分测线穿过河流、湖泊、陡坡等障碍物，为了提高施工组织效率、安全系数和改善激发效果，获得较好的地震剖面，必须对这些障碍物进行变形观测。

如区块内北部测线 TS2015-SN7 北段间断分布坡度较陡的山体区和冰川融水区，震源车无法进入施工；测线南段不仅穿过起伏较大的山脉区，还穿过世界第三大冰川普若岗日冰川附近，在夏季为冰川融水区，多冲沟且地基浮松，震源车完全无法通行，因此 TS2015-SN7 全部采用井炮进行地震采集，利于施工组织。中部Ⅰ号构造附近测线位于地形起伏的山脉区附近，导致测线 TS2015-SN5、TS2015-SN6、TS2015-EW4 和 TS2015-EW5 无法采用可控震源进行施工。因此Ⅰ号构造附近测线全部采用井炮进行施工。区块中部Ⅲ号构造地处较平坦位置，共有 5 条测线满叠附加段进入较陡山体区（TS2015-SN3 北段、TS2015-SN4

北段、TS2015-EW1 东段、TS2015-EW2 东段、TS2015-EW3 东段），可控震源车难以进入施工。由于涉及的炮数较少，采用变观加密方式进行处理。区块南部测线 TS2015-SN1 原部署满叠的南部靠近色林措，其附加段炮点和检波点均无法偏移，因此 TS2015-SN1 线满叠位置北移，为使 TS2015-SN1 线与 TS2011-02 线满叠相接，形成区域大剖面，因此 TS2015-SN1 线满叠调整后比原部署减少了 14.375km。较少的工作量增加到Ⅰ、Ⅲ号构造测线及 TS2015-SN7 线中。同时，TS2015-SN1 线每 1km 增加一个 30m×48kg 激发因素的大炮。TS2015-SN1 线施工中采用井震联合方式施工，在过高山地段采用井炮激发方式施工，在地形较平坦的地段采用震源激发方式施工。

### 3. 表层条件复杂、激发效果差异大

区块地表条件复杂，多种地貌并存，草原、河滩、湖泊、高山、冲沟等兼而有之，表层风化严重。地表岩性以第四系覆盖层和侏罗系—三叠系老地层灰岩为主，复杂的地表激发条件，形成了表层结构多变和速度多变的特征，造成了地震记录反射能量和信噪比差异大。

在攻关试验及二维地震测量施工过程中，针对性采取措施，如进行沿测线表层地质调查，做好测线附近的岩层的产状、岩性、地形地貌记录，并采用微测井录取岩心的方法，为表层结构和绘制地质结构图作参考，以便进行后期地震解释。另外根据地表地形情况，采用微测井方式，灵活机动地调整近地表调查手段。如山体区往往地形起伏较大，基岩出露区采用井中激发微测井进行地表调查，并在地表附近时加密激发间隔（加密成 0.25m）。针对可控震源施工困难的、难以成深井的沼泽区域开展组合井试验，优选组合井激发参数。

### 4. 表层一致性差、接收条件差

区块地表条件复杂，表层一致性差，草原、河滩、沼泽、湖泊、高山、冲沟等兼而有之，接收效果差。如河滩区和冲沟区，碎石分布，难以较好耦合；沼泽区能量吸收严重，易产生严重低频；在河流区，颗粒较粗且不易黏结的砂粒大量分布，难以较好耦合，这些都严重影响接收效果。

### 5. 地表结构复杂、震源施工难度大

托纳木-笙根重点区块内地表地质条件极其复杂，草原、河滩、沼泽、湖泊、高山、河流、冲沟等兼而有之。在沼泽、冲沟和河滩区，垮井现象严重，成井困难；钻机在海拔 5000m 的高原平均出工率只有 60%，只有平原地区的一半，在高山区钻井进度慢、钻头磨损情况严重，损耗大。另外，可控震源受冲沟、砾石区地形影响，出现振动平板与地表耦合条件差，激发能量弱。受低频扫描技术的限制，可控震源扫描长度长，工作效率低，组织难度大。

在攻关试验及二维地震测量施工过程中，针对性采取措施，如在河道、沼泽区个别地段无法成单深井且无法偏移时，采用组合井的方式激发；对大型钻机无法到达的炮点，适当安排轻便钻机钻井施工；当范围较大时，将炮点按照规范合理偏移至能停车施工的地方；在陡坡段，利用“避高就低”等变观放炮的技术手段，避开个别陡峭部位，降低施工风险和难

度。针对易垮塌的井点，对含水量较少的钻井使用泥浆护壁；地下水发育、普通泥浆难以护井的地段，采用组合井方式施工，保证成井深度和激发能量。在河道、沼泽区下药时，用人力将药柱压至井底的方法下药；在沼泽等个别垮井严重地段，采用就近偏移的方法偏移至能打井下药的地方，并采取随钻下药的方式，在井壁未完全垮塌之前迅速将药柱下至井底。

6. 野外风动干扰强

攻关试验及二维地震测量施工过程中，仪器实时监控背景，保证在干扰最小时放炮；同时仪器车配备测风仪，利用测风仪监控风速。在不同风力下进行风干扰分析试验，根据激发药量和可控震源施工参数，找到合适放炮的风等级。

根据前期羌塘盆地二维地震资料分析结果，针对 20m×20kg 药量激发因素，采用控制在 5 级风以下放炮是合适的，在攻关试验中进一步检验，根据可控震源生产参数，确定适合可控震源生产的风力条件。针对长时间持续大风条件，采用间歇性施工方式，所有施工人员在风干扰强烈时段停止施工，原地等待，在大风减弱后或大风间歇期迅速进入施工状态，抢抓生产。加强检波器耦合检查，保证与表层的耦合，同时将迎风面的检波道和采集链全部堆土掩埋，减小风动干扰。

## 二、试验目的及项目

由于本区块勘探程度极低，地表条件和地下情况十分复杂，地震施工的激发和接收技术方法有待进一步探讨和完善。为了进一步优化本次二维采集方法，确保相应采集参数更加科学合理，顺利完成本次采集地质任务，本次施工需在掌握区块地表激发岩性和地形条件的基础上制定试验方案，通过试验确定有针对性的施工技术参数，确保采集资料的信噪比高。

本区块内的二维地震采集攻关试验分为点试验和线试验，点试验以系统试验和考核试验相结合的方式进行，试验项目包括表层结构调查、干扰波调查（L 形排列和方形排列）、激发参数（分可控震源和井炮）和仪器因素试验，试验点位置考虑不同地表类型、可控震源的适用性和不同构造部位的需求，并尽量均匀分布于全区。宽线观测系统对比线试验、叠次对比线试验、道距对比线试验、炮点距对比线试验、排列长度对比线试验、组合图形对比线试验。

考虑到Ⅲ构造为区块的勘探重点，因此将 TS2015-SN3 线作为震源试验线，最先开展系统攻关试验工作，设计 S1、S2-1、S2-2、S3 共计 4 个系统试验点（图 2-5），在后续施工的井炮试验线 TS2015-SN5 设计 S4 开展井炮激发因素系统试验。TS2015-SN1 线井炮段增加考核激发因素试验点 K1（夏里组砂岩），TS2015-SN7 线增加激发因素考核试验点 K2（索瓦组灰岩）、K3（石坪顶组火山岩）、K4（雪山组砂岩）。

S1 为 TS2015-SN3 线草原丘陵试验点，进行可控震源激发；S2-1 为 TS2015-SN3 线灰岩区试验点，只能采用井炮激发；S2-2 为 TS2015-SN3 线砂岩区试验点，采用井炮激发；S3 为 TS2015-SN3 线河滩区试验点，进行可控震源激发；S4 为 TS2015-SN5 井炮试验线砂岩区试验点。K1 为 TS2015-EW3 线第四系地层；K2 为 TS2015-SN1 线夏里组砂岩地层；K3 为 TS2015-SN7 线索瓦组灰岩地层；K4 为 TS2015-SN7 石坪顶组火山岩地层；K5 为

TS2015-SN7 线雪山组砂岩地层。在 TS2015-SN3 线试验点 S3 附近位置完成 L 形干扰波调查试验，用于分析该区主要的干扰波的类型、特征及出现规律。

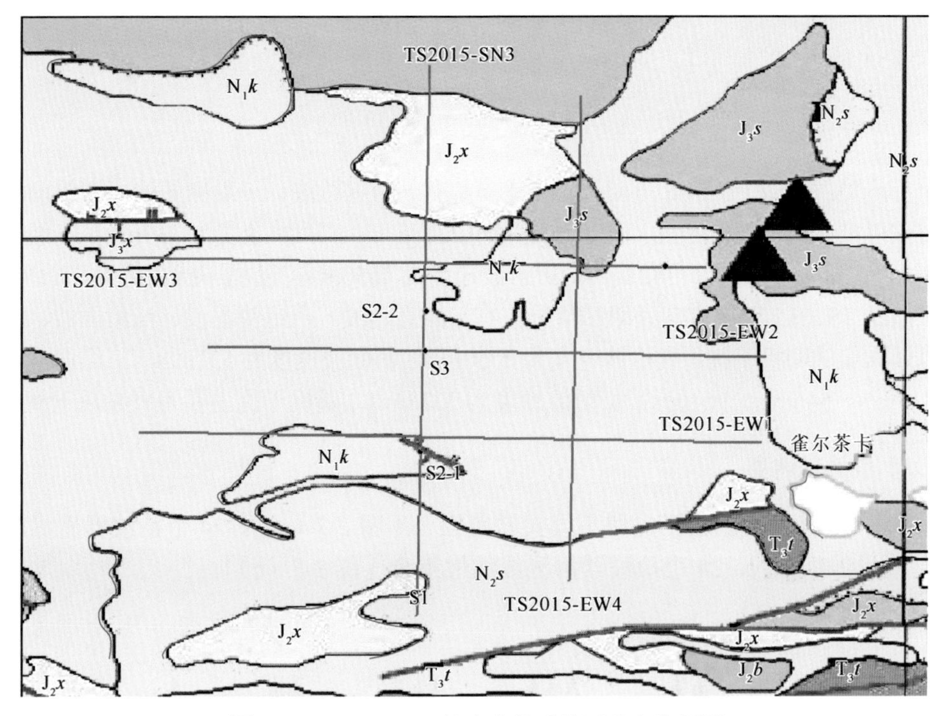


图 2-5　TS2015-SN3 线生产前系统试验点位置图

在地势相对平坦的 S3 系统试验点（桩号 1411082）附近进行方形排列调查，炮线为方阵的中线，分别布设平行（SN 向）及垂直（WE 向）于测线 TS2015-SN3 的激发线，采用井炮激发，每条激发线 30 炮、炮距 200m、最大偏移距 6040m。激发因素为：偏移距 0～2000m 采用 4m×2kg；偏移距 2000～4000m 采用 4m×4kg；偏移距 4000～6000m 采用 4m×6kg。方阵共布设 1681（41×41）道接收，道距东西向和南北向均为 2m。每个接收点均使用一串检波器，采用“堆点”方式进行埋置。

在草原丘陵区（S1）进行可控震源激发因素试验，灰岩区（S2-1）进行井炮激发因素试验（确定井深、药量、最佳井组合），砂岩区（S2-2）进行激发因素试验（确定井深、药量），河滩区（S3）进行最佳井组合试验。

采用 428XL 数字地震仪及中间激发对称的方式接收，接收道数 480 道、道距 30m，采样间隔 1ms，SEG-D 记录格式，记录长度 6s，前放增益 12dB，检波器组合图形采用二串沿测线线性组合图形（图 2-6）。

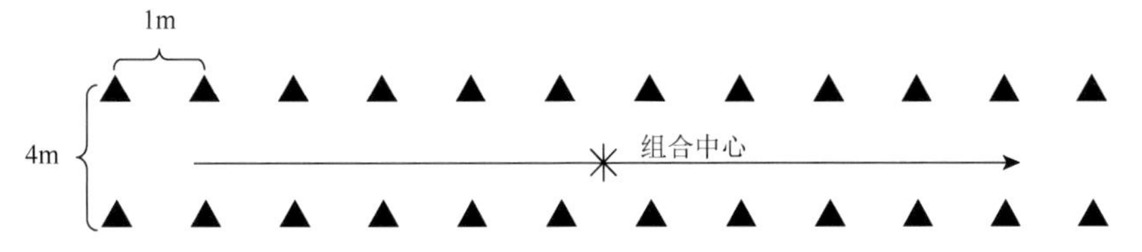


图 2-6　二串沿测线线性组合图形

## 三、试验结果分析

### （一）点试验结果

#### 1. L 形干扰波调查

平行于测线 TS2015-SN3 方向（即 SN 向）有一组直达波、一组侧面波、三组面波和一组折射波以及大量的随机干扰。直达波速度为 2318m/s，侧面波速度为 739m/s，三组面波速度分别为 501m/s、751m/s、1421m/s，折射波速度为 4650m/s，随机干扰主要为高频风干扰。垂直于测线 TS2015-SN3 方向（即 EW 向）有一组直达波、一组侧面波、三组面波、一组折射波以及大量的随机干扰。直达波速度为 2750m/s，侧面波速度为 531m/s，三组面波速度分别为 317m/s、546m/s、964m/s；折射波速度为 3328m/s，随机干扰主要为高频风干扰。

#### 2. 方形排列调查

分别抽取 24 个检波器沿测线不同灵敏度组合［图 2-7（a）］、24 个检波器垂直测线线性组合［图 2-7（b）］、24 个检波器沿测线线性组合［图 2-7（c）］。

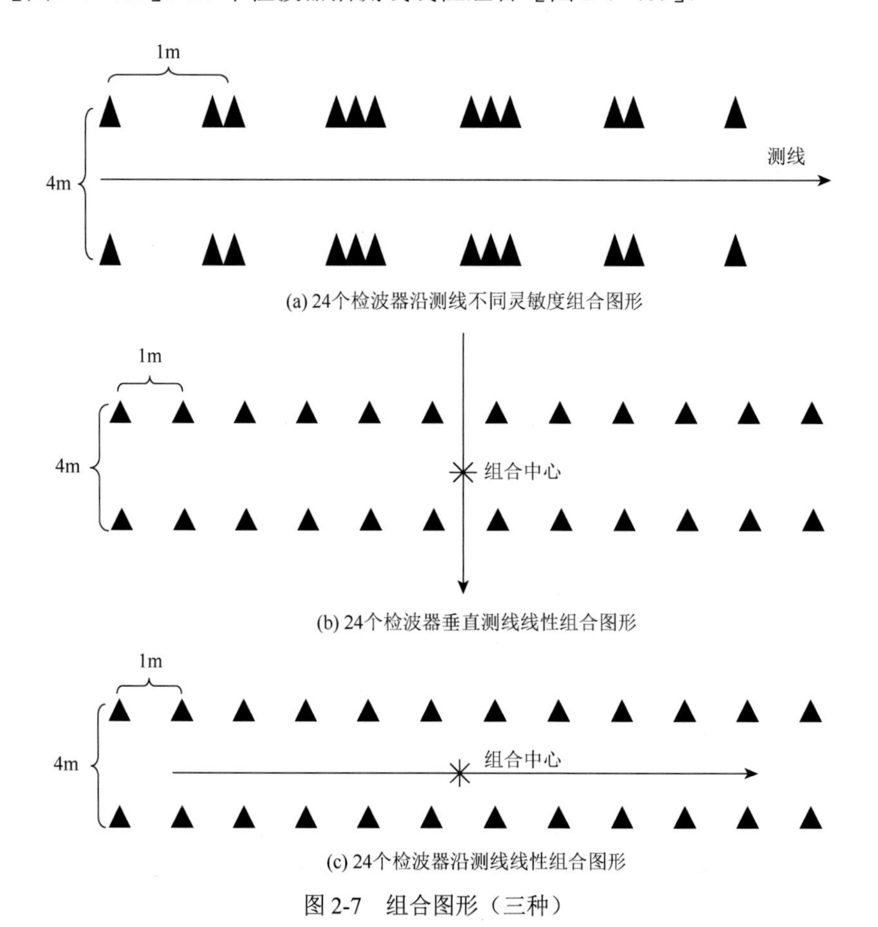


图 2-7　组合图形（三种）

在原始自动增益控制记录上，三种图形接收效果差异不大，但在 15～60Hz 分频记录上图形 C 在中层同相轴连续性稍好。定量分析结果表明（图 2-8～图 2-10），图形 A 和图形 B 频宽和相对振幅相当，图形 C 频宽最宽，相对振幅最大。图形 C 能量最强，信噪比最高，图形 A 次之，图形 B 能量最弱，信噪比最低。即通过对方形排列试验抽取的不同检波器组合图形进行分析，说明二串检波器沿测线线性图形是最佳接收因素。

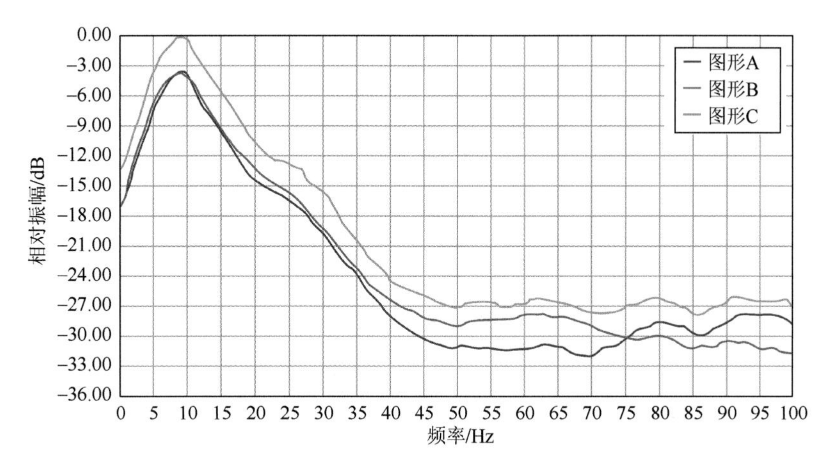


图 2-8　组合图形频宽分析

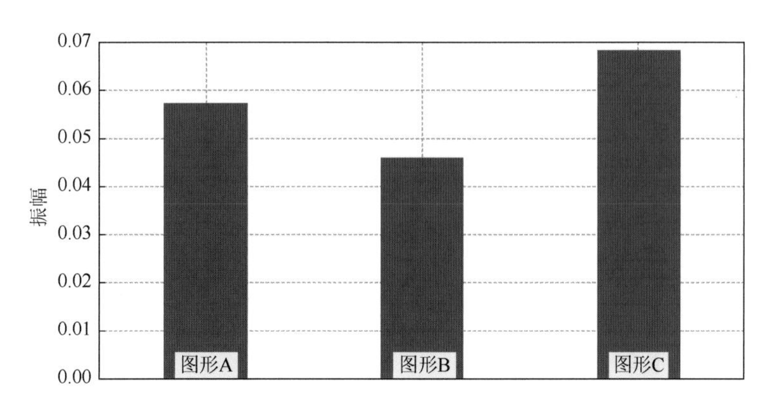


图 2-9　组合图形能量分析

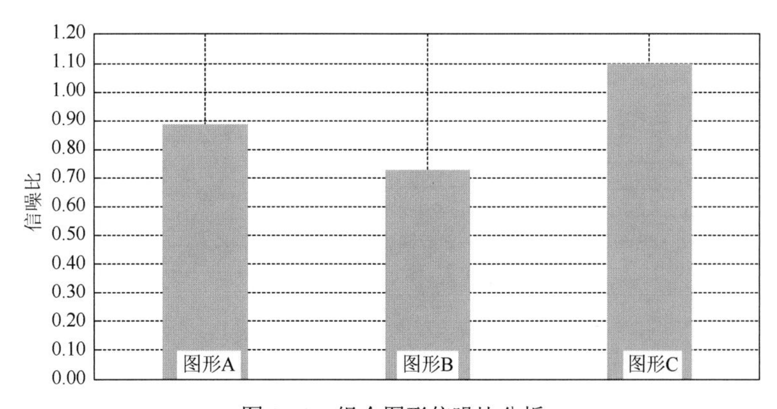


图 2-10　组合图形信噪比分析

### 3. 可控震源激发因素试验

在草原丘陵区（S1）可控震源激发，各单炮均能见到各主要目的层，在固定增益记录上，3 台可控震源激发的记录能量较强，相同震源台数，随扫描次数增加，能量稍有增强；在 15～60Hz 分频扫描记录上很难发现明显的差异，3 台震源激发的记录反射波组的连续性稍好，相同震源台数不同扫描次数的记录之间差异不明显。定量分析显示（图 2-11），

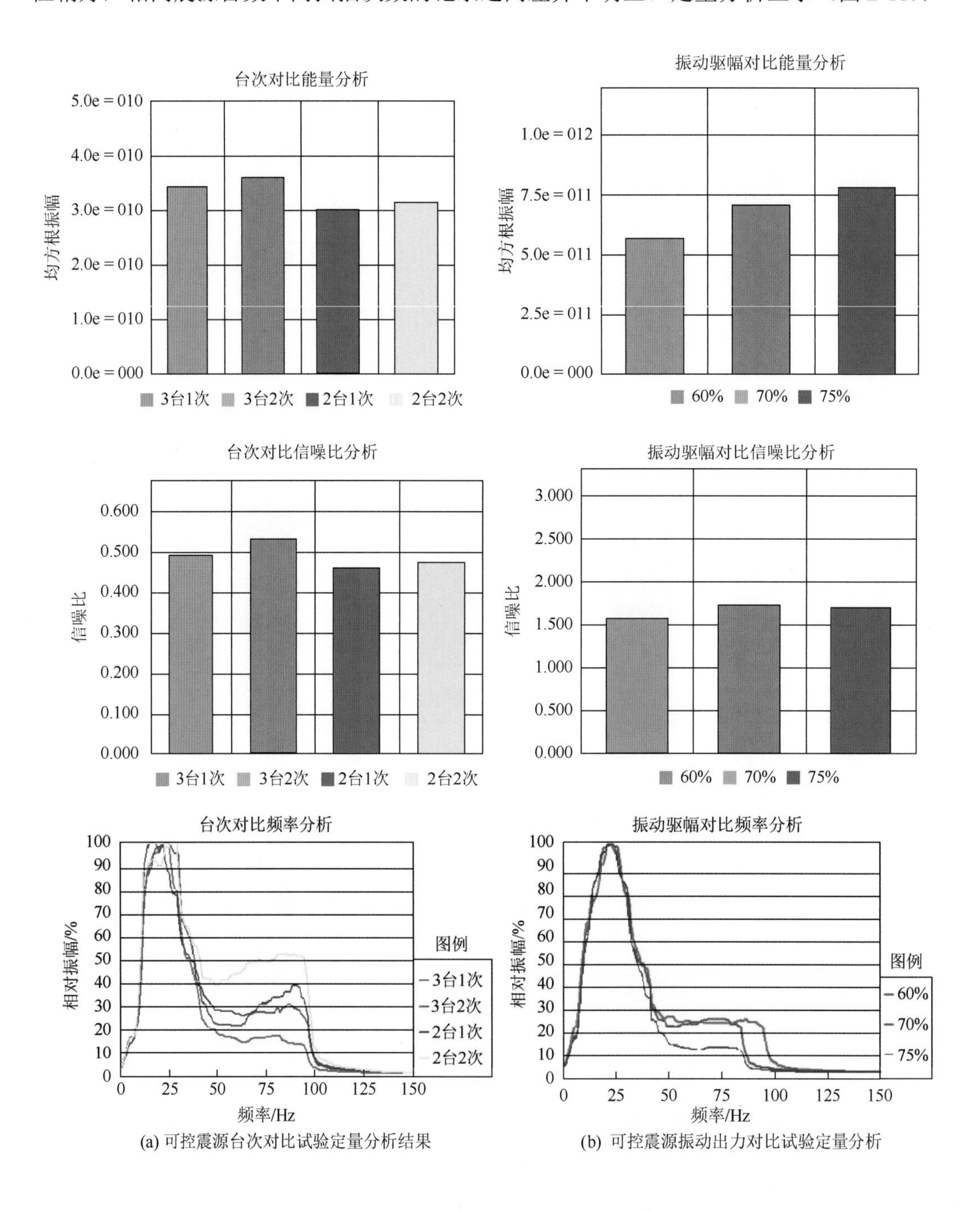

(a) 可控震源台次对比试验定量分析结果　　(b) 可控震源振动出力对比试验定量分析

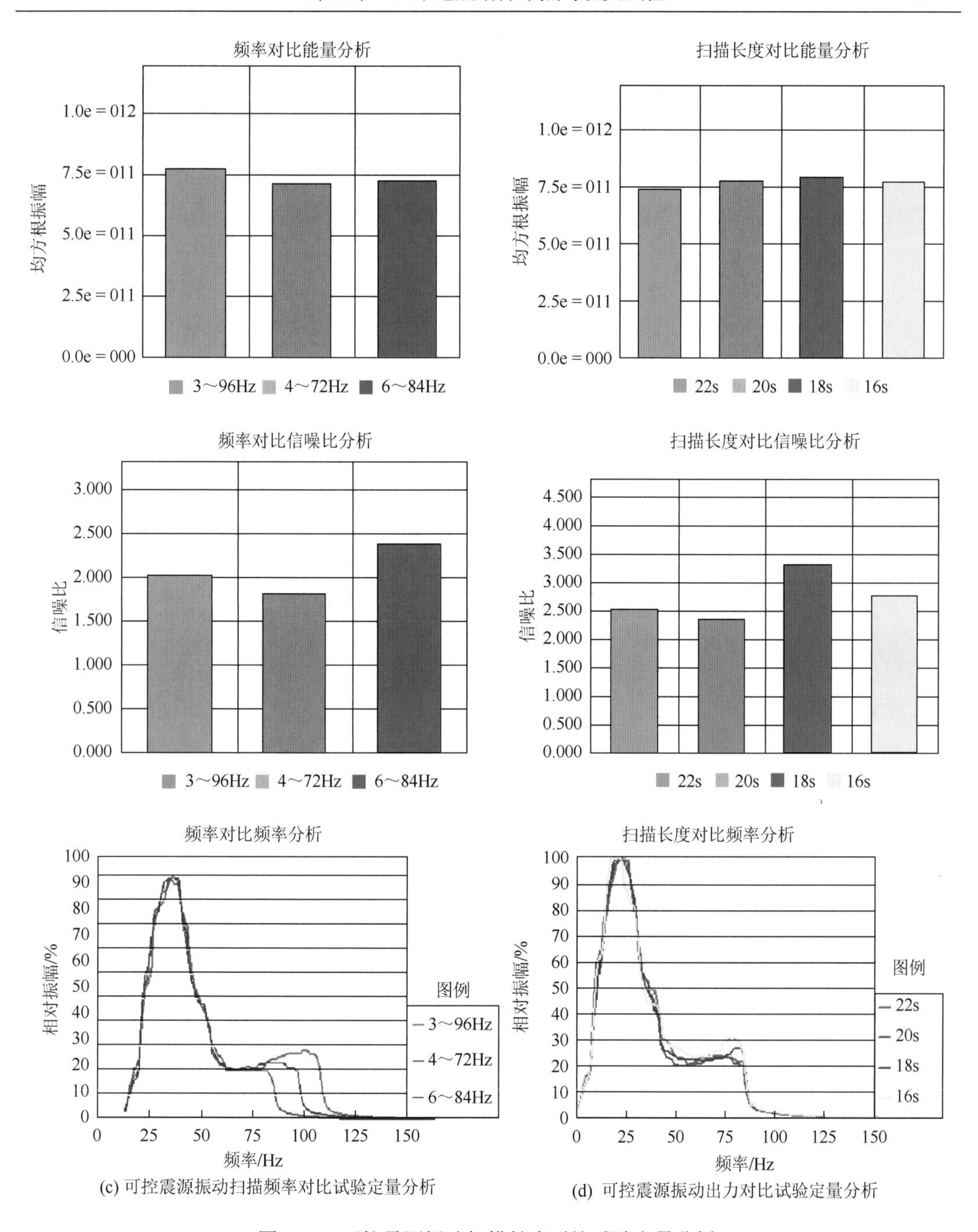


图 2-11　可控震源振动扫描长度对比试验定量分析

相同台数不同振动次数记录的能量和信噪比相差不大，3 台震源的记录较 2 台震源的记录能量稍强。不同台数记录信噪比相差较小；相同台数，随扫描次数增加，信噪比有提高的趋势。频率分析显示，2 台 2 次频带最宽，其他台次频率相差不大。综合分析，采用可控震源 3 台 1 次较为合适。

当可控震源震动出力分别为 60%、70%、75%时，在原始记录上差异不大，在固定增益记录上，随振动出力增大，记录能量稍有增强；在 15～60Hz 分频扫描记录上，振动出力为 75%的记录反射波组的连续性稍好。定量分析显示（图 2-11），随振动出力的提高，记录的能量增强，各记录的信噪比差异不大，频率分析显示三种出力方式在主频段差异不大，在 50～100Hz 段 75%出力方式相对振幅较小。综合考虑资料情况和本区块的地形条件，兼顾资料品质和可控震源的最佳运转状态，振动出力选择 70%较为合适。

在固定增益记录上，三种不同扫描频率记录能量整体差异不大，在原始记录和 15～60Hz 分频扫描记录上，扫描频率为 6～84Hz 的记录反射信息稍丰富，反射波组的连续性稍好。定量分析显示，各记录的能量相差不大；扫描频率为 3～96Hz 的记录能量稍强，扫描频率为6～84Hz的记录信噪比较高；频率分析显示主频段各记录差异不大，高频段6～84Hz 记录频率居中。综合考虑，本次可控震源扫描频率选用 6～84Hz。

随着扫描长度的增加，在原始记录上品质没有明显变化，在固定增益记录上，各记录的能量基本相当；在 15～60Hz 分频扫描记录上，扫描长度为 16s、18s 的记录相对稍好。定量分析显示，扫描长度增加，能量没有明显变化；采用扫描长度为 18s 的记录信噪比较高；扫描长度为 16s 和 18s 的记录信噪比稍高。综合考虑，本次可控震源施工扫描长度选用 18s。

在灰岩区（S2-1）井炮震源激发，在固定增益记录上，各药量记录的能量基本随药量增加能量逐步增强。药量在原始记录上无明显差异；在 15～60Hz 分频扫描记录上，18kg、20kg 药量激发记录反射波组的连续性稍好。通过定量分析（图 2-12），16～26kg 药量激发能量显示，随着药量的增加能量逐步增加；信噪比分析显示，18kg 药量激发的记录的信噪比较高；各药量激发记录的频宽相差不大。

综合考虑，本次施工井炮采用 18kg 药量激发效果最佳。从固定增益记录上看，22m 井深记录的能量最弱，16m、18m、20m 井深激发记录能量差异不大；从原始记录上看，18m 和 20m 井深激发记录稍好；从 15～60Hz 分频扫描记录上看，18m 和 20m 井深激发反射波组连续性较好。运用 KLSeis 软件对原始数据进行定量分析，22m 井深激发能量最弱，与单炮固定增益记录相符，激发能量与井深并无明显规律；随井深加大，激发记录的信噪比逐渐增强，20m 和 22m 井深激发信噪比差异不大；频率分析显示，16m、18m 和 20m 井深激发记录的频率差异不大，频宽相当，22m 激发的频率相对振幅最小。综合考虑，结合以往生产参数，在类似 S2-1 试验点的基岩出露区井炮采用在高速层下 7m 激发，最浅井深 18m，药量 18kg 激发是合适的。从原始记录上看，随着井数的增加，激发记录面波有增强的趋势；固定增益记录显示激发能量没有明显区别；15～60Hz 分频扫描记录双井激发记录反射波连续性较单井和三井稍好。定量分析显示，单井、双井和三井激发能量差异较小，但是单井激发的信噪比最高，各激发记录频率分析显示差异较小，单井激发相对振幅稍小。综合分析，在基岩区出露区，井炮优选单井高速层下 7m、最浅井深 18m、药量 18kg、在成井困难的地区选择双井 2×15m×12kg 或进一步根据试验确定。

从原始记录来看，井炮激发记录能量较强，反射信息丰富；从分频扫描记录上看，井炮激发记录反射波组连续性略好于震源激发记录。通过对比自相关子波分析、频率分析图形

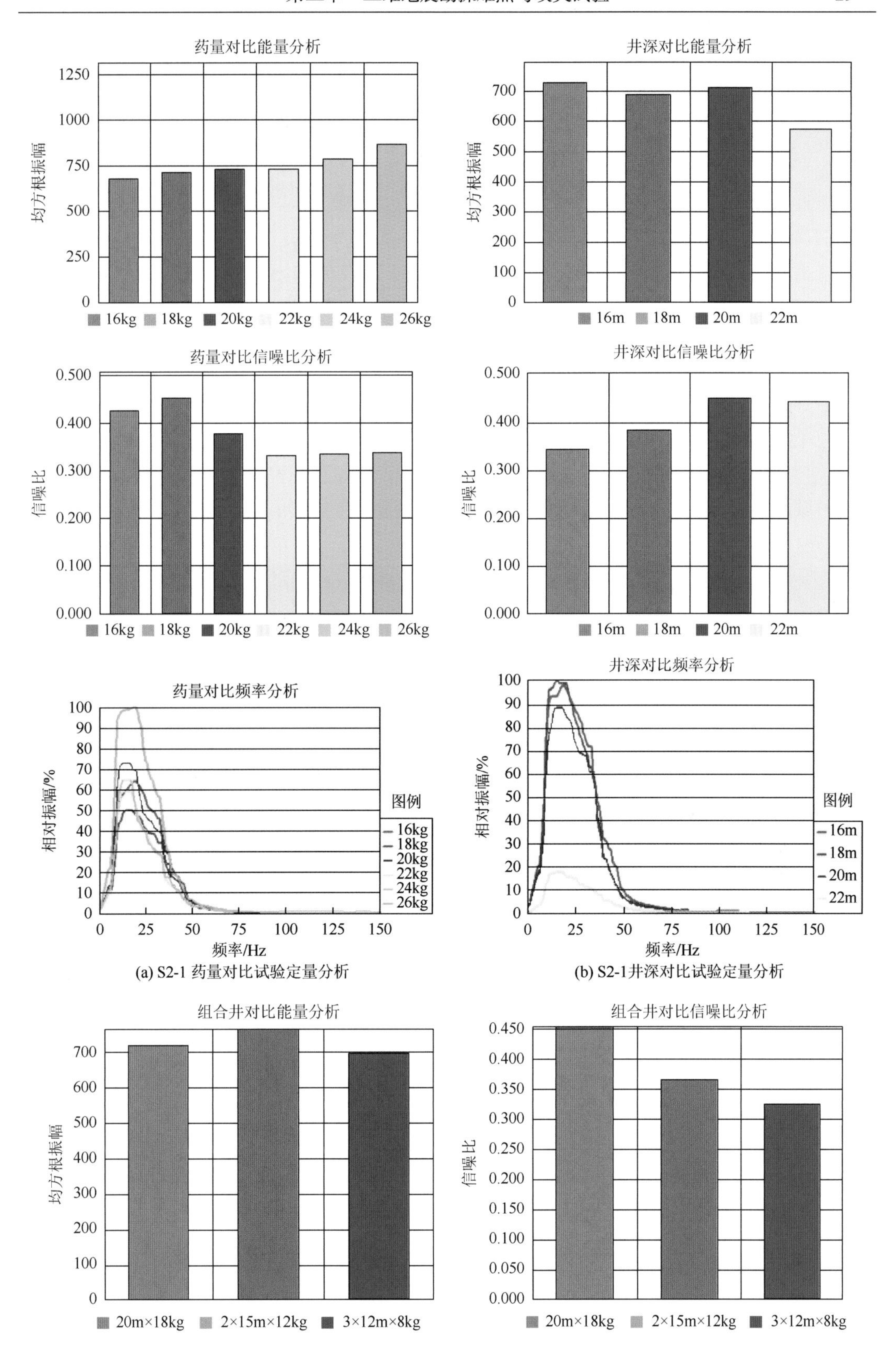


(a) S2-1 药量对比试验定量分析

(b) S2-1井深对比试验定量分析

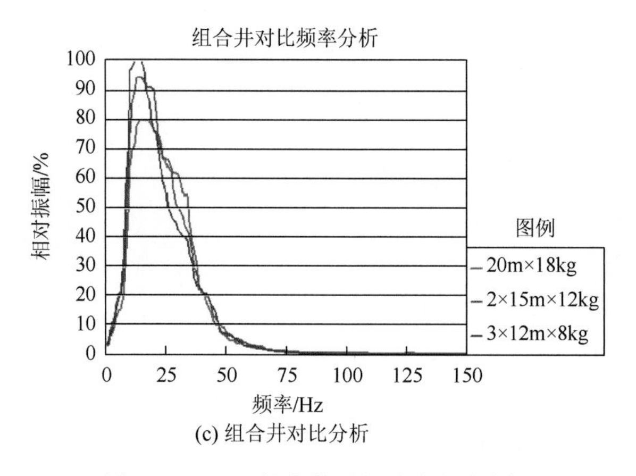

(c) 组合井对比分析

图 2-12　S2-1 组合井对比试验定量分析

（图 2-13），井炮和可控震源两种不同激发震源单炮均存在差异，需要在后续资料处理中采用地表一致性反褶积，改善子波的一致性，使子波得到较好的统一和规整；同时应用 CMP 域反褶积，使井炮地震子波进一步压缩，拓宽有效频带，消除井炮、震源单炮的频率差异。

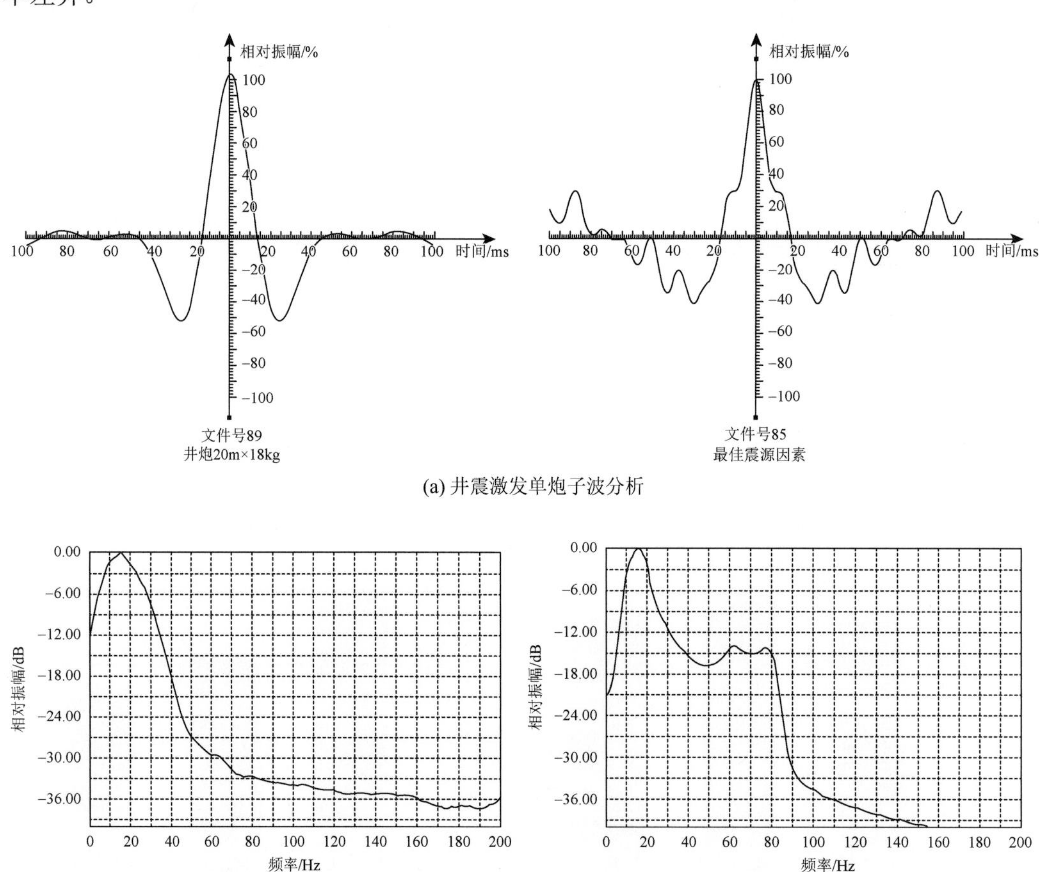

(b) 井震激发单炮频率分析

图 2-13　井震激发单炮子波、频率分析

砂岩区（S2-2）井炮震源（图 2-14）：该点低速层速度为 419m/s，低速层厚度为 2.37m，高速层速度为 3264m/s。从原始记录上看，各药量记录无明显差异，18kg 和 20kg 激发记录的面波稍弱；从固定增益记录上看，各药量记录的能量基本随药量增加而逐步增强；从 15～60Hz 分频扫描记录上看，18kg、20kg 药量激发记录的反射波组的连续性稍好。通过定量分析，16～24kg 药量激发能量显示，随着药量的增加，能量逐渐增大，18kg 和 20kg 药量激发的能量差异不大；信噪比分析显示，18kg 药量激发的记录的信噪比最高，20kg 药量激发的信噪比次之；从频率分析来看，各药量激发、记录的频宽相差不大，18kg 药量激发的频率最好。综合考虑，本次施工砂岩区井炮采用 18kg 药量激发是合适的。

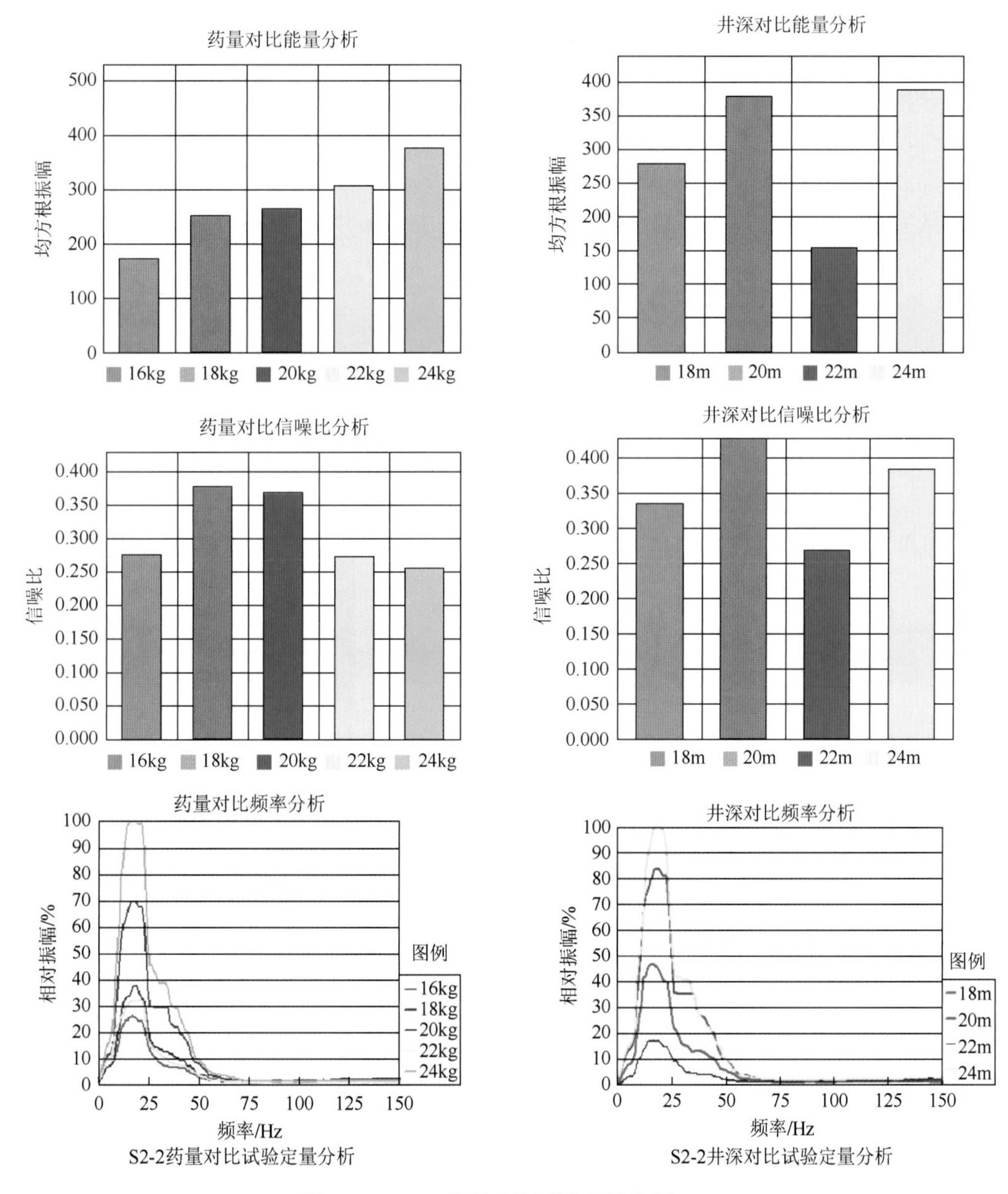


图 2-14　S2-2 井深对比试验定量分析

从原始记录上看，22m 井深激发记录稍差，其他各井深激发记录无明显差异；从固定增益记录上看，20m 和 24m 井深激发能量最强，18m 井深激发能量次之，22m 井深激发能量最弱；从 15～60Hz 分频扫描记录看，18m 和 20m 井深激发反射波连续性最好，24m 井深激发次之，22m 井深激发稍差。定量分析显示，20m 和 24m 井深激发能量最强，18m 井深激发次之，22m 井深激发能量最弱；20m 井深激发信噪比最高，18m 和 24m 井深激发次之，22m 井深激发信噪比最低；频率分析显示，20m 井深激发频宽和相对振幅最好。综合考虑，本次施工砂岩区井炮采用高速层下 7m、最浅井深 18m、药量 18kg 激发是合适的。

河滩区（S3）组合井及可能震源（图 2-15）：从原始记录看，随着井数的增加，激发记录面波有增强的趋势，固定增益记录显示，双井和三井组合激发记录能量差异不大，三井组合稍强于双井组合，四井组合能量最弱；分频记录显示三井组合反射波连续性好于双井组合，四井组合稍差。定量分析显示，三井组合能量稍强于双井组合，四井组合激发能量最弱；四井组合激发信噪比最低，三井组合信噪比略高于双井组合；频率分析显示三井组合激发最好。综合考虑，本项目在河滩区无法成单深井时，优选 3×12m×8kg 的三井组合方式激发。

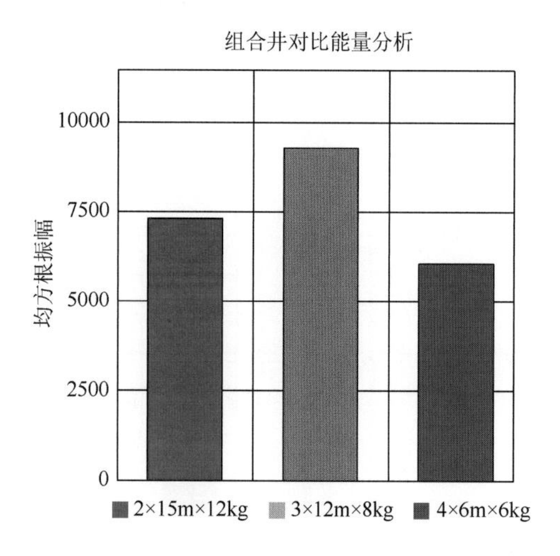


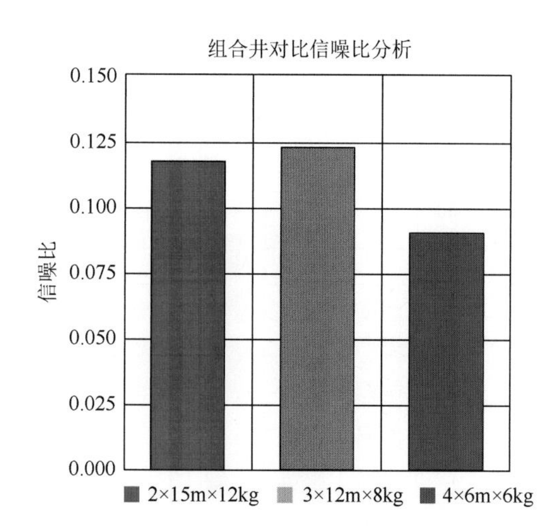


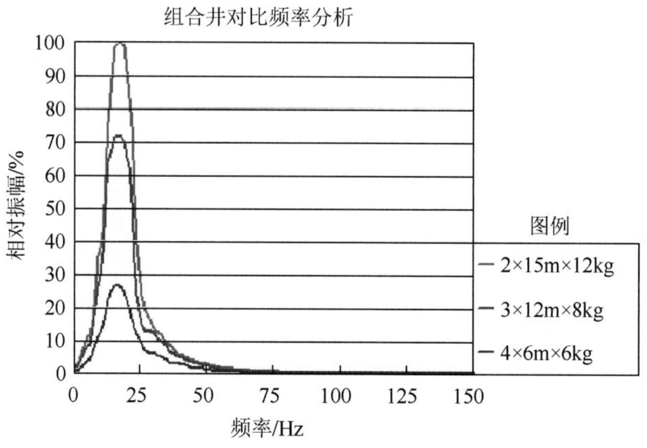


图 2-15　S3 组合井对比试验定量分析

砂岩区（S4）井炮震源：该点高速层埋深为 4m，从井深试验自动增益控制原始记录来看，12m 井深激发效果明显较差，15～60Hz 分频记录显示，12m 井深激发同相轴连续性最差，14m、16m、18m 井深激发浅层同相轴连续性差异不大，18m 井深激发深层同相轴连续性稍好（图 2-16）。

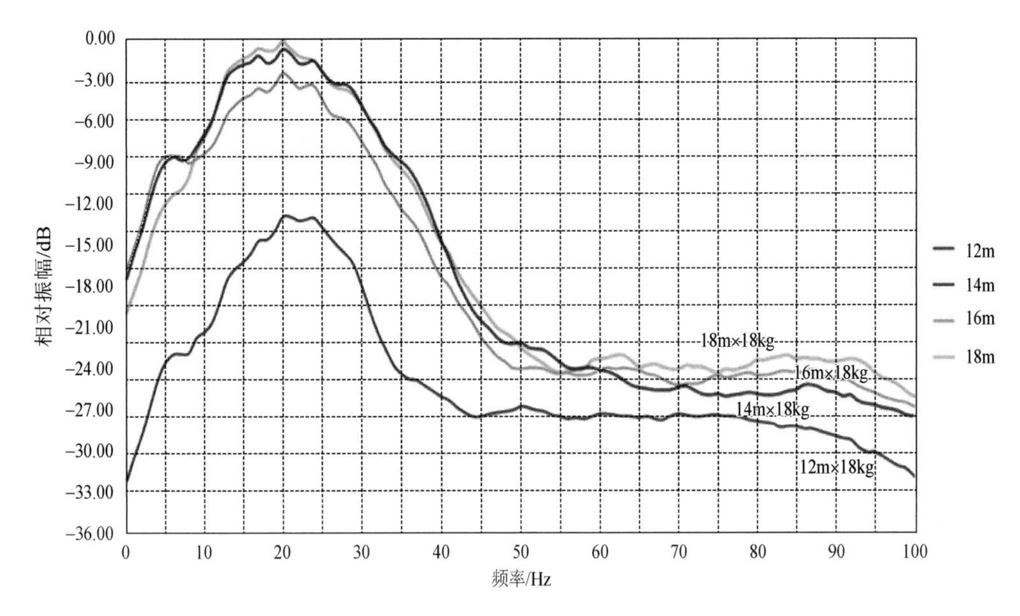


图 2-16　S4 井深试验频率分析

S4 井深试验定量分析结果显示（图 2-17）：12m 激发频带最窄，相对振幅最小，与自动增益控制原始记录显示结果相符；14m、16m、18m 井深激发频带及相对振幅相当，差异不大；单炮能量有随着井深加大逐渐增强的趋势，16m 和 18m 井深激发能量基本相当；信噪比估算结果显示，随井深加大，信噪比逐渐增强，但 16m 井深激发信噪比略好于 18m 井深。

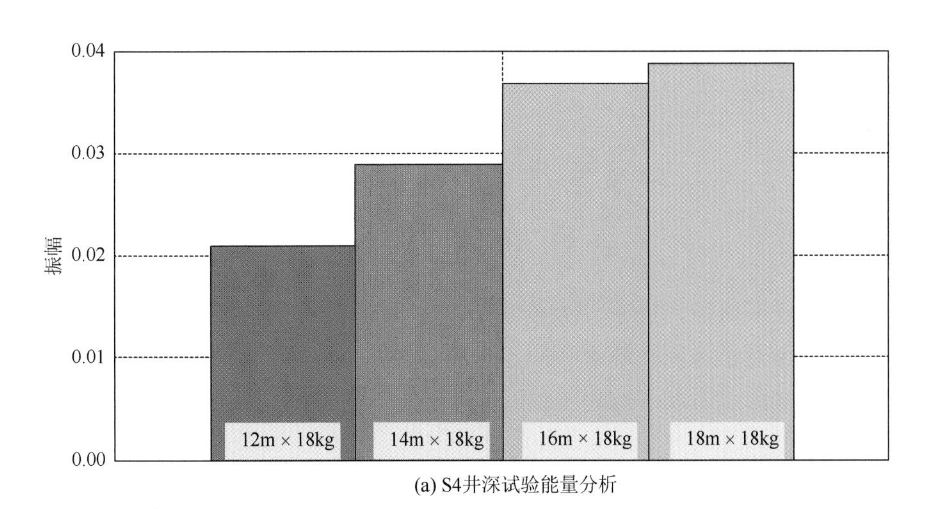


(a) S4井深试验能量分析

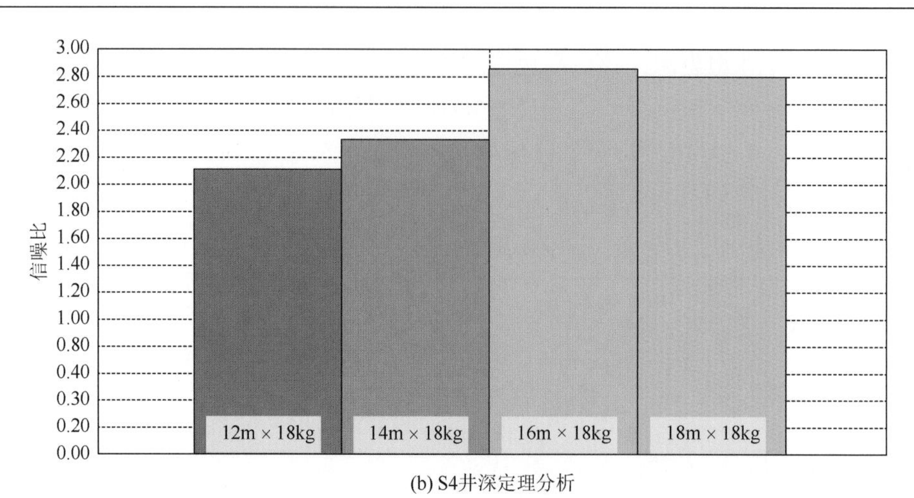


(b) S4井深定理分析

图 2-17　S4 井深试验信噪比分析

药量试验自动增益控制原始单炮记录显示，随着药量增加，激发效果逐渐变好，15～60Hz 分频记录显示，浅层反射同相轴差异不大，16kg 以上药量激发深层反射同相轴连续性稍好（图 2-18）。

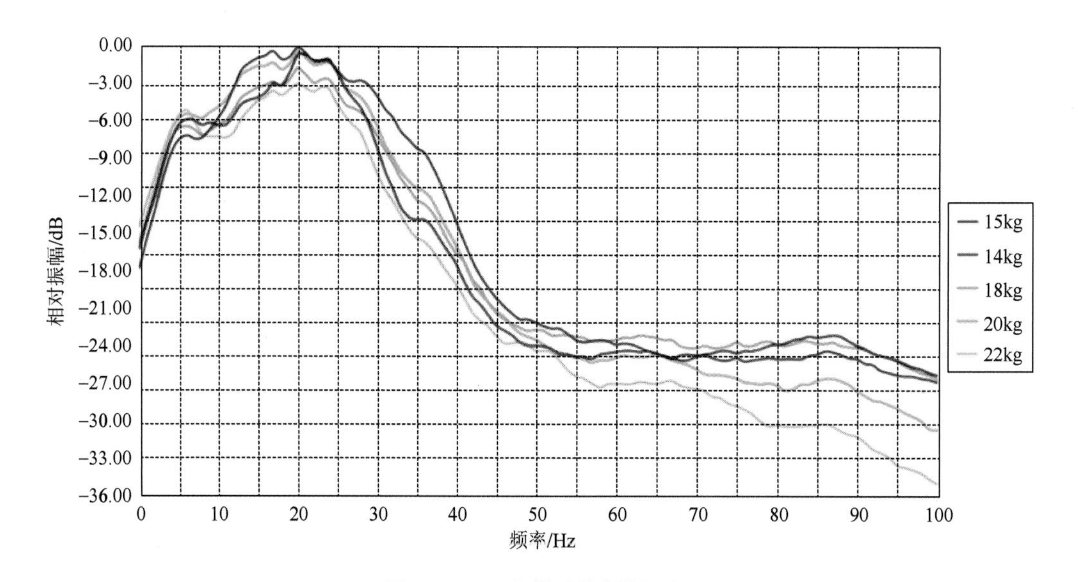


图 2-18　S4 药量试验频率分析

S4 药量定量分析结果显示（图 2-19）：各药量激发单炮频宽及相对振幅差异不大，能量随着药量增加逐渐增强，18kg、20kg、22kg 药量激发能量差异变小；信噪比估算结果显示，18kg、20kg 药量激发信噪比最高。综合 S4 点激发因素试验分析结论，采用高速层下 7m 井深、18kg 药量激发，能获得较好的单炮资料，能满足本项目地质任务要求。

通过系统分析试验点资料，综合考虑资料定性和定量分析结果，确定生产过程中采用的激发因素包括：在高原丘陵区，采用可控震源激发，激发因素为 3 台 1 次、6～84Hz

频率、70%振动出力、18s 记录长度，仪器录制前放增益为 12dB；在地形起伏较大地段采用井炮激发，高速层下 7m 激发，最浅井深 18m，药量 18kg 井炮激发；在单井成井困难的地段采用双井（2×15m×12kg）激发；在河滩或沼泽区可控震源无法到达的地段，采用 3×12m×8kg 三井组合方式激发。

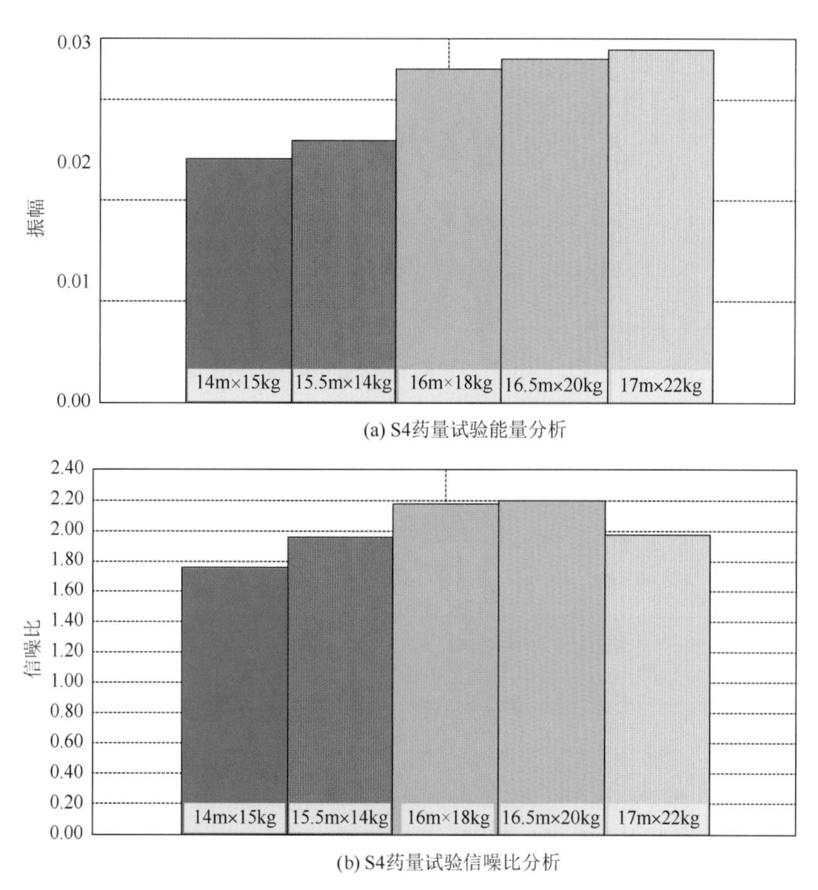


(a) S4药量试验能量分析

(b) S4药量试验信噪比分析

图 2-19　S4 药量定理分析

## （二）线试验结果

不同接收线数：在道距和炮距不变的前提下，选择不同接收线距的 4L3S、3L3S、2L3S、1L3S 四种不同观测系统对比（图 2-20）。通过对比四条不同接收线数的观测系统剖面发现，随着接收线数的增加，剖面浅、中、深层在不同构造位置反射同相轴的连续性变好，在构造陡倾部位，4L3S 观测系统的叠加剖面信噪比和连续性最佳，3L3S 观测系统的叠加剖面与 4L3S 差异不大，2L3S 观测系统的叠加剖面好于 1L3S，1L3S 观测系统的叠加剖面最差。

观测系统炮线数：选择 60m 炮距的 4L3S、4L2S、4L1S 三种不同观测系统叠加剖面进行对比，结果表明随着炮线数的增加，剖面浅、中层在不同构造位置反射同相轴的连续性变好，4L3S 观测系统的叠加剖面信噪比和连续性最佳，4L2S 观测系统的叠加剖面与4L3S 差异不大，4L1S 观测系统的叠加剖面最差。

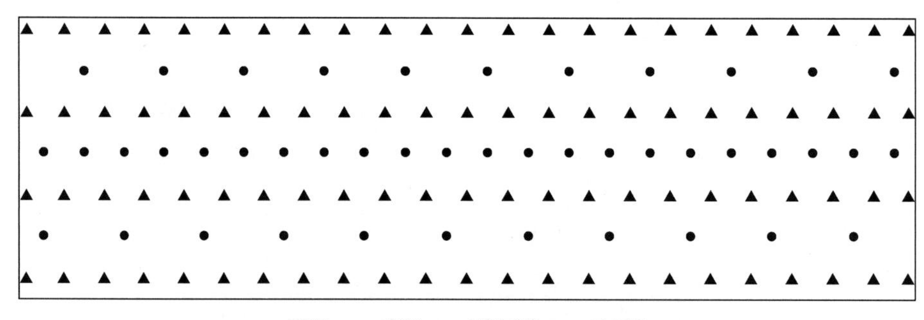

30m道距、60m线距4L3S观测系统 (1920次覆盖)

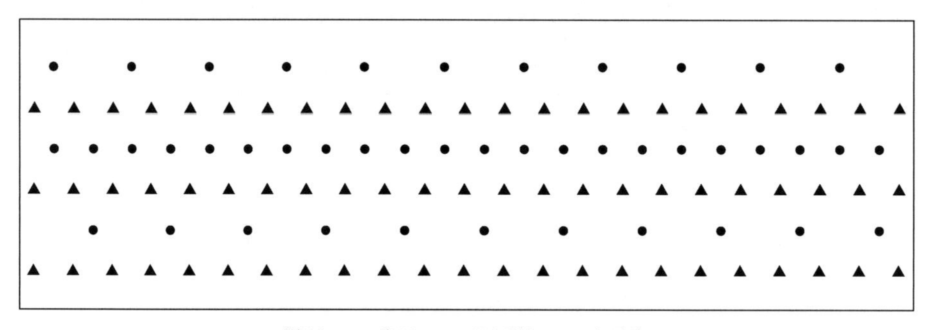

30m道距、60m线距3L3S观测系统 (1440次覆盖)

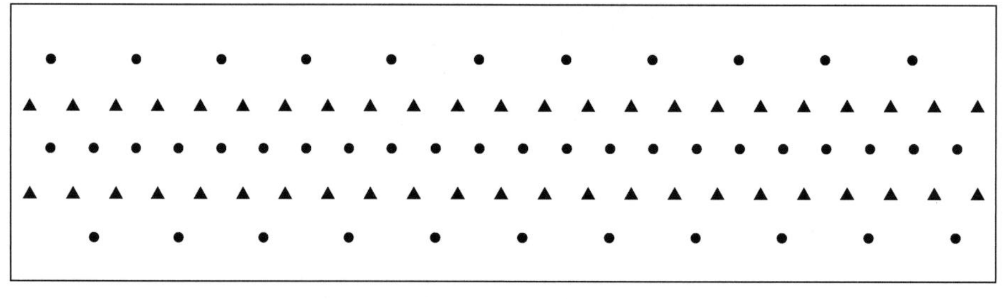

30m道距、60m线距2L3S观测系统 (960次覆盖)

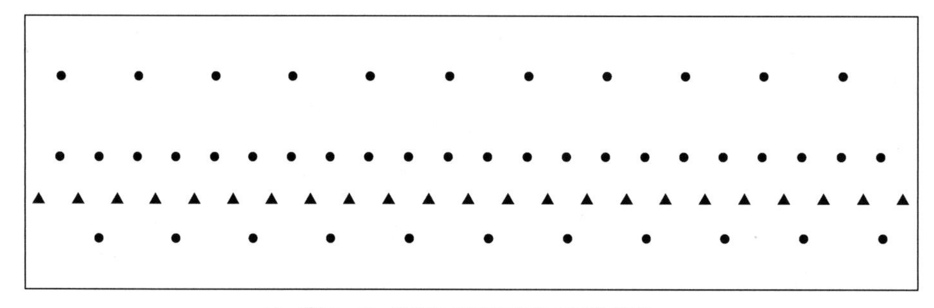

30m道距、60m线距1L3S观测系统 (480次覆盖)

图 2-20　道距和炮距相同时 4 种不同观测系统对比图

道距观测系统：选择 30m 和 60m 两种不同道距的 4L3S 叠加剖面进行对比，30m 和 60m 两种不同接收道距的观测系统剖面显示，30m 道距观测系统剖面在浅、中、深层反射轴连续性均好于 60m 道距叠加剖面，30m 道距叠加剖面分辨率更高，因此本次施工采用 30m 小道距有利于改善本地区地震资料成像品质。

炮距观测系统：选择 30m、60m 和 120m 炮距的 4L1S 观测系统叠加剖面进行分析，随着炮密度的增加，剖面覆盖次数加倍，反射波同相轴连续性增强，分辨率随之提高。120m 炮距叠加剖面最差，30m 和 60m 炮距的叠加剖面分辨率差异不大，60m 炮距基本能满足本地区地震采集任务要求。

接收排列长度：选择 480 道、450 道、420 道接收的 4L3S 观测系统叠加剖面，在构造平缓部位，三种不同排列长度的叠加剖面差异很小，然而在构造陡倾部位，其浅、中、深层反射同相轴的连续性和信噪比有差异。在构造陡倾部位，480 道接收的 4L3S 观测系统叠加剖面信噪比和连续性较好，450 道接收的 3S4L 观测系统叠加剖面次之，420 道接收的 3S4L 观测系统叠加剖面较差。

覆盖次数：选择五种不同覆盖次数观测系统叠加剖面进行对比，五种不同覆盖次数观测系统剖面显示，随不同观测系统覆盖次数的增加，浅、中、深层反射同相轴的连续性和信噪比增强，当覆盖次数达 960 次时叠加剖面与 1440 次叠加、1920 次叠加无明显差异。通过对比发现，960 次覆盖次数基本能满足本次采集施工需要。

通过对震源试验线观测系统退化分析确定方案：接收线数增大，有利于改善资料信噪比，3 线 30m 道距接收能满足施工要求；本次施工采用 30m 道距有利于改善本地区资料分辨率和信噪比；加密炮点，有利于改善资料分辨率和信噪比，30m 和 60m 炮距叠加剖面差异不大；加长排列，有利于改善资料信噪比，本次施工采用 480 道排列、7185m 最大偏移距能满足地质任务要求；最佳观测系统为 3L2S/960 次覆盖观测系统，此观测系统具有高覆盖次数，能够较好压制部分干扰波，改善剖面成像效果。

## 第三节　隆鄂尼-玛曲重点区块二维地震攻关试验

隆鄂尼-玛曲位于羌塘盆地南拗陷，地域跨度大，地表条件极其复杂，存在草原、河流、山地、沼泽、湖泊、冰川等各种地貌，以及冻土、溶洞等地质条件，造成本区地震资料普遍存在构造信噪比和分辨率不高的问题。本书根据地表及地下条件开展攻关试验，选择合理的施工方式，合理进行测线优化调整和炮检点布设，改善激发与接收条件，提高目的层的信噪比和分辨率。

### 一、数据采集难点

#### 1. 面波、折射波、次生干扰波等干扰发育，原始单炮记录信噪比低

该区表层结构极为复杂，老地层出露、喀斯特岩溶、山前砾石层、冻土层发育且表层低速带厚度差异性大，最大厚度达到 300m 左右，大部分激发能量沿近地表传播，能量散失严重，并且造成线性干扰发育，原始地震资料信噪比低。

2. 冻土层影响地震资料品质

由于特殊地表条件影响，在草皮以下可分为上下两层（活动层和永冻层），上层每年夏季融化，冬季冻结，称为活动层，又称冰融层；下层常年处在冻结状态，称为永冻层或多年冻层。由于冻土层造成表层速度在区域上的差异，在地震记录上表现为面波扭曲、频率变化（图 2-21）。冻土层对激发能量屏蔽，导致激发条件变差，激发能量衰减过快，由于表层冻土层地层速度很高，能够屏蔽掉大部分的地震激发下传能量，使得透射过该层的地震波能量弱，地面接收到目的层的能量反射信号极弱。

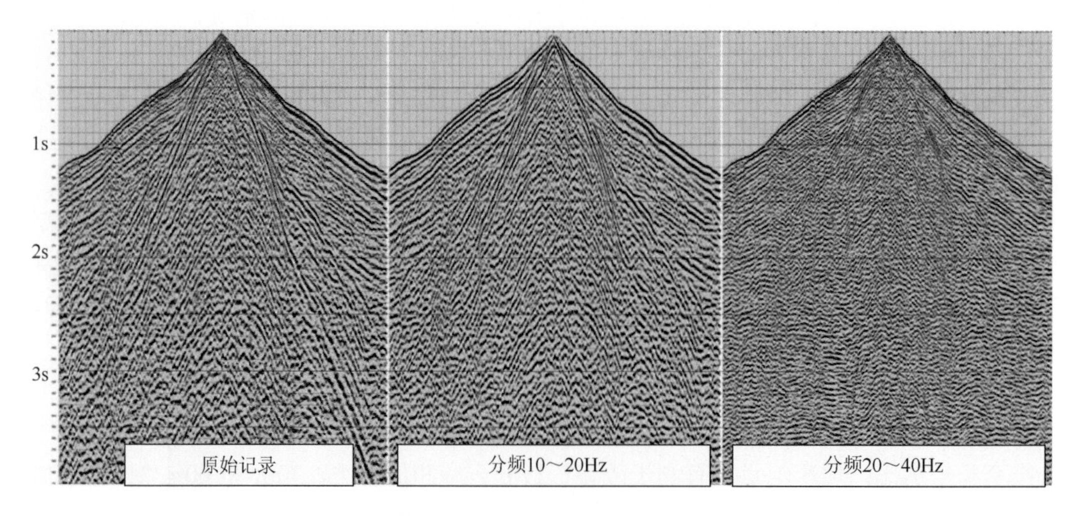


图 2-21　冻土层激发单炮记录

3. 岩溶孔洞影响地震资料品质

该区表层发育岩溶孔洞的地层速度很低，与围岩相比，岩溶孔洞成为较强的地质非均质体，造成绕射波、多次波发育，地震场更加复杂，影响地震剖面的成像效果。

4. 断层发育、地层褶皱严重、地层倾角大、产状变化快、成像困难

多期的构造运动影响导致构造型残留盆地内断层发育，地层褶皱严重。从野外采集得到的单炮记录可知，地下构造非常复杂，大部分单炮上看不到明显的有效反射，即使在少量单炮上虽然能够看到有效反射，但剖面上不一定能叠加成像，这些给资料处理带来困难，影响叠加效果。在本区块内地表出露的地层倾角都比较大，有的地层倾角超过 70°。由于地层产状变化较快、地层速度横向变化剧烈、地表出露地层及地层埋深差异大，造成地震波场杂乱、剖面聚焦成像困难。

## 二、试验目的及项目

本节通过宽频宽线高密度二维攻关试验，分析、论证并优化施工参数，使地震采集参

数更加科学合理，确保提升地震资料品质，满足本次二维地震勘探地质任务的要求，并为下一步该区地震采集主要参数提出合理建议；通过前期试验做好试验线精细近地表反演，开展不同静校正对比试验，优选本区最佳静校正技术流程和方法。

羌塘盆地隆鄂尼-玛曲区块跨度大、测线分散，为了保证采集参数最优，分别在隆鄂尼区块、鄂斯玛区块和玛曲区块进行系统试验及相应考核试验（图 2-22），确保选择最优的施工参数。隆鄂尼区块优选 L2015-07 测线北部满覆盖 10km 为试生产试验线，玛曲区块优选 M2015-02 线 22.98km 为试生产线，鄂斯玛区块 E2015-03 线 37.70km 为试生产线。同时结合地貌地质条件，优选不同激发岩性的试验点，隆鄂尼区块选取系统点 1 个、考核点 2 个，鄂斯玛区块和玛曲区块各选取考核点 1 个。

图 2-22　隆鄂尼-鄂斯玛区块试验位置

隆鄂尼区块试验包括干扰波调查、表层结构调查、观测系统、接收系统以及激发系统试验。震源激发系统采用炸药震源和可控震源，炸药震源试验内容包括单井药量、井深，浅井组合的浅井井数、组合井深及组合药量；可控震源试验内容包括驱动幅度、扫描频率及长度、震源车台次。玛曲地区采用可控震源进行考核试验、鄂斯玛地区采用炸药震源进行考核试验。

## 三、试验结果分析

隆鄂尼-玛曲区块受多次构造运动的影响，导致其表层条件十分复杂、地形起伏剧烈、高差变化大，其主要出露侏罗系地层，部分地方存在厚薄不均的永久性冰冻层，浅层折射、散射、侧面干扰波等各类干扰严重。

### 1. 干扰波调查

鄂斯玛区块共完成 119 炮盒子波调查工作。布设一个 51×51 个点的 3D 方形接收网，即 2601 个点，点距 $dx = dy = 4m$，纵向基距、横向基距均为 200m，每个点摆放 1 串检波器。在纵测线和横测线方向检波器方阵中心点位置处布设 1 条炮线，炮点距离中心点检波器的最小炮检距 15m，最大炮检距 7215m，炮点距 120m。

结果表明：发育较长视波长的面波、折射波、侧面波以及多方向的环境干扰；受表层不均匀性影响，面波速度变化大，最小约 700m/s，最大约 2400m/s，低速面波频率为 7～12Hz，高速面波频率为 12～16Hz；折射波速度高，在 3000m/s 以上，频率为 16～20Hz。

2. *表层结构调查*

隆鄂尼-玛曲区块近地表的特点主要包括地表速度较高，纵向速度、横向速度变化剧烈。从隆鄂尼区块不同位置选取了四个表层调查控制点（图 2-23），从 A、B、C、D 四点的小折射调查的时距图得到的解释结果看，低速层速度为 400～600m/s，厚度在 5m 左右，其下伏层速度突变增大，显示出老地层出露的特点。

图 2-23　隆鄂尼区块表层调查分析点位图

从隆鄂尼区块 L2015-07 测线的表层调查剖面图上可以看出，整条测线低速层极薄，无降速带（图 2-24）。这是由于区块内老地层（高速层）出露，地表受风化影响堆积了一些沉积物，从而形成了极薄的低速带。

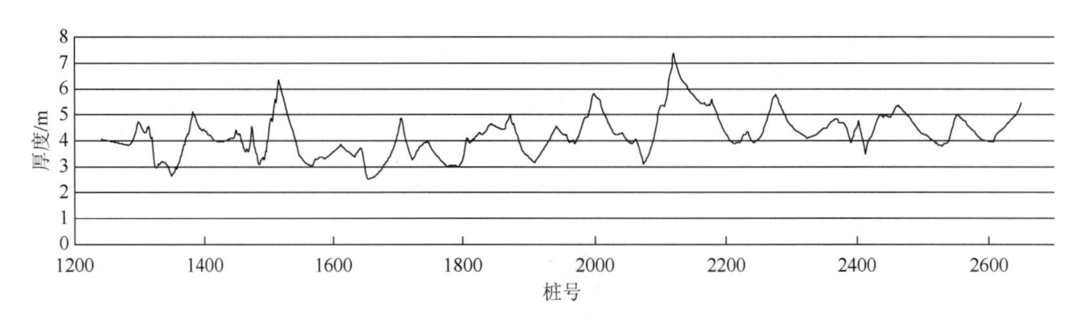


图 2-24　L2015-07 测线低降速带厚度图（表层调查）

从隆鄂尼区块 L2015-07 测线的低降速带厚度图（图 2-24）可知，低速带厚度大多在 6m 以下。从该线表层调查的高速速度图（图 2-25）可知，速度为 2000m/s～3500m/s，说明极薄的低速带以下就是速度较高的地层，且速度变化较为剧烈。对该测线建立层析反演速度模型（图 2-26），速度的横向变化非常剧烈，没有稳定的速度界面，反演的表层速度基本在 1800m/s 以上。在不同位置的单炮初至也表明，折射速度变化大，反映出纵向上的速度也存在较大的差异。鄂斯玛区块和隆鄂尼区块非常相似，即低速带速度低、厚度极薄、小于 5m、无降速层。

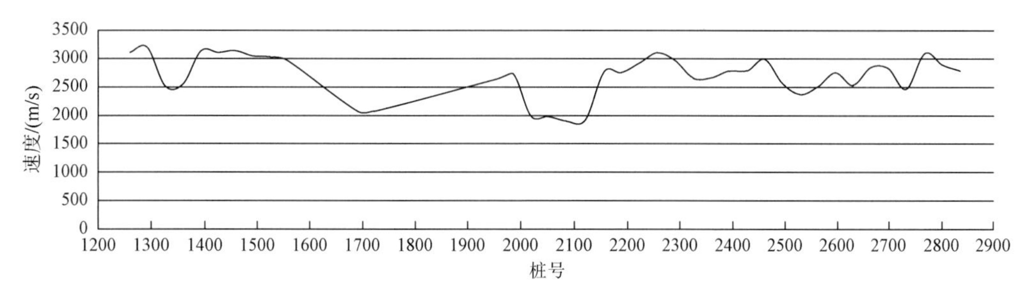


图 2-25　L2015-07 测线高速速度图（表层调查）

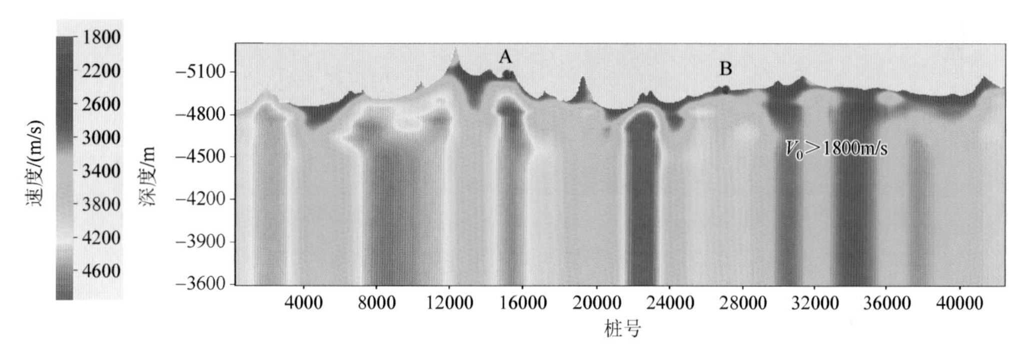


图 2-26　L2015-07 层析反演速度模型图

（注：A、B 为表层调查控制点；$V_0$ 为初始度）

3. 震源类型试验

震源类型分析主要分析可控震源与井炮震源的激发效果。运用可控震源 3S3L 叠加剖面与井炮 1S3L 剖面进行对比。通过可控震源与井炮激发的对比剖面可以看出：可控震源在较高覆盖次数的条件下激发的剖面效果明显优于井炮激发，无论是浅层还是中深层包含的信息都比井炮剖面丰富。通过对剖面进行定量分析，可以看出可控震源剖面在 30～60Hz 的有效频带范围内具有明显的优势，其激发能量与炸药震源相当，信噪比优于井炮剖面（图 2-27）。

4. 激发因素试验

激发因素分析主要针对试验线采用的五种激发因素，即 S1，1 口×6m×3kg；S2，2 台 1 次，30m 炮距；S3，1 台 1 次，15m 炮距；S4，1 口×高速层下 3m×10kg，60m 炮距；S5，1 台 1 次，30m 炮距。分别抽取 1S3L 剖面进行对比分析。通过震源不同台次对比剖面可以看出，在相同线数叠加条件下，1 台 1 次激发的剖面效果在 15m 和 30m 炮距无明显差距。相同覆盖次数条件下，2 台 1 次剖面稍优于 1 台 1 次剖面。通过激发因素对比剖面可以看出，单浅井在覆盖次数是高速层激发 2 倍的条件下，剖面效果优于高速层，构造细节刻画清楚。通过定量分析可以看出，2 台 1 次与 1 台 1 次激发的剖面频谱无明显差距，2 台 1 次激发剖面与 1 台 1 次 15m 炮距激发的剖面能量基本相当，但其信噪比较高（图 2-28）。

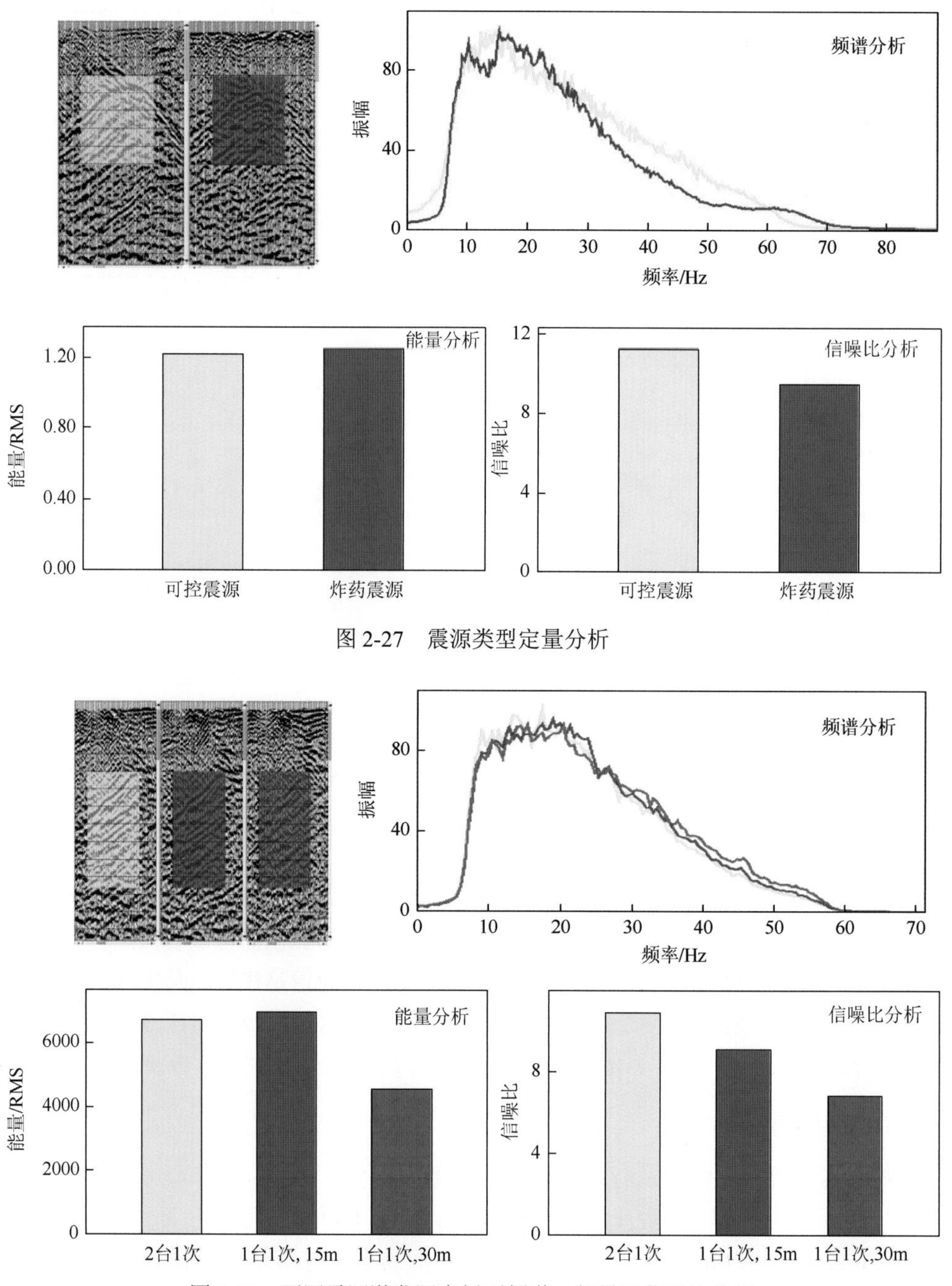


图 2-27　震源类型定量分析



图 2-28　不同震源激发因素剖面频谱、能量及信噪比分析

### 5. 接收因素试验

接收因素分析主要针对试验线采用三种接收因素，即 R1，2 串横向拉开；R2，2 串 X 形组合；R3，1 串口字形组合。分别抽取 3S1L 可控震源剖面进行对比分析。通过接收因素对比剖面可以看出，不同接收图形的剖面差异不大，接收图形为 2 串横向拉开组合的剖面略好于 2 串 X 形及 1 串口字形的剖面。通过定量分析可以看出，三种接收图形的剖面在频谱、能量方面无较大差别，两串横向拉开图形的剖面信噪比略高于其他两种组合图形（图 2-29）。

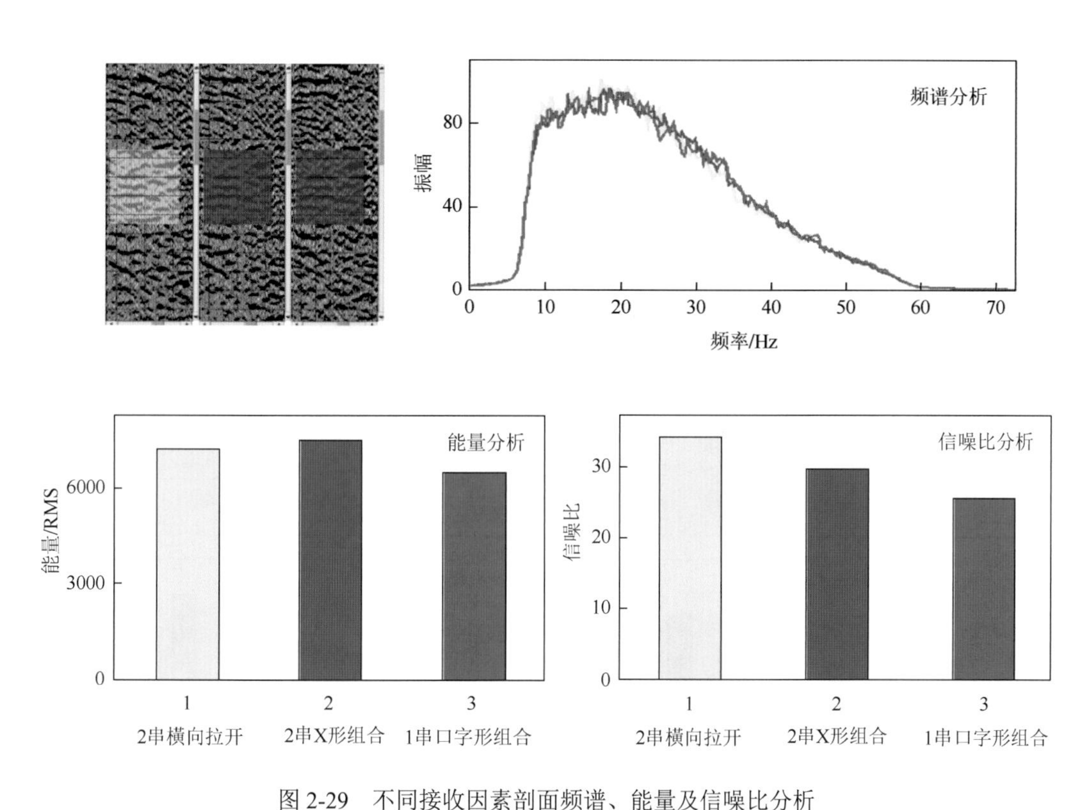


图 2-29　不同接收因素剖面频谱、能量及信噪比分析

### 6. 覆盖次数试验

覆盖次数分析主要针对可控震源试验线，分 240 次、480 次、720 次、960 次、1440 次、1960 次、2160 次及 2880 次覆盖进行分析（图 2-30）。

通过震源不同覆盖次数的对比剖面可以看出，240 次及 480 次覆盖的剖面较差，而覆盖次数达到 720 次以上时，剖面效果差异不大。通过定量分析可知，由于叠加的低通效应，随着覆盖次数增加，频带范围略有收窄，随着覆盖次数的增加，剖面的能量明显增强，信噪比在覆盖次数达到 960 次后，无明显改善（图 2-31）。

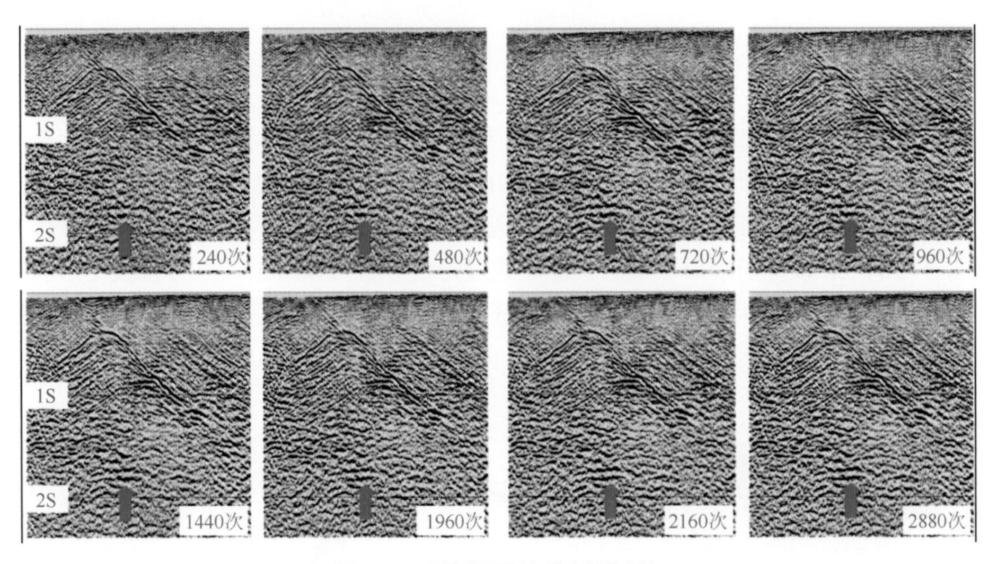


图 2-30　不同覆盖次数剖面对比

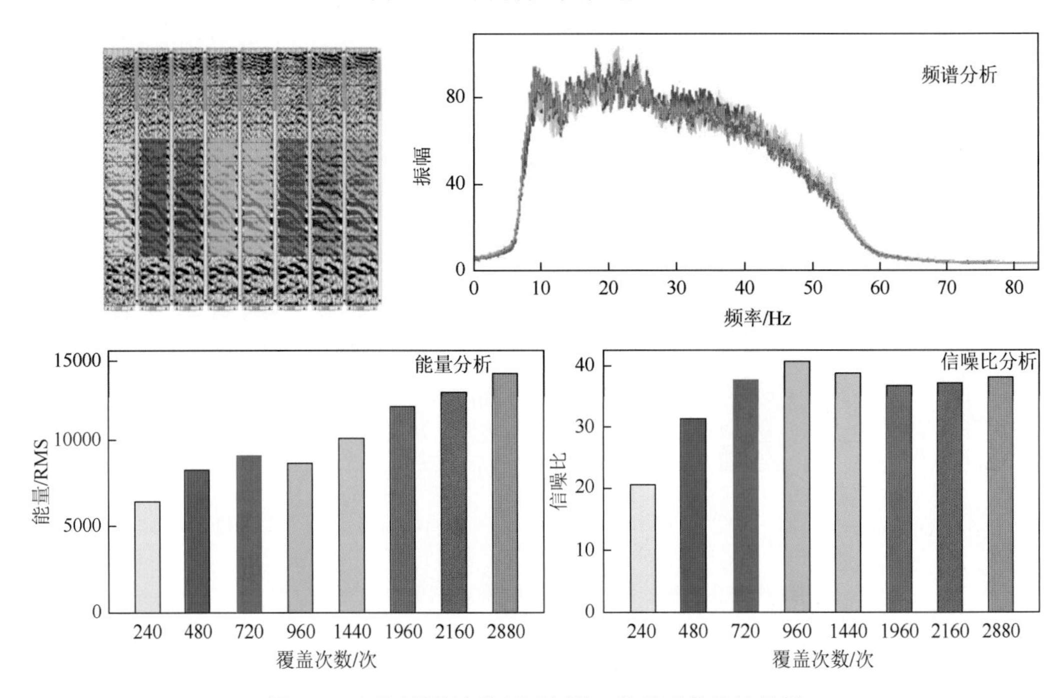


图 2-31　不同覆盖次数剖面频谱、能量及信噪比分析

7. 观测线数试验

观测线数分析主要是通过分析对比，确定在该区域相同覆盖次数下炮线多还是接收线多对于剖面效果改善明显。通过 1S2L 与 2S1L 的对比剖面可以看出，两剖面总体差异不大，但 2S1L 剖面在局部上略有改善。通过定量分析可以看出，1S2L 与 2S1L 剖面在频谱及能量上无较大差异，2S1L 剖面的信噪比高于 1S2L 剖面（图 2-32）。

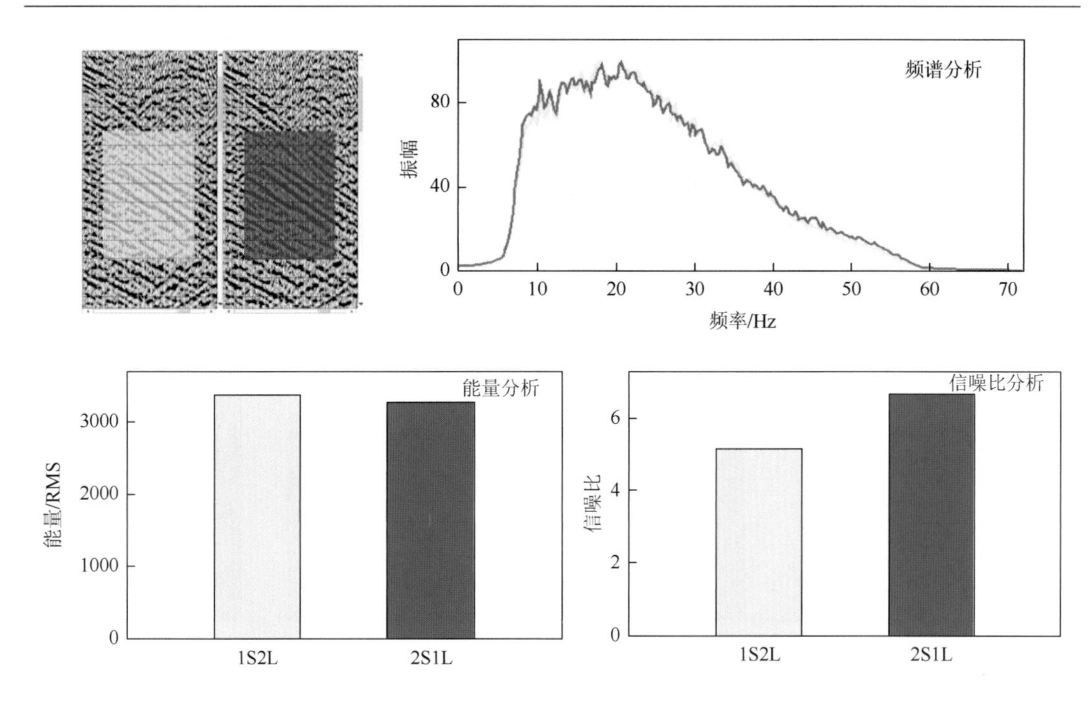


图 2-32　1S2L 与 2S1L 剖面频谱、能量及信噪比分析

8. 限偏移距试验

限偏移距分析是通过对 3S3L 可控震源叠加剖面的 3585m、4785m、5985m 及全偏移距剖面进行分析。通过不同偏移距剖面的对比可以看出，3585m 及 4785m 偏移距剖面较差，5985m 以上偏移距剖面无明显差异。通过定量分析也可以看出，不同偏移距剖面在频谱上无明显差距，剖面能量随着偏移距的增大而增强，信噪比在偏移距达到 5985m 时最高（图 2-33）。

通过对段试验资料的震源类型、激发因素、接收因素、覆盖次数、限偏移距及观测系统线数的分析能确定：可控震源在较高覆盖次数的条件下激发的剖面效果明显优于井炮激发，在该区域震源采用宽线高覆盖的剖面效果比井炮好；该区域表层结构复杂，地震波能量吸收衰减较快，增加震源车台数可以提高激发量，从叠加剖面上看，2 台 1 次激发效果略好于 1 台 1 次；由于该区存在较强侧面干扰波和线性干扰波，采用 2 串横向拉开接收图形可以获得较大组合基距来压制侧面干扰波，从叠加剖面对比来看，2 串横向拉开接收图形优于其他两种组合；从 240 次、480 次、720 次覆盖叠加剖面对比来看，随着覆盖次数的提高，剖面信噪比有一定改善，覆盖次数在 720 次以上时叠加剖面信噪比改善不大，因此覆盖次数选择在 720 次左右合理；通过不同偏移距剖面的对比可以看出，3585m 及 4785m 偏移距剖面较差，5985m 以上偏移距剖面无明显差异，因此偏移距选择为 7185m（考虑更有利于获取深层资料）；通过 1S2L 与 2S1L 的对比剖面可以看出，剖面频谱及能量上总体差异不大，但局部上 2S1L 剖面的信噪比高于 1S2L 剖面。在相同覆盖次数条件下，增加炮线比增加接收线更有效果。

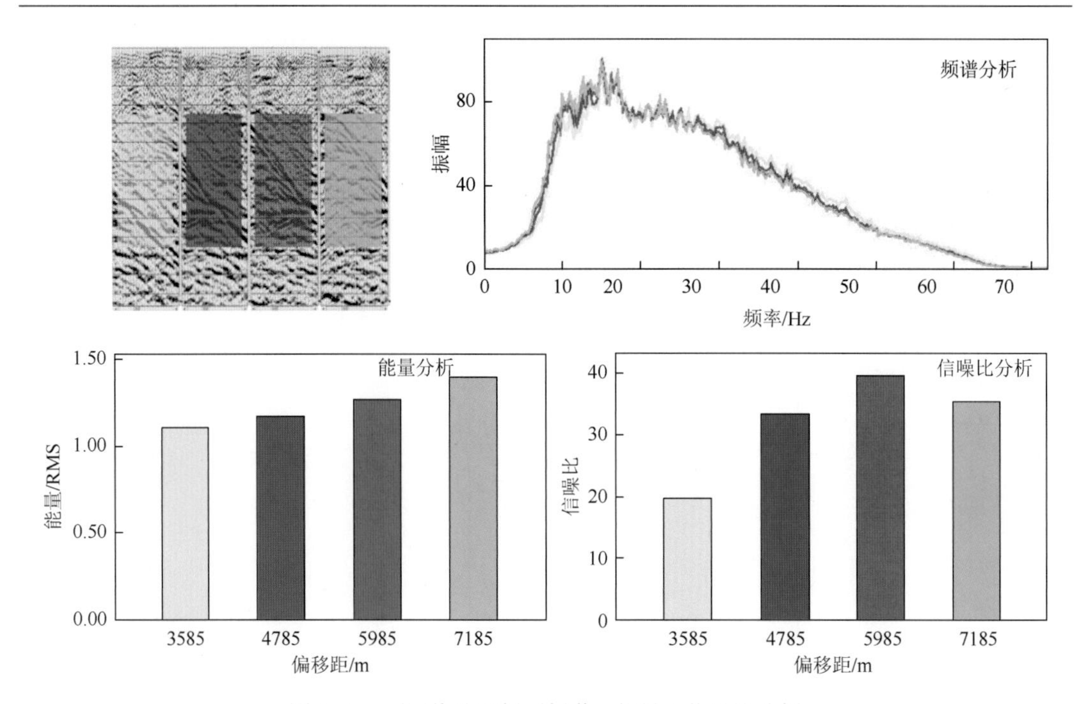


图 2-33　不同偏移距剖面频谱、能量及信噪比分析

# 第三章　二维地震勘探数据采集技术

数据采集是地震勘探的基础，野外数据采集技术的选用直接决定原始地震资料品质的高低，是获取好的地震勘探效果的关键因素（邓志文，2006）。以采集高品质野外地震勘探原始数据为根本目的，综合近 20 年来羌塘盆地半岛湖、托纳木-笙根、隆鄂尼-玛曲等地区的地震勘探实践经验，本章主要总结提炼了近地表结构精细调查、观测系统优化、地震波激发、地震波接收和现场监控处理等 5 方面采集技术，并对每种数据采集技术进行了概述，为高原地区原始地震数据采集技术的选用提供科学依据。

## 第一节　近地表结构精细调查技术

### 一、调查的目的及思路

近地表结构精细调查的重点是详细调查近地表结构在该区块的变化规律，包括潜水面深度及岩性随深度的变化规律，获取准确的近地表调查数据，为地震施工过程中钻机井深提供依据，并为后期的地震勘探静校正量的选取提供科学参考。

### 二、调查方法与技术

1. 出露岩性编录

沿地震勘探部署的测线，对炮井进行钻机岩性录井，记录不同岩性的埋深，绘制岩性柱状图，获取准确的地表地质资料。

2. 小折射方法

应用折射波法相遇时距曲线观测系统，24 道检波器不等间距排列接收，设计排列长度为 162m（道距为 1m、2m、2m、3m、3m、5m、5m、5m、10m、15m、20m、20m、20m、15m、10m、5m、5m、5m、3m、3m、2m、2m、1m），最小偏移距均为 1m（图 3-1），浅坑为 20～40cm、药量为 0.5～1kg，可根据激发、接收条件的差异适当增减药量以保证激发能量。

仪器因素：GDZ-24 高精度地震仪，采样间隔 0.25ms，记录长度 1000ms，24 道接收，前放增益 36dB，低截滤波 6Hz，记录格式为 SEG-2，记录极性为初至下跳，磁带记录初至振幅为负。

3. 单井微测井

仪器型号：GDZ-24 高精度地震仪。

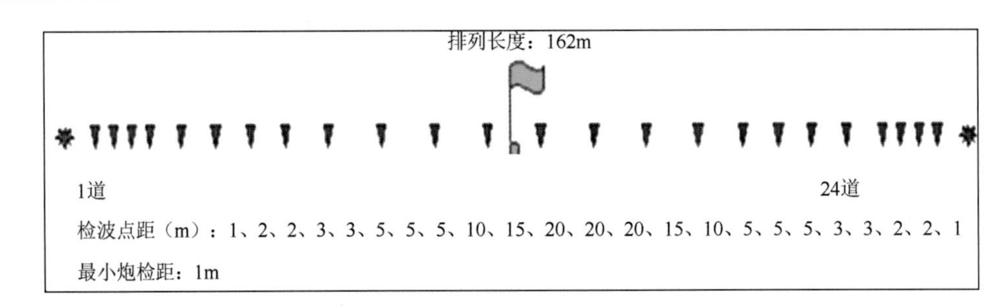


图 3-1　小折射观测系统

采样间隔：0.25ms。

记录长度：500ms。

记录格式：SEG-2。

前放增益：18dB。

记录极性：监视记录初至下跳，磁带记录初至振幅为负

观测方式：井中激发地面接收。

井深：根据潜水面埋深确定。

激发：井中雷管激发，雷管数量由浅至深逐渐增加，放炮顺序由深至浅，0～5m 雷管间隔 0.5m，5～16m 雷管间隔 1m，16～30m 雷管间隔 2m。

接收：5 道接收，偏移距 0m、1m、3m、15m、20m，沿井口扇形布置（图 3-2）。

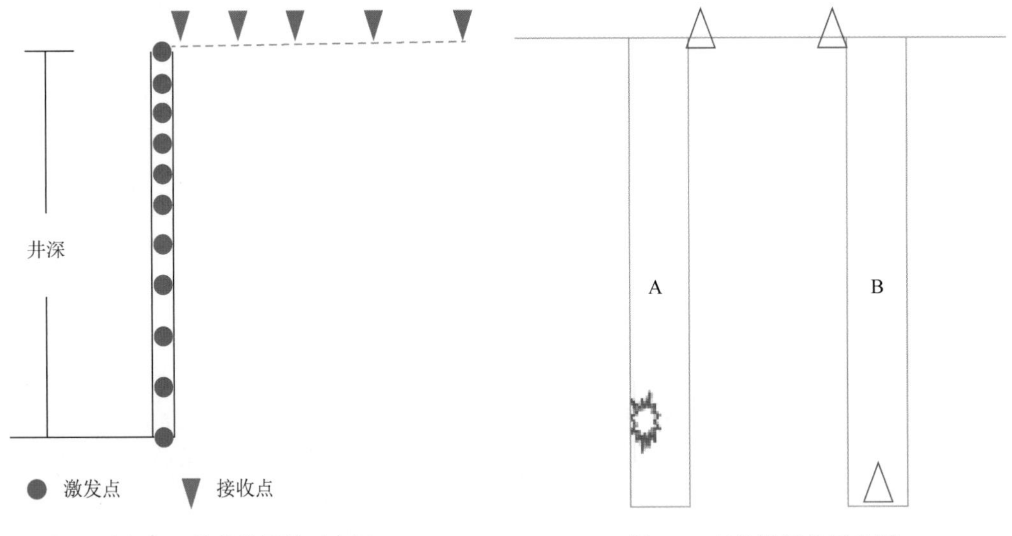


图 3-2　单井微测井示意图

图 3-3　双井微测井示意图

4. 双井微测井

激发因素：A 井激发，激发间距 1m，井深由试验确定（必须保证高速层有 4 个以上采样点），2～6 个雷管组合激发。

接收因素：B井井底、井口各埋置1个检波器。A井井口放置1道检波器，距离井口1m、2m、3m、4m分别埋置4道，5道检波器在同一直线上。

其他施工因素同单井微测井（图3-3）。

根据低降速带监测工作，进行了区块地震测线的低降速带统计分析，得到了每条测线的不同点位置的低速层速度、降速层速度、低速层厚度、降速层厚度、高速层速度、高速层厚度等表层结构数据信息。

## 第二节　观测系统优化技术

为了了解地下构造形态，必须连续追踪各界面的地震波（即逐点取得来自地下界面的反射信息），这就需要在测线上布置大量的激发点和接收点，进行连续的多次观测，每次观测时激发点和接收点的相对位置都保持特定的关系，地震测线上激发点和接收点的这种相互关系称为观测系统，通常也用观测系统来表示激发点、接收点和地下反射点的位置关系。

### 一、覆盖次数优选技术

对羌塘盆地半岛湖地区QB2015-06SN线段试验资料采用抽线、抽炮方式分别进行了50次、100次、150次、200次、250次、300次、400次不同覆盖次数的速度谱以及叠加剖面对比分析（图3-4、图3-5）。

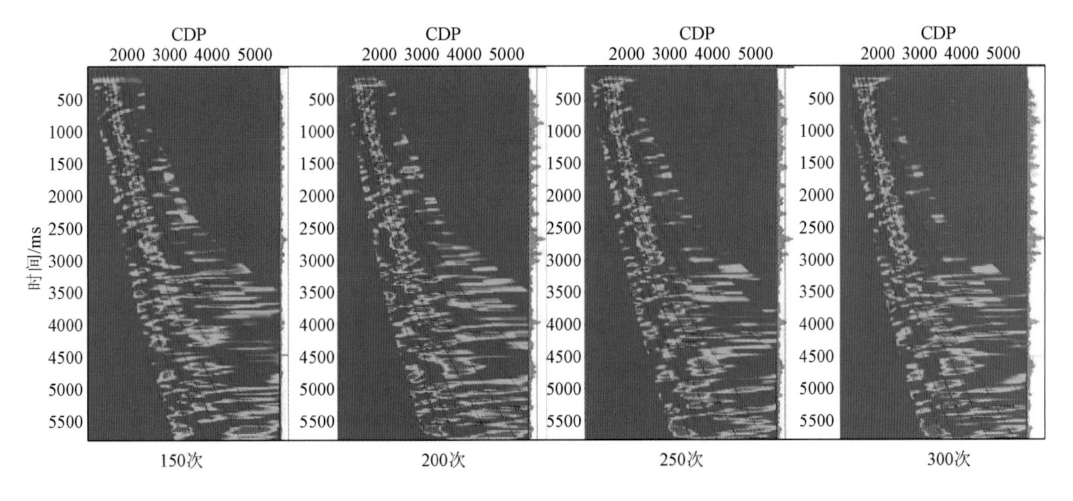


图3-4　不同覆盖次数速度谱对比分析

分析结果表明，随着覆盖次数增加，速度谱能量增强，收敛性逐渐变好，剖面信噪比随之升高，层间反射信息逐渐丰富，各类构造特征逐渐明显，剖面品质逐渐提高；但300次以上改善不明显，因此本区采用300次覆盖是最适宜的。

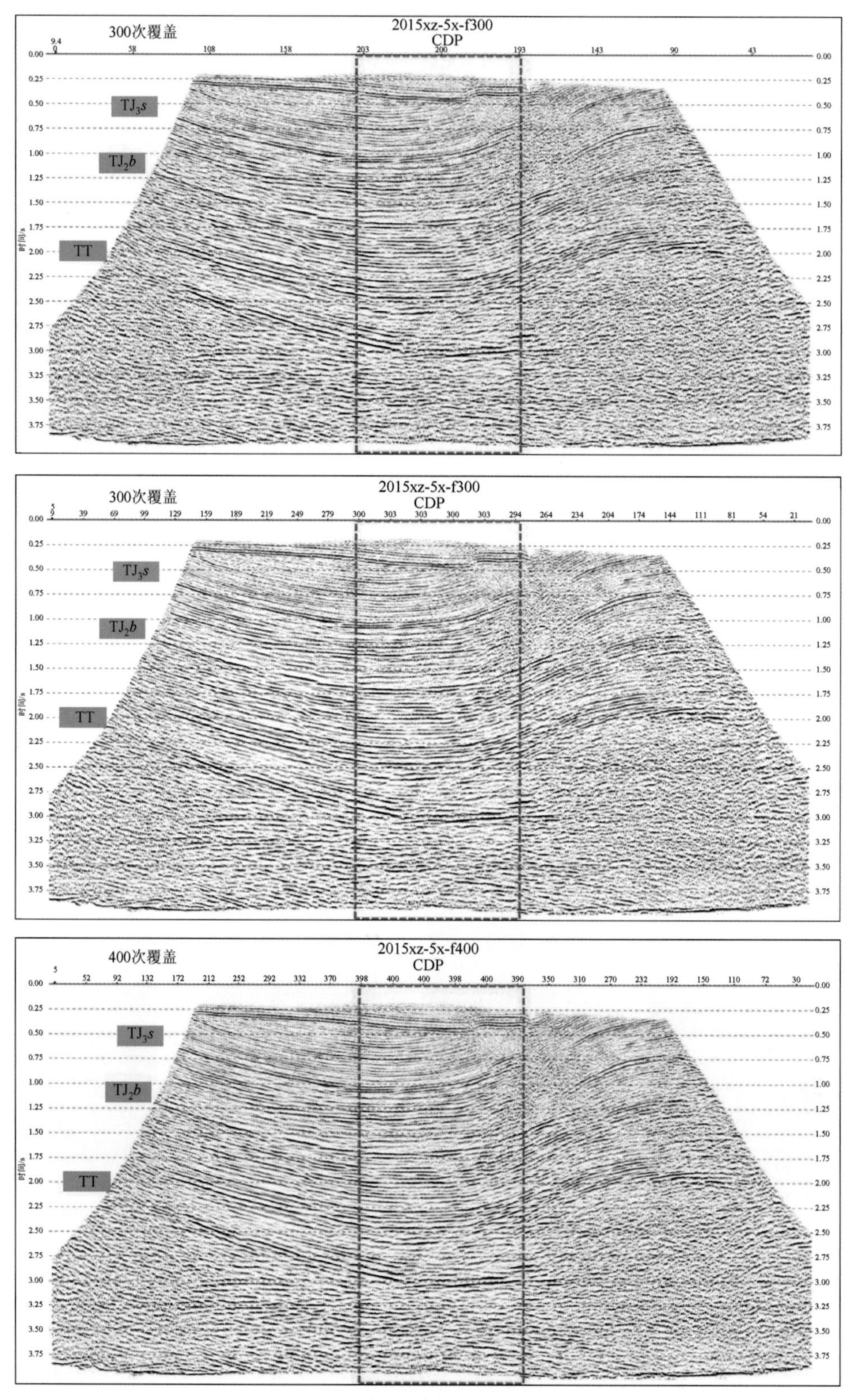


图 3-5　不同覆盖次数剖面对比分析

## 二、炮检距优选技术

为了优选炮检距，分别进行了 0～6000m、1000～6000m、2000～6000m、3000～6000m、4000～6000m、5000～6000m 等不同炮检距叠加剖面分析（图 3-6）、不同偏移距动校拉伸分析和不同炮检距速度谱分析。

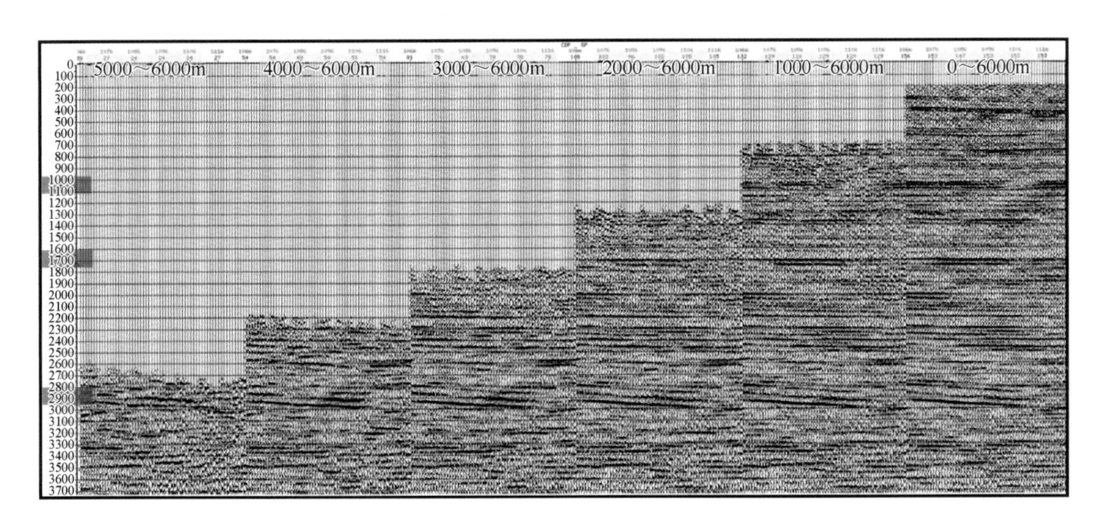


图 3-6　限不同炮检距叠加剖面对比

通过上述地震采集试验分析可知，随着炮检距的增大，中、深层目的层间信噪比得到提高；5000m 以上大炮检距有效反射信息仍然对深部地层有贡献；随着炮检距范围的增大，速度谱能量团明显有收敛（图 3-7），能量逐渐集中，采用较大的炮检距有利于提高速度分析精度；因此，本区最大炮检距采用 6000m 左右是适宜的。

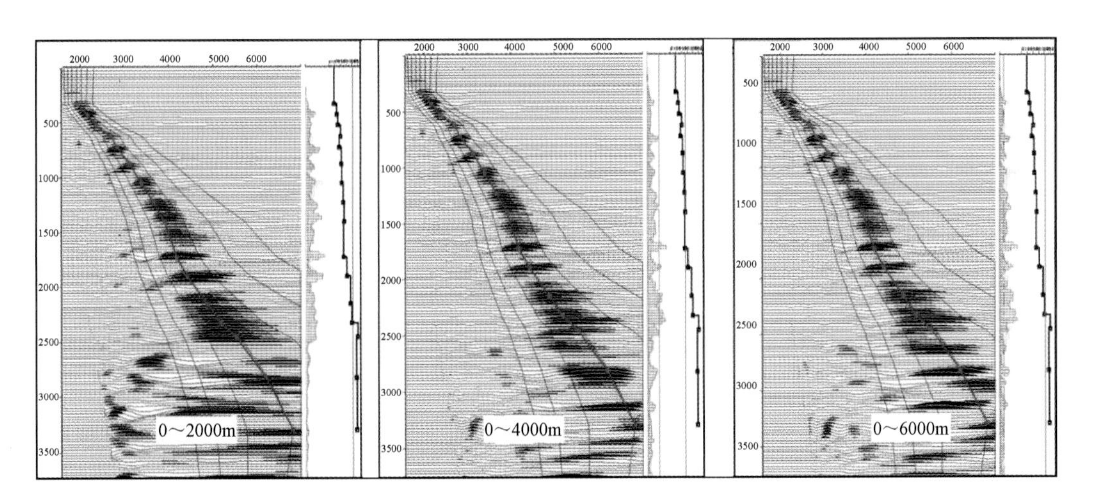


图 3-7　不同炮检距叠加剖面及速度谱

## 三、观测系统优选技术

为保证羌塘盆地二维地震勘探获取较高信噪比的原始数据，力求成像清楚，满足地层构造解释的需要，通过大量地震观测系统试验，认为 3L2S 更有利于优选激发点位，叠加剖面在局部区域的连续性和信噪比要高。优选的最有利观测系统参数见表 3-1 所示，排列片见图 3-8 所示。

**表 3-1　观测系统与仪器参数表**

| | | 参数 |
|---|---|---|
| 观测系统 | 观测系统 | 3L2S，5985-15-30-15-5985 |
| | 炮点距 | 两条炮线，单线炮点距 120m；炮点分布在两边接收线上 |
| | 道间距 | 30m |
| | 接收线距 | 60m |
| | 最大炮检距 | 5985m |
| | 最小炮检距 | 15m |
| | 单线接收道数 | 单线 400 道（3 线 400 道×3 线） |
| | 覆盖次数 | 300 次；<br>产生 5 条面元线，其中 4 条 50 次面元线，1 条 100 次面元线 |

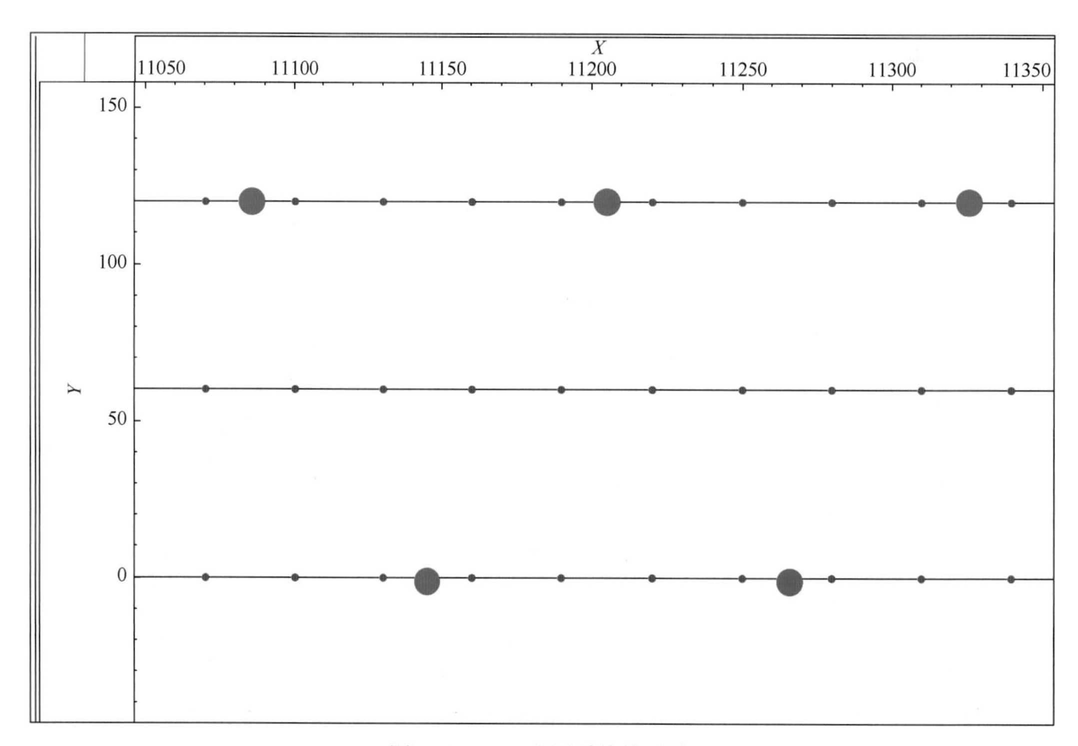


图 3-8　3L2S 观测系统排列片

# 第三节　地震波激发技术

羌塘盆地地震波激发源有可控震源和炸药震源两种，可控震源仅用于羌塘盆地半岛湖区块（2012年）、隆鄂尼区块与玛曲区块（2015年），浅层激发效果较好，深层获取资料效果相对较差。因此，在此只讨论炸药震源地震波的激发技术。

## 一、激发井深选取技术

### 1. 第四系河滩卵石覆盖区井深试验（S1点）

结合试验资料的定性和定量分析，在第四系砂砾岩河滩区，可以看出高速层顶界面下5～7m的能量较强，信噪比较高，频带较宽。兼顾能量和信噪比，在生产中选择高速层顶界面下7m激发较为适宜，激发频带较宽，激发能量适中，信噪比较高；在河滩区成井困难地段，采用12m×3和15m×2组合井激发，均能取得较好资料。

### 2. 侏罗系基岩山地区井深试验（S2点）

通过定量分析，在侏罗系山地区，可以看出：

（1）从能量分析，高速层顶界面下5m、7m激发能量相当且均较强。

（2）从信噪比分析，高速层顶界面下3m、5m、7m、9m激发信噪比相当，区别不大。

（3）从频率分析，高速层顶界面下3m、5m、7m激发频带较宽。

结合原始记录和分频扫描分析，采用高速层顶界面下7m井深激发的记录，单炮能量相当，信噪比较好，频带较宽，能够得到该区较好的地震记录。

### 3. 古近系山顶区井深试验（S3点）

通过对前文所做的井深对比试验结果进行分析：

（1）高速层顶界面下9m激发能量最强，5m、7m激发能量相当。

（2）高速层顶界面下3m、5m、7m、9m激发信噪比相当且均较高。

（3）从频率分析来看，3m、5m、7m激发主频频宽相当，9m激发频带稍窄。

结合原始记录和分频扫描分析，采用高速层顶界面下7m井深激发的记录，单炮能量相当，信噪比较好，频带较宽，能够得到该区较好的地震记录。

## 二、激发药量选取技术

综合试验资料的定性和定量分析，在第四系砂砾岩河滩区、侏罗系基岩山地区、古近系山顶区，药量18～20kg激发能量较强，信噪比也略高，主频频带也略宽，兼顾能量、信噪比以及频率分析，药量选择18～20kg为宜。

# 第四节　地震波接收技术

## 一、检波器组合技术

在采用相同激发方式下，进行了检波器组合试验，试验所得的记录和定量分析结果表明：矩形检波器组合接收能量最强，信噪比最好，频带略宽，压制规则干扰波相对较好。综合分析认为，矩形检波器组合在羌塘盆地较为适合。

## 二、检波器接收技术

检波器型号：20DX-10 检波器。

组合图形：组内距 2m、组合基距 22m 等距矩形组合（$\delta x = 2\text{m}$，$\delta y = 4\text{m}$，$Lx = 22\text{m}$，$Ly = 4\text{m}$）。

埋置方式：挖坑埋置，因地制宜，确保耦合效果。

检波器埋置必须做到实、直、准、不漏电，检波器中心坑应对准测量点位进行标记，同一道检波器埋置条件应基本一致。大小线铺设紧贴地面放置，避免大小线摆动产生高频干扰（图 3-9）。

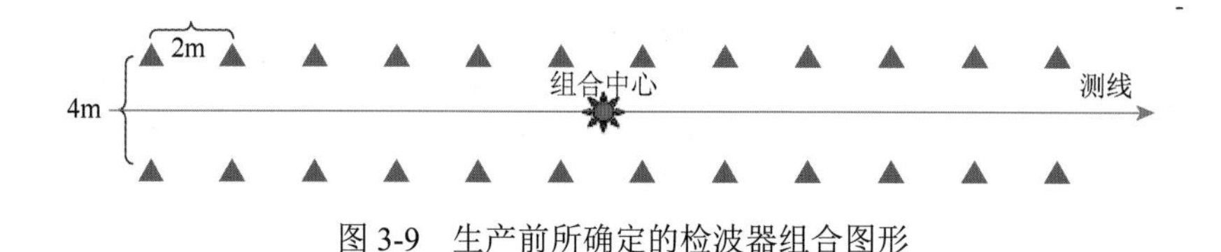


图 3-9　生产前所确定的检波器组合图形

# 第五节　现场监控处理技术

## 一、现场原始炮记录监控技术

### 1. 对试验资料进行分析，优选采集参数

及时对试验的单炮资料进行倍频扫描，分析资料品质，找出优势频带，结合 KLSeis 软件对每一个试验点的资料进行能量、频谱、信噪比分析（图 3-10）。

### 2. 及时分析原始单炮记录，指导野外生产

充分利用监控处理系统对全区资料质量进行监控分析。当天资料当天处理，以便有关质量信息得到及时反馈，指导野外生产。

对当天原始资料每炮的时钟“爆炸信号”（TB）、验证 TB 进行集中放大比例尺显示（图 3-11），检查有无“早触发、晚触发”记录。同时，对多台爆炸机的时钟 TB、验证 TB 一致性进行监控。

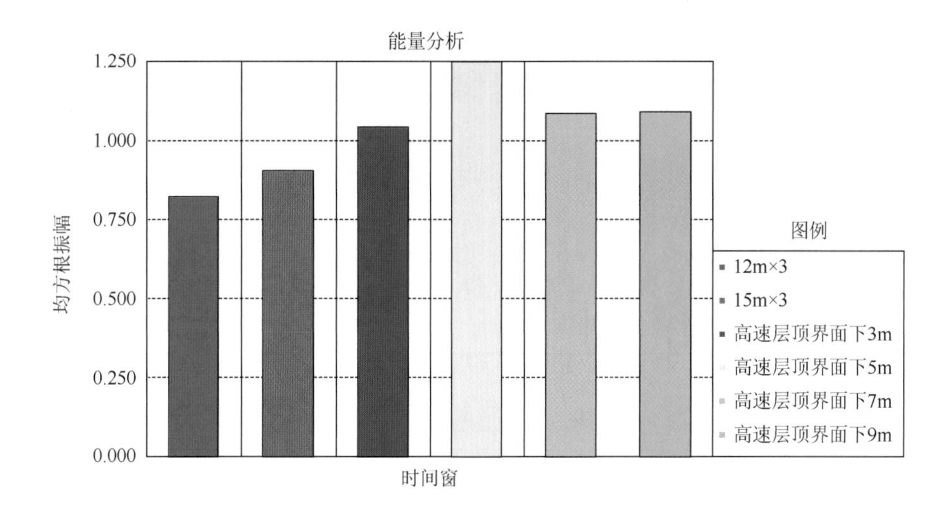


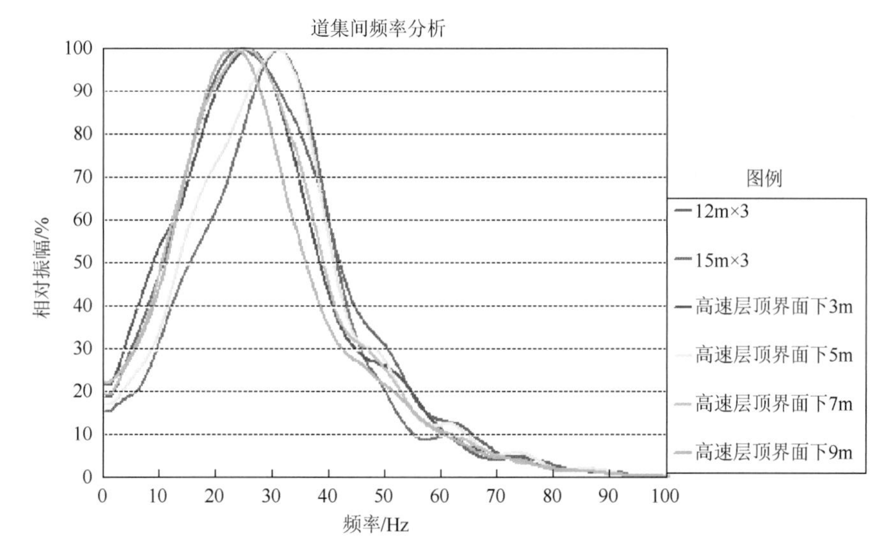


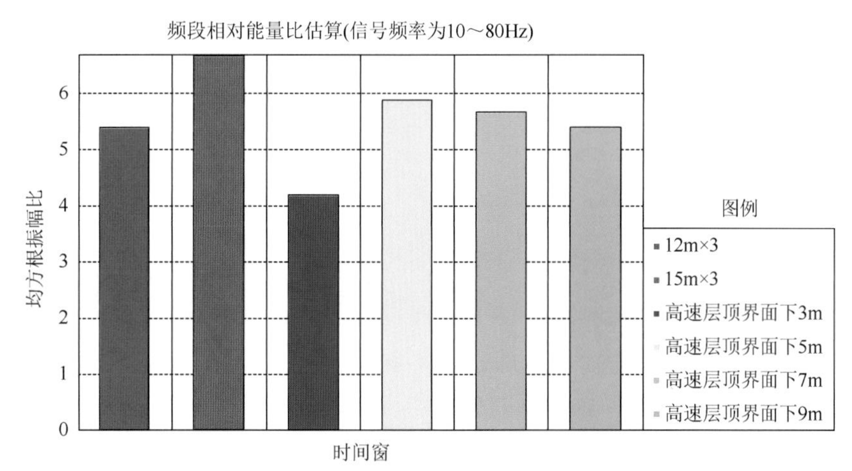


图 3-10　试验数据定量分析

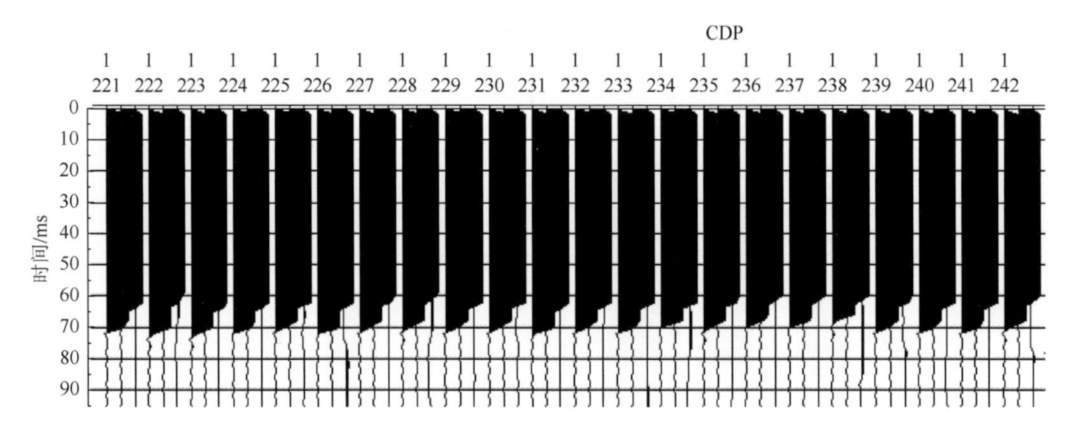


图 3-11　通过现场处理进行 TB 信号检查

对原始单炮记录资料品质进行初步评估，发现问题立即通知野外人员进行整改，并对初至进行放大比例尺显示，检查有无极性反转道（图 3-12），并在最短时间内将检查结果通知野外人员。

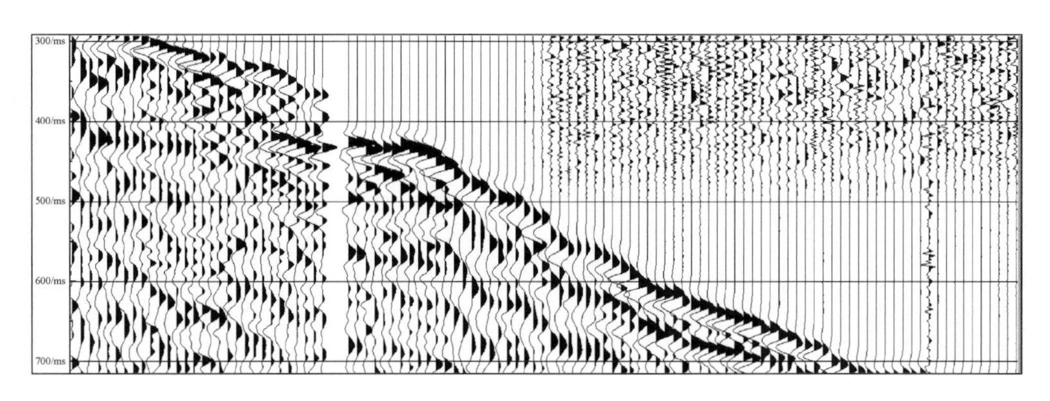


图 3-12　放大比例尺显示进行接收道极性检查

每日对全部原始记录进行初至波线性动校正检查，检查炮、检点位置的准确性和炮、检关系的正确性（图 3-13）。对全部原始记录进行高频段频率扫描，检查是否存在“串感”干扰（图 3-14）。

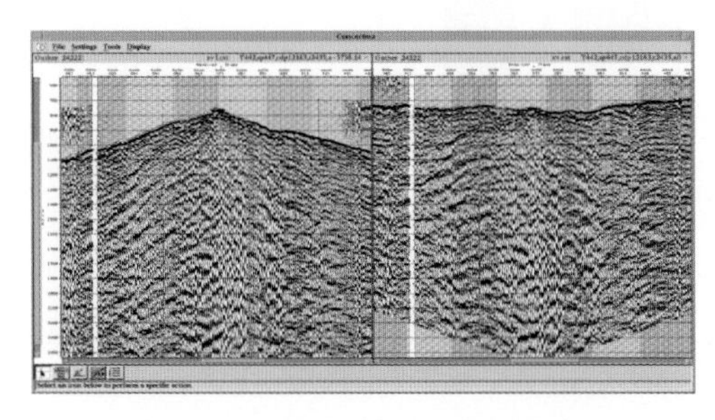

图 3-13　线性动校正检查示意图

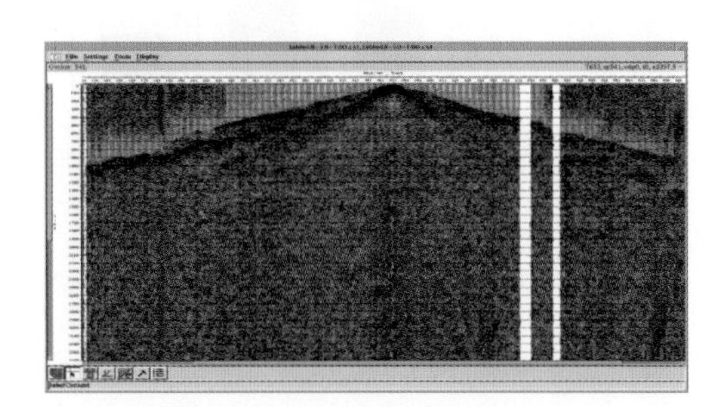

图 3-14　高频段扫描示意图

对原始炮记录进行自动增益控制、固定增益显示，定性检查分析记录能量的一致性、资料的连续性和信噪比变化情况。

对原始炮记录进行滤波频率扫描，定性检查分析记录有效波的频宽。

对原始炮记录主要目的层进行能量、信噪比、主频平面定量分析，进行质量控制。

## 二、现场监控处理技术

（1）在资料频谱分析的基础上，根据反射波频带特征选取叠前滤波参数，根据频率差异有效压制高低频干扰波。

（2）认真分析干扰波调查资料，选取合适的规则线性噪声压制模块，针对性地压制相干噪声，提高信噪比。

（3）该区地表复杂，存在振幅和能量上的差异，考虑采用真振幅恢复，克服地表引起的假象，真实反映地质现象。

（4）采用层析静校正进行静校正处理，以期消除复杂地表引起突出的静校正量。

（5）认真做好对比分析，选取最佳反褶积模块及参数，在保证信噪比的基础上适度提高资料的分辨率。

（6）应用常速扫描精选叠加速度。在构造复杂地区适当加密速度谱间隔，结合速度谱资料综合分析叠加速度，提高叠加成像效果。同时进行叠加效果检查，进行多次剩余静校正迭代处理，努力提高采集资料的叠加成像效果。

叠加监控处理基本流程见图 3-15 所示。

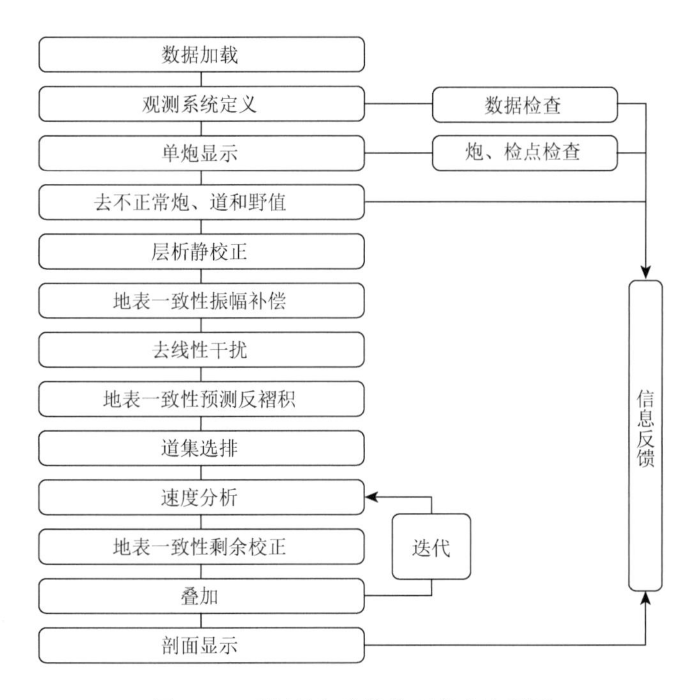


图 3-15　现场叠加监控处理基本流程图

# 第四章　地震数据处理静校正技术

静校正问题是青藏高原地震勘探中的一个重要环节，静校正精度直接影响资料的最终成像效果。然而，由于青藏高原地表的复杂性，近地表的低速层纵横向速度、岩性及厚度，以及低速层下永久冻土厚度变化大，成层性差，所以对同一地层的追踪和对比较困难。当存在地表起伏或近地表地层厚度和速度发生横向变化时，就会引起同向反射轴发生畸变，进而影响叠加效果，降低资料品质。为了减少近地表介质的影响，需要对地震数据进行相应的校正，称为静校正。为了实现这个校正，通常需要定义一个参考面（基准面）。因此，静校正的目的是消除地表高程、风化低速层厚度、永久冻土层厚度以及风化层速度变化对地震资料的影响，把资料归一化到一个指定的基准面上，即获取在一个平面上进行采集且没有风化层或者低速介质存在时的反射波到达时间，即静校正是补偿高程、近地表风化层低速带厚度、风化层速度以及参考基准面变化影响的一种校正方法。

## 第一节　静校正问题

### 一、静校正问题的提出

在二维反射地震数据处理及解释等过程中，有一个基本的前提条件，即在水平层状介质条件下，地震反射波的旅行时间为双曲线，其时距方程为

$$t^2(x)=t^2(0)+\frac{x^2}{v^2} \tag{4-1}$$

式中，$x$ 为炮点与检波点之间的距离；$v$ 为地震波在反射界面以上介质中的速度；$t(0)$为共中心点处自激发自接收双程旅行时间；$t(x)$为炮点处激发，经过发射后的波在检波点处被接收的反射波旅行时间。

但是，即使在水平层状介质条件下，反射波旅行时间也并非总是双曲线，甚至会出现严重偏离双曲线的现象，如地下界面的构造复杂性及近地表的不规则性，特别是近地表的不规则性，往往会造成反射波旅行时间偏离双曲线。

图 4-1（a）为深度模型，地面与反射面 1 之间为低速层，反射面 1 与反射面 2 之间为高速层，且反射面 2 为一平界面，假设这两个地层的厚度横向变化，且各自层内速度不变，其地震响应时间如图 4-1（b）所示。由于地面起伏不平，覆盖层厚度横向变化，在速度不变的情况下，获取的地震响应所反映的地下反射面形态发生变异，即时间响应不能准确反映深度模型的构造形态；如果保持上覆地层厚度不变，横向速度变化，也会产生类似的地震响应。当厚度变化（或速度变化）时，若厚度增加或速度减小，则反射波旅行时间变长；若厚度减小或速度增加，则反射波旅行时间缩短。

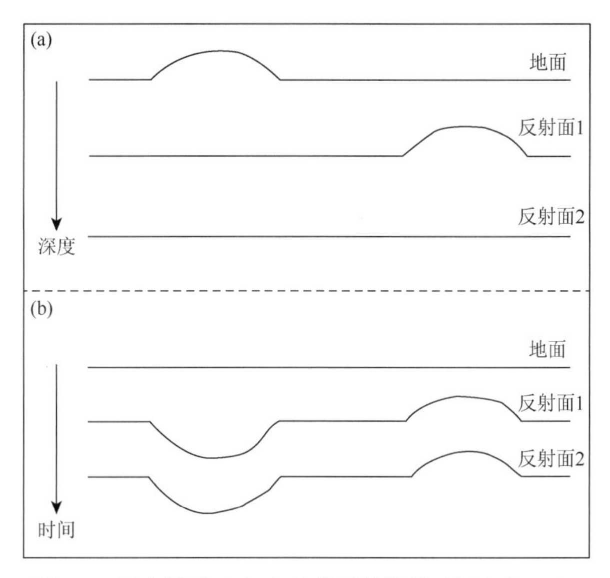


图 4-1　深度模型（a）与该模型的地震时间响应（b）

地形及近地表低速带对二维反射地震资料的影响不仅会形成虚假构造，还会引起同向反射轴偏移，即不重合现象，如此则会造成叠加成像处理时有效反射信号的损失或破坏。图 4-2 所示为静校正对叠加道的影响，道集中有一些小的静态异常，由于这些小异常的存在，

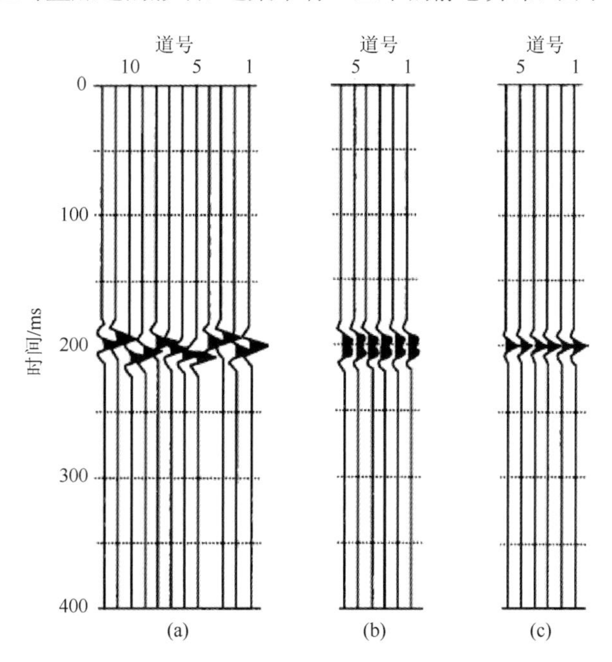


图 4-2　静校正对叠加道的影响

（a）动校正后的 1、2 道合成道集，含有静校正异常；（b）1、2 道叠加后显示退化的反射；（c）静校正后的 1、2 到叠加，反射清晰

使得整个道集同向反射轴扭曲，以至于在叠加时产生了低振幅双同向反射轴[图 4-2(b)图]，但单个同向反射轴［图 4-2（c)］才是叠加处理的期望结果。

近地表低速层高程与厚度变化在反射界面上产生了虚假的时间构造，近地表层速度的横向变化也有类似作用。

图 4-3 展示了羌塘盆地地震记录一次反射的地震波传递路径，当震源激发以后，地震波从井底出发，在反射面上反射，返回至地表检波器接收。综合图 4-1 和图 4-3，说明影响地震波沿传递路径的旅行时间的因素包括：检波器与震源的地面高程；基准面上方近地表地层的速度和厚度；反射层自身的埋藏深度与倾角；震源与检波器之间的距离；基准面与反射层之间的平均速度等。其中，地形与近地表低速层厚度与速度对地震波的影响，也就是所谓的近地表问题。

为了消除这些因素的影响，补偿地震波旅行时时距曲线的畸变，在进行资料处理前需要采用多种方法进行校正，较常用的是动校正和静校正，静校正是对数据道进行固定时移，动校正则包含时变位移。

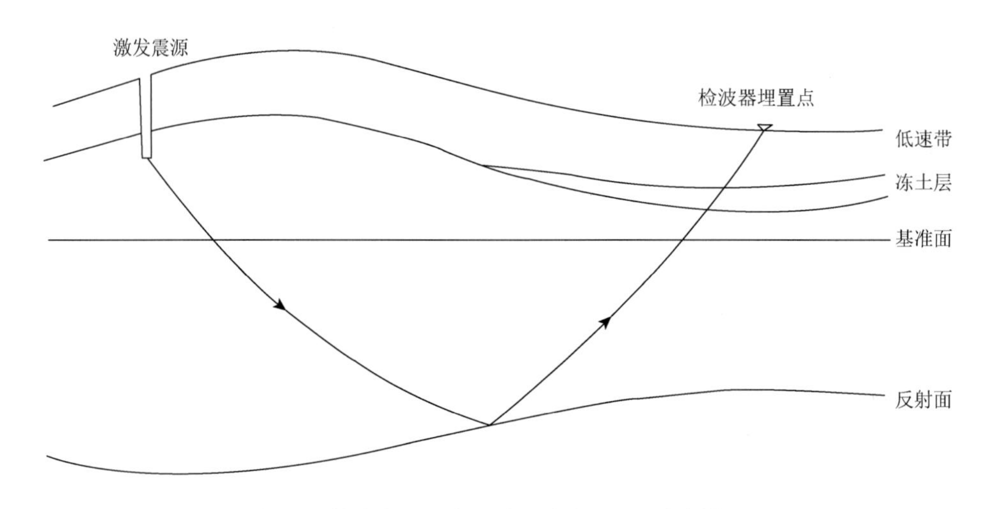


图 4-3 羌塘盆地二维地震地震波传递近地表模型

（激发震源与检波器埋置点之间展示了地震波传递路径）

## 二、静校正方法分类

传统的静校正分为基准面静校正和剩余静校正两大类，其中，基准面静校正是把地面各激发震源、检波器埋置点校正到某一个基准面上的校正方法；但由于低速带速度与厚度的横向变化，在进行基准面静校正后仍然会存在一定的误差（剩余静校正量），消除这个误差的方法被称为剩余静校正。

Marsden（1993）将静校正分为野外静校正、折射静校正及剩余静校正三类，其中：野外静校正指依据震源与检波器埋置点的位置与高程资料，以及近地表地层的速度和厚度，进行静校正，通常以井口速度观测结果、低连层观测结果或者地震波初至折射分析为基础，从地形到浮动基准面校正野外记录时，对野外数据进行的初始静校正；折射静校正是以同一基本的主要折射能量为基础，分析野外记录的大炮初至，利用折射方法估计近地表地层厚度与速度，消除空间长波长静校正量（空间波长大于一个排列长度的静校正异常），以保证地震剖面上构造完整性的方法。

一般来说，从不同的角度观察，可以得到不同的静校正方法分类，如依据静校正量波长可分为长波长静校正方法、短波长静校正方法；依据校正方式分为基准面静校正和剩余静校正；依据近地表射线路径假设条件，分为垂直射线路径静校正（如高程静校正）、斜线路径静校正（如折射静校正）以及弯曲射线路径静校正（如层析成像静校正）；依据地表一致性，分为地表一致性静校正和非地表一致性静校正。若依据静校正量的计算方法与用途，又可将其分为基准面静校正、剩余静校正以及波动方程拉平，该分类中基准面静校正是将传统的基准面静校正概念扩展。把所有的校正到某一基准面的方法都归属于基准面静校正，这类方法属于几何地震学范畴，包括地形校正、长波长静校正、低速度校正等，如高程静校正、折射静校正、层析成像静校正等；剩余静校正是对所有剩余静校正量进行校正的方法，包括地表一致性及非地表一致性中的各类算法，主要采用统计学方法计算，如广义互换法、截距时间法、遗传算法、最陡梯度混合遗传算法等；波动方程拉平是可以直接为叠前偏移成像消除近地表影响的方法，基本上都是采用波动理论进行拉平和速度替换，如 Kirchhoff 波动方程拉平、有限差分波动方程替换等。

## 第二节　基准面静校正技术

基准面静校正用于消除风化层的时间影响，并把时间调整到基准面高程上，包括风化层（含地形）校正和基准面校正两部分（邓志文等，2006），最终基准面校正量计算公式为

$$\Delta t = -\left(\sum_{i=1}^{n}\frac{h_i}{v_i} - \tau - \frac{e_\mathrm{d} - e_\mathrm{g}}{v_\mathrm{f}}\right) \tag{4-2}$$

式中，$\Delta t$ 为震源或检波点静校正量，s；$h_i$ 为第 $i$ 层厚度，m；$v_i$ 为第 $i$ 层速度，m/s；$n$ 为表层模型厚度层数；$\tau$ 为震源深度或检波器埋深校正量，s；$e_\mathrm{d}$ 为基准面高程，m；$e_\mathrm{g}$ 为高速层顶界高程，m；$v_\mathrm{f}$ 为替换速度，m/s。

基准面选取时，与静校正计算及应用有关的参考面包括统一基准面、共中心（common middle point，CMP）参考面、浮动基准面，不同参考面的选取原则、方法、目的和作用各不相同。

统一基准面是人为定义的参考面，在地震剖面上它是起始时间零线，剖面上各反射层的时间都以该面为参考，把数据调整到这个面上以后，相当于震源激发点和检波器埋置点都位于这个面上。统一基准面分为水平基准面和浮动基准面两种，在地形起伏较小地区，采用浮动基准面即可以达到减少静校正量的目的。

浮动基准面既是地震剖面的起始零线，又是速度分析和叠加的参考面，浮动基准面选取遵循以下原则：

（1）基准面在地表到高速层顶界之间。

（2）浮动基准面的起伏波长大于最大震源检距的 3 倍。

（3）在最大震源检距范围内排列两端点的连线与浮动基准面之间的高差所引起的时差小于反射波周期的四分之一。

在地形起伏很大的地区，因无法满足浮动基准面的选取原则，应采用水平基准面，其选取原则应遵循“少剥多填”，一般选取区块内的最高海拔。

## 一、高程静校正

高程静校正是消除地形影响的一种有效方法，在进行正校正之前应尽可能使静校正量极小。高程静校正的应用条件包括：表层速度高（无低降速带）；高速层横向速度没有变化，即假设近地表地层为均匀介质；地震波传播速度在横向及纵向不变；采用剥离风化层及地形的方法，利用替代速度将激发震源和检波器埋置点垂直校正到基准面上（图 4-4）。

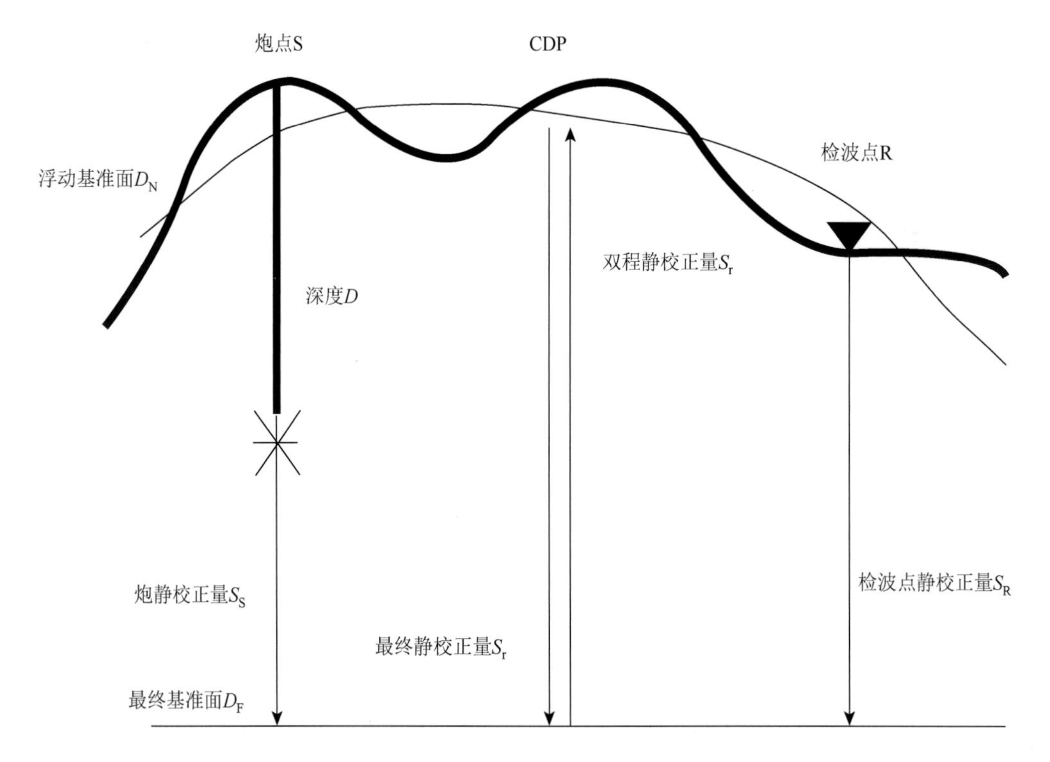


图 4-4　高程静校正示意图

图 4-4 中，对震源（S）与检波器埋置点（R）进行高程静校正，浮动基准面 $D_N$ 即处理基准面（动校正基准面），最终基准面 $D_F$ 即地震参考基准面。

## （一）计算高程静校正量步骤

计算高程静校正量的步骤如下：

### 1. 剥离风化层

首先，用可靠的已知震源深度及井口时间，对每个地面站点内插震源深度，建立激发震源基准面，然后从每个地面位置高程减去相应的震源深度，震源高程定义为激发震源位置所在的地面高程；然后，用井口时间、震源高程与地面位置高程之差，将所有的检波点位置从地面移动到激发基准面。若为地面激发的可控震源，则可直接从地面移动震源及检波点位置到最终基准面。

### 2. 剥离地形

用替换速度移动震源与检波点到最终基准面实现地形剥离，这里要注意的是，如果最终基准面在上方，则为充填地形。

### 3. 建立浮动基准面 $D_N$

可通过计算平滑地面高程建立浮动基准面，也可以通过对最终基准面增加一个垂直距离 $H$ 反算浮动基准面，$H$ 是通过替换速度和每个震源、检波点静校正量之积的平均值在 CDP 范围内平滑的距离。

### 4. 校正到浮动基准面

采用公式 $S_C$ =（浮动基准面高程–最终基准面高程）/替换速度，将记录道由 CDP 地面位置移动到浮动基准面上 $D_N$。

### 5. 校正到最终基准面

将记录道由 CDP 地面位置从浮动基准面 $D_N$ 移动到最终基准面 $D_F$ 上。

## （二）计算高程校正量公式

高程校正量计算公式为

$$\Delta t = \frac{e_d - (e - h)}{v_f} \tag{4-3}$$

式中，$\Delta t$ 为震源或检波点静校正量，s；$e$ 为地表高程，m；$h$ 为震源深度或检波器埋深，m；$e_d$ 为最终基准面高程，m；$v_f$ 为替换速度，m/s。

## 二、折射静校正

在实际地震资料中，空间波长长于一个排列长度的静校正异常极为常见，如果不校正就会在地震剖面中产生虚假构造，折射静校正通过分析野外记录上的初至波，通过高低频分离技术，得到近地表地层厚度和速度的估计，从中间参考面模型静校正量中提取低频分量（长空间波长），从初至折射静校正量中提取高频分量（短空间波长），然后进行归一化合成新的静校正量，有效校正长空间波长异常，同时也能够有效抵消较短的空间波长异常。

### （一）ABC 法

该方法利用多次覆盖资料中对同一点重复观测的互换性（邓志文，2006），从两个震源位置的三个初至旅行时间估算某一特定点的延迟时间，是利用相遇观测的数据计算风化层的延迟时间，是在共地面点上对数据进行分析，路径示意图见图 4-5 所示。

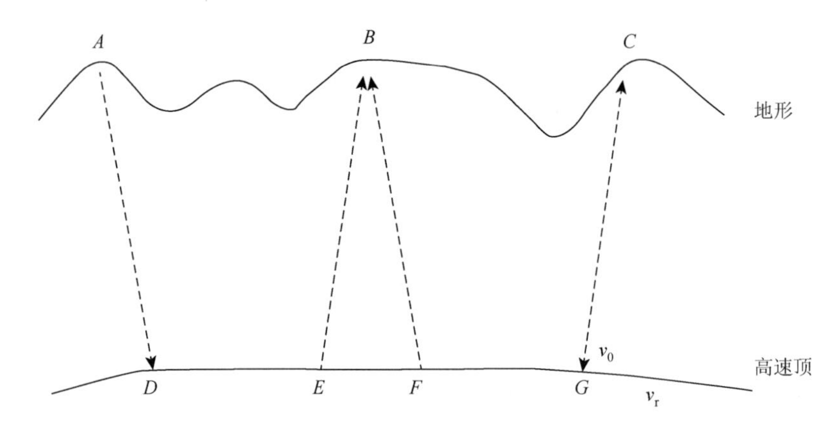


图 4-5　*ABC* 方法原理示意图

注：$v_0$ 为低速层速度，$v_r$ 为高速层速度。

图 4-5 中，*B* 点的延迟时间 $t_b$ 标识为

$$t_b = \frac{1}{2}(t_{B1} + t_{B2}) \tag{4-4}$$

式中，$t_{B1}$ 为 *A* 点激发，*B* 点接收时 *B* 点处的延迟时间；$t_{B2}$ 为 *C* 点激发，*B* 点接收时 *B* 点处的延迟时间。

根据折射波时距曲线方程，有

$$t_{B1} = T_{AB} - \frac{\overline{AB}}{v_r} - t_a \tag{4-5}$$

$$t_{B2} = T_{CB} - \frac{\overline{CB}}{v_r} - t_c \tag{4-6}$$

式中，$T_{AB}$ 为 *A* 点激发，*B* 点接收的初至时间，s；$T_{CB}$ 为 *C* 点激发，*B* 点接收的初至时间，s；$t_a$ 为 *A* 点处延迟时间，s；$t_c$ 为 *C* 点处延迟时间，s。

综合式（4-4）~式（4-6），可得到 $B$ 点延迟时间为

$$t_b = \frac{T_{AB} + T_{CB} - T_{AC}}{2} \tag{4-7}$$

式（4-7）中只包含时间项，不受速度的影响，提高了延迟时间的计算精度，求出延迟时间，进而可求得折射界面的埋深。该方法常被用于小折射资料解释中，计算高速折射层各道延迟时间，用于时差校正以消除地形起伏的影响，提高资料解释精度，同时，也可以用于地震记录中延迟时间的计算。

## （二）延迟时法

延迟时定义为激发点或检波点与折射层之间的时间减去经过射线路径在折射层上的法向投影所需时间（图 4-6），根据拾取的初至波，在每个计算静校正量的检波点位置或者激发点位置求取截距时间，以及对风化层和次风化层速度进行估计，是为计算常速风化层静校正量而设计的，假设常速折射层上覆层厚度缓慢变化，当不满足以上条件时，计算静校正量就会出现不可接受的误差。

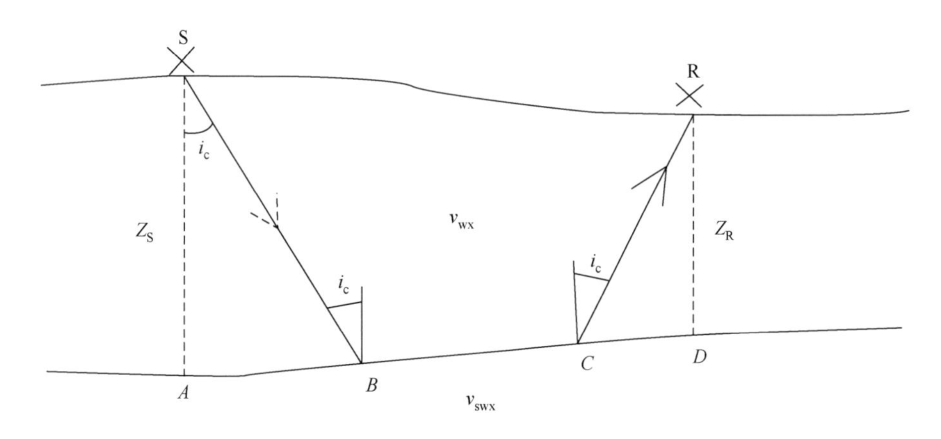


图 4-6　延迟时法原理示意图

注：截距时间 $T_i$ 是两个延迟时间的和，一个是激发点延迟时（$t_S$），另一个是检波点延迟时（$t_R$），$t_S = t_{SB} - AB/v_{swx} = Z_S \cos i_c / v_{wx}$，$t_R = t_{CR} - CD/v_{swx} = Z_R \cos i_c / v_{wx}$，其中 $v_{wx}$ 为低速层速度，$v_{swx}$ 为高速层速度，延迟时间理论要求地面与折射层近视水平。

## （三）互换法

互换法原理是震源 $A$ 与检波点 $B$ 的旅行时间与其相反旅行路径的旅行时间相等，互换时间是一对检波点之间的旅行时差，即互换的局部视速度差。

折射层的时间-深度是与折射层和地面之间旅行的临界射线有关的延迟，即：折射层的时间-深度是折射层与地面之间部分临界射线路径的旅行时间与折射层界面上方部分的投影以折射层速度旅行所需时间之差。此方法除了不再假设地面与折射层近似，其他均类

似于延迟时方法，即图 4-6 中 $Z_S$ 和 $Z_R$ 不再垂直，但一定垂直于折射层。利用相似的射线路径上的旅行时差异估算时间-深度项，进而估算截距时间和静校正量。

## （四）广义互换法

此方法是在 ABC 方法基础上发展而来，也是用于计算延迟时的一种方法，主要适用于要计算的点处没有接收点的情况，同样要求直测线相遇观测的数据及其互换时间（图 4-7）。

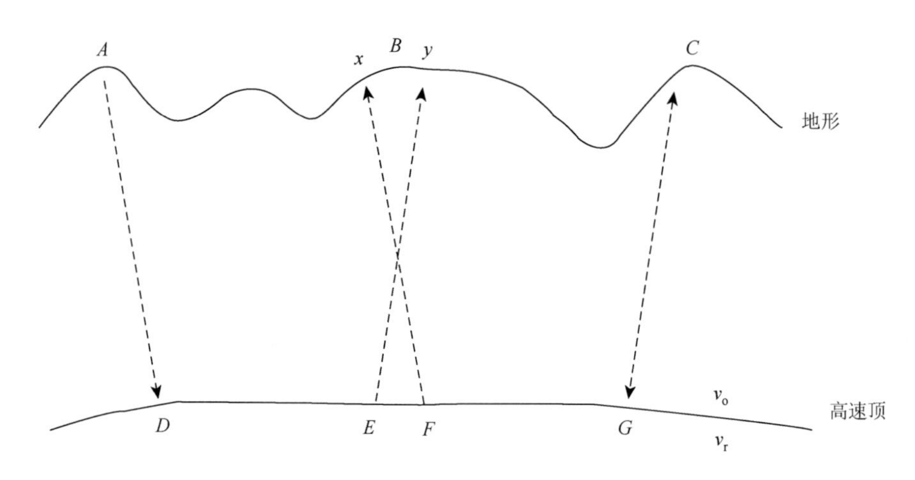


图 4-7 广义互换法原理示意图

图 4-7 中，$x$、$y$ 点为接收点，采用与 ABC 方法相同的推导方式，得到 $B$ 点的延迟时计算公式：

$$t_B = \frac{T_{Ay} + T_{Cx} - T_{AC}}{2} - \frac{\overline{xy}}{2v_r} \tag{4-8}$$

式中，右边第一项为基本型，第二项为补偿项，其限制条件为直测线、规则观测系统。

计算 $B$ 点的延迟时需要对 $xy$ 距离进行滑行波传播时间的校正，因此，在计算延迟时之前，需先求出滑行波的速度，特别的，若 $xy = 0$，则与 ABC 方法相同。

## （五）扩展的广义互换法

为了克服广义互换法中要求为直测线、规则观测系统的限制条件，地球物理公式推出了更为普遍化的方程式：

$$t_B = \frac{T_{Ay} + T_{Cx} - T_{Ac}}{2} - \frac{\overline{Ay} + \overline{Cx} + \overline{AC}}{2v_r} \tag{4-9}$$

该式称为扩展的广义互换法，式中第一项仍为基本项，包括三个初至旅行时间；第二项称作震源检距剩余项，包含每个初至旅行时间对应的真实震源检距，它用来补偿测线弯曲或观测系统不规则时所产生的差异。此方法是对广义互换法的扩展，更适用于弯线或者三维地震勘探情况，并且现在许多地震处理与解释软件中都采用了这种算法。

## 三、层析成像静校正

羌塘盆地侏罗系雀莫错组底部发育大量的冲积扇，微测井钻井难度大，小折射难以把高速层调查出来，因此，中间参考面静校正方法及模型约束初至折射波静校正方法难以实现长波长静校正问题，近年来发展的层析成像静校正技术在解决长波长静校正问题时具有一定的优越性。

层析成像有种含义：由一组投影重建目标的像的过程；一个地质体的切片图像；在实际应用中，层析成像一般指通过穿过介质的外部观察，得到地质体内部物性参数的方法。目前，层析成像静校正技术依据模型建立的方法包括利用折射原理反演近地表模型的折射层析成像静校正方法和依据初至确定近地表速度场的层析成像方法（即初至层析成像静校正方法）。

### （一）折射层析成像静校正

该方法适合于近地表由 2～3 个地层组成的区域，地层模型考虑了地层厚度与横向速度变化，其参数在可预测的有限范围内变化（图 4-8），若为单地层模型，则被称作数字等效技术。数字等效技术利用层析成像概念，在宽度等于检波器组间隔、顶部由地形表面、底部由低速层基底处的水平折射层所界定的单元中求取速度（图 4-9）。

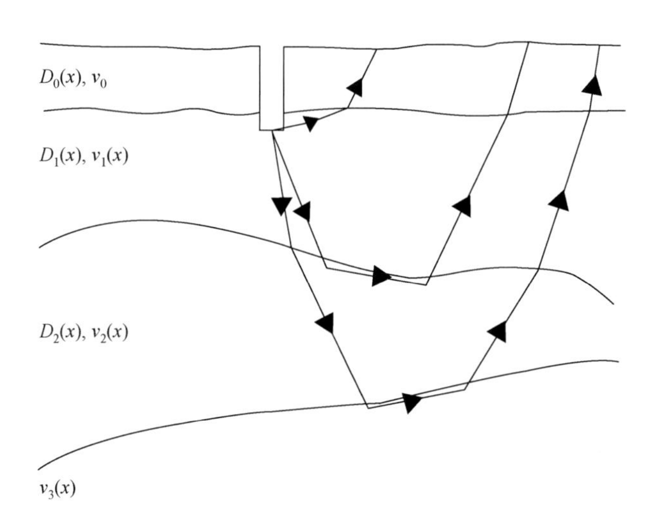


图 4-8　折射层析成像静校正方法原理示意图

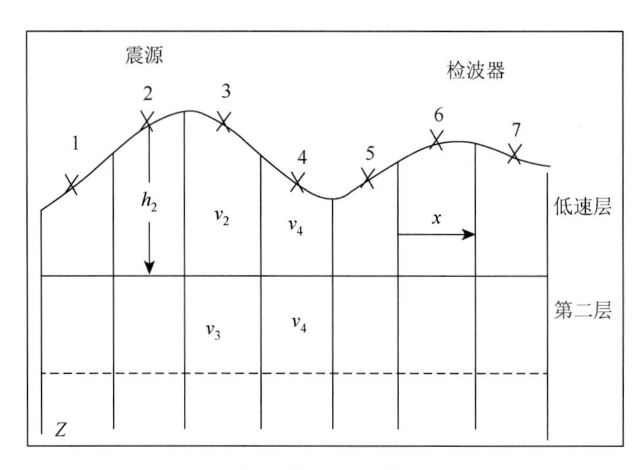


图 4-9　数字等效技术模型示意图

折射层析成像静校正方法已形成了广义线性反演、波前重构法、时间项法等经典算法。如利用平均慢速和视慢速的旅行时曲线反演比用观测到的旅行时直接反演稳定；利用加权最小平方和共轭梯度方法求解延迟时方程能够将 2D 和 3D 折射静校正统一；利用分解初至获得的旅行时曲线，能够不用显示射线追踪即可建立独立于初始模型的折射层析成像算法等。由于本方法不需要初始模型或射线追踪，将延迟时法和层析成像结合，在整改偏移据范围反演首波和弓形射线波，从根本上来说，它是数据驱动，能够大幅度降低因与数据无关的假设引入假象的风险。

该方法主要的计算过程如下：

（1）计算地面位置 $r$、偏移距 $x$ 处的慢度（速度的倒数）$1/v_x^r$。

（2）由积分路径（图 4-10）模拟坐标 $r_s$、$r_d$ 的震源与检波点观察旅行时 $t$（$r_s$，$r_d$），即

$$t(r_s, r_d) = \int_\Gamma \frac{1}{v_x^r} \mathrm{d}r \tag{4-10}$$

式中，独立于模型的积分路径 $\Gamma$ 允许对慢度 $1/v_x^r$ 进行纯线性反演。

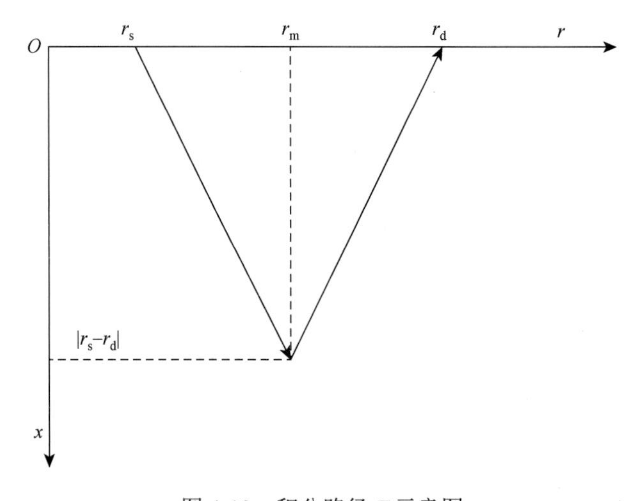


图 4-10　积分路径 $\Gamma$ 示意图

（3）利用高斯平滑算子加权反向投影迭代反演旅行时。

（4）利用局部 Herglotz-Wiechert 公式：

$$\Delta z(v_x^r,\ v_{x+\Delta x}^r)=\frac{\Delta x}{\pi}\cosh^{-1}(v_{x+\Delta x}^r / v_x^r) \tag{4-11}$$

对一组地面控制点，从模型的顶到底估算一系列的深度增量，计算折射波穿透深度 $z(v_x^r)$。

（5）对于一组偏移距点 $z(v_x^r)$，可以表示为任何给定点的地面点下方的速度/深度函数。

（6）导出速度模型用于后续长周期静校正量计算。

（7）迭代计算后，用地表一致性分解观测与模拟的初至旅行时之间的剩余旅行时间，估算短周期静校正量。

## （二）初至层析成像静校正

地震波走时层析成像是利用地震记录中的走时信息重建岩体中速度分布情况的一种方法，利用地震波走时进行波速成像具有简单、直观与通用等特点。地震波走时成像时，地震波以射线的形式在岩石介质中传播，把岩石介质分为一系列小矩形网格（图 4-11），则第 $j$ 条射线的观测走时 $T_j$ 与第 $i$ 网格的慢度 $S_i$ 之间的关系为

$$T_j=\sum_{i=1}^{N}S_iD_{ij} \tag{4-12}$$

式中，$T_j$ 为地震波走时；$D_{ij}$ 为第 $j$ 条射线在第 $i$ 个网格中的射线路径长度（图 4-12）。

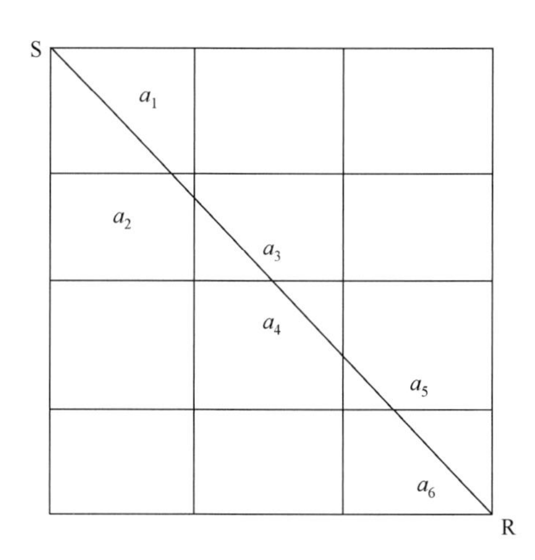


图 4-11　网格化后岩石介质中的地震波射线

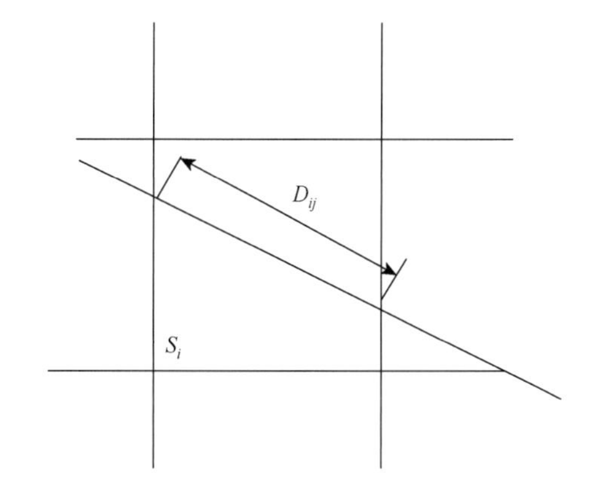


图 4-12　第 $j$ 条射线通过第 $i$ 个网格的细节图

图 4-11 中，从震源 S 到接收点 R 的传播时间用特征函数 $a_1, a_2, a_3, \cdots, a_n$ 表示，此函

数为该网格的慢度与该网格内地震波射线长度之积。当在不同的接收点得到 $m$ 个观测数据时，式（4-12）可写为矩阵方程：

$$\begin{bmatrix} t_1 \\ t_2 \\ t_3 \\ \vdots \\ t_m \end{bmatrix} = \begin{bmatrix} d_{11} & d_{12} & d_{13} & \dots & d_{1n} \\ d_{21} & d_{22} & d_{23} & \dots & d_{2n} \\ d_{31} & d_{32} & d_{33} & \dots & d_{3n} \\ \vdots & \vdots & \vdots & \vdots & \vdots \\ d_{m1} & d_{m2} & d_{m3} & \dots & d_{mn} \end{bmatrix} \times \begin{bmatrix} s_1 \\ s_2 \\ s_3 \\ \vdots \\ s_n \end{bmatrix} \tag{4-13}$$

或写成：

$$\boldsymbol{T} = \boldsymbol{AS} \tag{4-14}$$

式中，$\boldsymbol{T}$ 为地震波走时向量；$\boldsymbol{A}$ 为射线的几何录井矩阵；$\boldsymbol{S}$ 为待求的慢度向量。

因此，在层析成像中，若 $T$ 是完全投影，$\boldsymbol{A}$ 也已知，则通过计算 $\boldsymbol{S} = \boldsymbol{A}^{-1}\boldsymbol{T}$，即可得到 $\boldsymbol{S}$ 的精确值。这里应注意的是，在地震层析成像应用时，$\boldsymbol{T}$ 往往不是完全投影，且 $\boldsymbol{A}$ 也非已知，因此，常用迭代方法进行逼近约束。

迭代过程如下：

（1）定义一个初始速度模型。

（2）使用某种射线追踪方法计算理论走时。

（3）对比理论走时与观测走时。

（4）如果残差大于给定的误差值，则修改慢度模型。

（5）重复上述过程直到残差满足给定的收敛条件。

从总的计算步骤上来看，层析成像的基本框架不变，只是在建立模型时，折射层析成像侧重于折射原理，初至层析成像更侧重初至信息的利用。这里应注意的是，与折射静校正一样，初至层析成像大多对时间拾取值的精度较为敏感，初至层析成像能够始终如一地拾取时间，确保拾取的时间对于互换的射线路径几乎相等，即使多次迭代之后，仍然能够通过特别高的剩余值（观测时与理论时之差）来识别不精确的层析成像解。

## 第三节　剩余静校正

应用基准面静校正，无论哪一种方法或组合，都无法完全解决静校正问题，如高程静校正能够消除地形的影响，折射静校正能够消除长波长静校正异常，层析成像静校正适用于低速层横向与纵向速度及厚度的变化情况，但经过这些静校正处理后，仍然存在一些高频静校正量，这些静校正量往往由于模型对地质真实情况的简化，静校正也仅仅是对复杂问题近似，因而无法完全消除。当这些剩余静校正量大于反射波周期的一半时，就会影响正校正、叠加、速度分析、波动方程偏移的结果，因此，通过精确对齐同相反射轴之后，再利用统计相关技术补偿剩余静态异常，进而提高叠加道的质量。

## 一、自动剩余静校正

基准面静校正以后，为了消除剩余部分的静校正量，达到同相叠加的目的，还需要求取剩余静校正。自动剩余静校正方法采用统计相关的方法实现，这样，认为每个道集中没有对齐的反射同相轴是由震源静校正量、检波点静校正量和剩余正常时差引起，接着优化叠加道（共中心点叠加模型道），求取每个 CMP 道集中所有道的时移，并分解到每个炮检点，完成校正工作。检波点的剩余静校正量算法与震源点剩余静校正量算法相同，这里以震源点剩余静校正量为例说明。计算时移的方法通常为求取记录道的互相关（图 4-13）或所有成对记录道的互相关，即每次移动一道，直到加权相似值的和或互相关值最大为止。

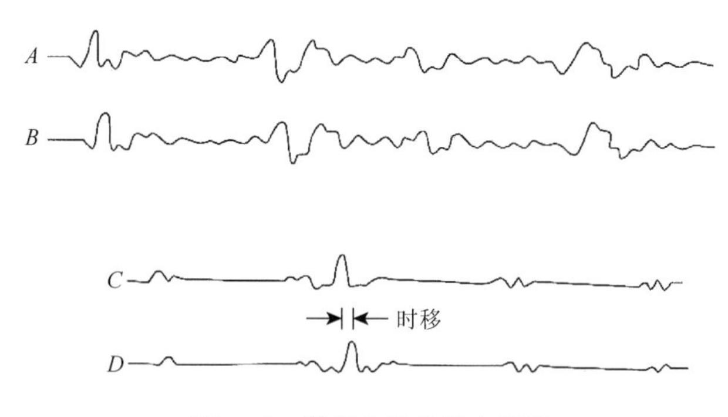


图 4-13　道集之间的静态时移

注：$C$ 是 $A$ 的自相关，$D$ 是 $A$、$B$ 的互相关，$C$、$D$ 上最大值之间的时移可测，用来估算震源与检波点静校正量

### （一）建立模型道

建立模型道需要选择成像较好的区域，原则是采用反射波组能量强、连续性好、波形稳定、倾角小和反射波主频率较高的层段作为模型道的时窗，在共中心点道集内将分析时窗的波形按等时样点值相加，作为该 CMP 道集的模型道。为了增强模型道的信噪比，再把相邻 $N$ 个共中心点道集的模型道进行倾角校正后叠加，则每个共中心点道集都可以产生一个模型道，可表达为

$$M_{\mathrm{CMP}_i}(t)=\sum_{k=-N/2}^{N/2}\sum_{j=1}^{n}T_{\mathrm{CMP}_k}(t,j) \tag{4-15}$$

式中，$M_{\mathrm{CMP}i}(t)$ 为 $\mathrm{CMP}_i$ 的模型道；$N$ 为相邻的 CMP 道集个数；$n$ 为覆盖次数；$T_{\mathrm{CMP}k}(t,j)$ 为第 $k$ 个 CMP 道集第 $m$ 道 $t$ 时刻的样点振幅值。

当沿测线形成参考波形时，由于是叠加了大量的记录道，因此可以压制随机干扰，使得剩余静校正量统计平均值区域为零。模型道建立以后，可以利用互相关求取震源或检波点的剩余静校正量。

## （二）求取道间时差

以二维地震震源点剩余静校正量为例，首先确定要求取剩余静校正量的震源编号，在多次覆盖采集情况下，来自同一震源点的地震道在相邻的 $m$ 个 CMP 道集内都有，$m$ 的个数取决于观测方式，也就是震源移动的间隔，将此与其所在的 CMP 道集的叠加道进行互相关，则有

$$R_{mt}(\tau)=\sum_{i=1}^{w}M(i)\times T(i+\tau) \tag{4-16}$$

式中，$R_{mt}$ 为两个计算道之间的时差；$\tau$ 为相关的时移量，最大值应小于波形周期的一半；$w$ 为相关长度，一般取分析窗口的长度；$M$、$T$ 为是两个计算道。

## （三）震源点剩余静校正计算

本节讨论的剩余静校正方法前提是基于地表一致性的假设，即同一震源点或检波点所引起的校正量相同，只与其所处的地表位置有关，与观测方式无关，因此当覆盖次数足够且剩余静校正具有随机性时，按照统计学的原理可知，震源点或检波点偏差的均值为零。由此，可依据互相关函数的极大值时移偏差计算震源点的剩余静校正量。

设 CMP 道集互相关函数极大值点对应的时移为 $\varphi_i$（$\tau$），对应于 $k$ 炮所有互相关函数极大值点的时移量为 $\varphi_i$（$\tau$），则有

$$\begin{gathered}\varphi_1(\tau)=sp_k+cs_1\\ \varphi_2(\tau)=sp_k+cs_2\\ \vdots\\ \varphi_{(m-1)}(\tau)=sp_k+cs_{m-1}\\ \varphi_m(\tau)=sp_k+cs_m\\ sp_k=\frac{1}{m}\sum_{i=1}^{m}\varphi_i(\tau)-\frac{1}{m}\sum_{i=1}^{m}cs_i\end{gathered} \tag{4-17}$$

式中，$sp_k$ 为单点校正量；$cs_i$ 为剩余静校正量。

基于剩余静校正计算的假设条件，在计算某一震源点静校正量时，检波点的剩余静校正量均值为零，即 $\frac{1}{m}\sum_{i=1}^{m}cs_i$ 为零，时移量 $\varphi_i(\tau)$的算术平均值即为该震源点的剩余静校正量。

## 二、初至波剩余静校正

初至波剩余静校正方法在解决复杂地表结果静校正问题时，既适用于井炮资料，也可用于可控震源资料处理，其原理是依据折射初至波能量强、各道初至相似性的特点，利用折射波组进行相邻道互相关，获取相对时差，利用多次覆盖的优势，采用中值滤波的方法，选取中值时差，求取相对浮动基准面的剩余静校正量和以控制点为基础的基准面静校正量。共炮集和共检波点道集求取方法相同，这里以在共炮集记录上求取检波点校正量为例进行说明。

### （一）基本原理

如图4-14所示，在任一单炮记录中，任意相邻检波点 $d$、$f$ 的折射波经低速层沿折射界面滑行的到达时间为

$$T_d = T_{abc} + T_{cd} \tag{4-18}$$

$$T_f = T_{abc} + T_{ce} + T_{ef} \tag{4-19}$$

两道的时差为

$$\Delta T_{fd} = T_{ef} - T_{cd} + T_{ce} \tag{4-20}$$

$T_{ef}$、$T_{cd}$ 与低速层的厚度（$H_0$）、速度（$v_0$）有关，$T_{ce}$ 与折射界面的速度（$v_1$）、沿折射界面滑行的距离（$D$）有关，则有

$$\Delta T_{fd} = T_{ef}(H_0,\ v_0) - T_{cd}(H_0,\ v_0) + T_{ce}(D,\ v_1) \tag{4-21}$$

据此，若能求出各检波点相对时差，就能确定低降速层在各检波点的相对关系，即对于相邻的两个检波点来自不同炮的折射初至时差只与检波点的表层结构有关，与震源点位置无关。但由于实际地震资料受到随机噪声及其他因素的干扰，相关时差偏离正常值，可以采用中值滤波的方法求取中值，该中值被视作这两个检波点的时差。

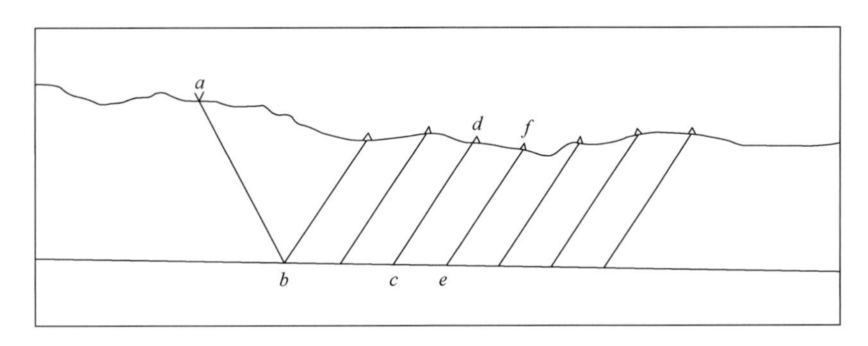


图4-14　折射波传播路径示意图

### （二）求取折射时差

在求取折射时差时，应先消除线性时差。假设初始速度为 $V$，用其对初至进行校正，

将折射初至拉平，则有校正时间 $T_V = O$（相应道炮检距）$/V$（折射波视速度）。

在多次覆盖观测系统中（图 4-15），有

$$\Delta T^{S_j}_{p_i,\ p_{i+1}} = \text{SHIFTM}\left[ R^{S_j}(\tau) = \sum_{k=1}^{L} T^{S_j}_{p_i}(k) \times \sum_{k=1}^{L} T^{S_j}_{p_{i+1}}(k-\tau) \right] \times S_i \tag{4-22}$$

式中，SHIFIM 为相关函数最大值对应的 $\tau$ 值；$S_i$ 为采样间隔；$\Delta T^{S_j}_{p_i,\,p_{i+1}}$ 为来自第 $j$ 炮第 $i$ 和 $i+1$ 检波点的时差；$T^{S_j}_{p_i}$ 为第 $j$ 炮第 $i$ 检波点的地震道；$L$ 为相关窗口长度。

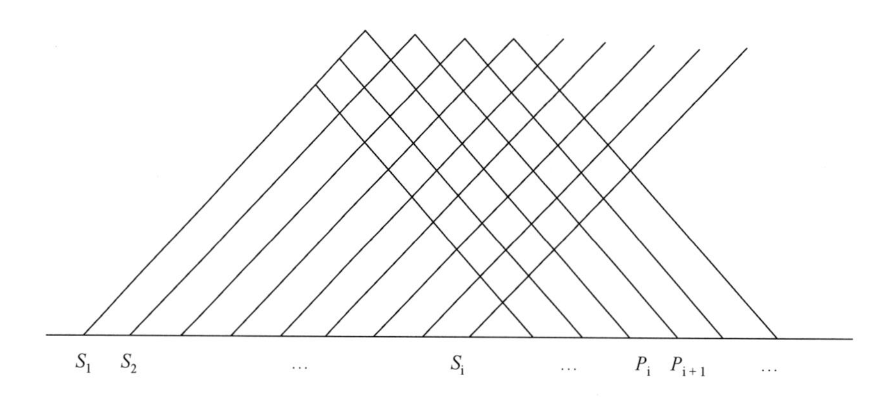


图 4-15　多次覆盖观测系统

## （三）层位静校正

在同一炮中，由于折射波可能是来自不同层位，或初始速度不一定准确，造成累加曲线的线性拟合直线斜率不为零，所以要进行层位静校正和剩余速度校正（图 4-16）。层位静校正量 $T_k$ 是单炮记录相关时差的累积曲线，以单炮记录的曲线的平滑点最大值为界，用最小二乘法拟合累加曲线为线性函数，然后对累加曲线做线性校正，则有第 $k$ 点平滑后的时差（$TS_k$），其中 $N$ 为平滑点数：

$$TS_k = \frac{1}{N} \sum_{i=1}^{N} \Delta T^{S_i}_{p_i,p_{i+1}} \tag{4-23}$$

那么，层位校正量 $T_k$ 为

$$\begin{aligned} T_k &= \Delta T_k - LT_k \\ T_k &= \Delta T_k - VT_k \end{aligned} \tag{4-24}$$

式中，$LT_k$、$VT_k$ 为拟合函数在 $k$ 点的函数值；$\Delta T_k$ 为第 $k$ 点的累计时差。

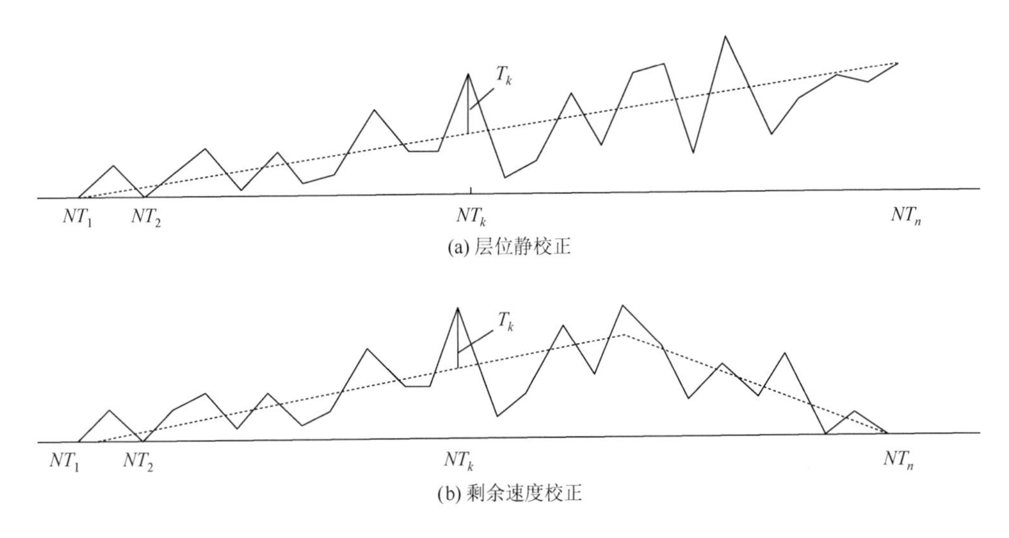


图 4-16　层位静校正和剩余速度校正

## （四）求取时差

设 $\Delta T_{P_i,P_{i+1}}$ 为相邻两检波点的中值时差，$T^{S_j}_{P_i,P_{i+1}}$ 为相邻两检波点在震源 $j$ 的时差，则有

$$\Delta T_{P_i,P_{i+1}} = \mathrm{MID}\{T^{S_1}_{P_i,P_{i+1}}, T^{S_2}_{P_i,P_{i+1}}, \cdots, T^{S_j}_{P_i,P_{i+1}}\} \tag{4-25}$$

通过相应中值的均方根误差 $\varepsilon$ 进行校验：

$$\varepsilon = \left[\frac{1}{N}\sum_{k=1}^{i}(T^{S_k}_{P_i,P_{i+1}} - \Delta T_{P_i,P_{i+1}})\right] \tag{4-26}$$

当误差 $\varepsilon$ 在允许范围内时，将获得的中值时差沿检波点编号的顺序向增序方向累加，形成一条时差曲线，并用其表示各检波点静校正量的相对时差（$ST_i$）：

$$ST_i = \sum_{k=1}^{i}\Delta T_{P_k,P_{k+1}} \tag{4-27}$$

## （五）求取静校正量

前述过程求取的时差都是相对的，若在完成基准面静校正基础上进行上述过程计算，其结果可以直接进行求取剩余静校正量，若没有进行基准面静校正，则需要进行基准面静校正和剩余静校正。这里以图 4-17 为例，介绍基准面静校正量和剩余静校正量求取过程。图 4-17 中，控制点为 *CP*，控制点基准面校正值 *CPV*，则有：

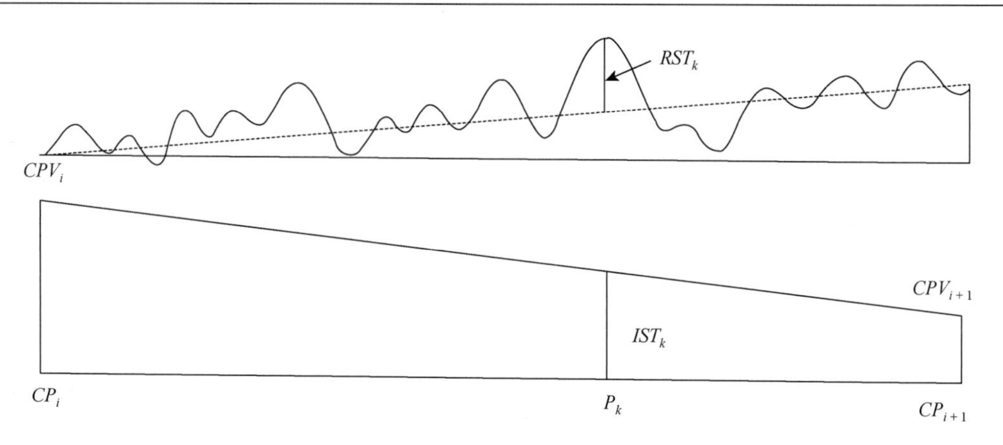


图 4-17　控制点间相对内插示意图

（1）求出两控制点 $CP_i$、$CP_{i+1}$ 之间各点对于 $CP_i$ 点的相对静校正量（$RST_k$）：

$$RST_k = CPV_i + ST_k - ST_i - \frac{(ST_{i+1} - ST_i)\times(P_k - P_i)}{P_{i+1} - P_i} \tag{4-28}$$

（2）控制点间线性内插静校正量（$IST_k$）：

$$IST_k = \frac{(CPV_{i+1} - CPV_i)\times(P_k - P_i)}{P_{i+1} - P_i} \tag{4-29}$$

（3）基准面静校正量（$DST_k$）：

$$DST_k = RST_k + ST_k \tag{4-30}$$

（4）设

$$f(P) = \sum_{j=0}^{n} a_j P^j \tag{4-31}$$

令其满足：

$$\varepsilon = \sum [f(P_i) - ST_i]^2 = \sum_{i=0}^{m}\left(\sum_{j=0}^{n} a_j P_i^j - ST_i\right)^2 \tag{4-32}$$

的偏导数：

$$\frac{\partial \varepsilon}{\partial a_k} = 0 \tag{4-33}$$

为零，则剩余静校正量为

$$RST_i = f(P_i) - ST_i \tag{4-34}$$

上式中，$n$ 为 $f(P)$ 的次数，$m$ 为检波点总数；$RST_i$ 为 $i$ 位置检波点的剩余静校正量。

（5）对第（4）步，或以平滑曲线为浮动基准面，求取剩余静校正量平滑曲线（$SST_i$）及剩余静校正量（$RST_i$）分别为

$$SST_i = \frac{1}{N} \sum_{j=i-\frac{N}{2}}^{i+\frac{N}{2}} ST_j \tag{4-35}$$

$$RST_i = SST_i - ST_i \tag{4-36}$$

## 三、模拟退火剩余静校正

前述两种方法均是在常规静校正框架内进行的，是基于线性反演技术的，而本小节讨论的是基于非线性反演技术的剩余静校正方法。非线性反演技术在求解地表一致性问题时，能够较好地克服低信噪比、大校正量引起的周期跳跃问题，具有比常规静校正方法更大的优势，本节以常用的非线性反演技术中的模拟退火技术为例进行说明。

### （一）基本原理

模拟退火技术是一个蒙特·卡罗优化过程，它模仿退火的物理过程（Metropolis et al.，1953；Kirkpatrick et al.，1983），将震源点或检波点扰动后的能量转换成概率曲线，在一定的温度控制下，按概率分布函数随机取值，可以向目标函数增大或减小的方向搜寻，在温度控制下，通过迭代的方法，逐渐向目标函数的全局极值逼近，当温度达到临界点，即可得到全局最优解。该技术被引入地震数据处理过程后（Rothman，1985, 1986），在静校正、速度分析、波阻抗反演（Sen et al.，1991）等规模优化问题中显示出极强的生命力和优势。模拟退火的核心思想与热力学的原理极为相似，尤其类似于液相物质的流体、结晶，如晶体的冷却和退火方式：在某系统中，高温条件下，晶体液化成大量液态分子进行着布朗运动，若系统温度缓慢降低，由热能引起的布朗运动则会消失，但分子能够自形排列形成纯净的自形晶体，对这个系统来说，晶体状态是能量最低状态，若降温过程为迅速冷却，则形成的固态物质不能够达到这种状态，只能达到一种具有较高能力的多晶状态或非结晶状态。

例如，震源点 $i$ 和检波点 $j$，其对应的观测地震道为 $T_{ij}(t)$、地表一致性条件下记录的地震道为 $V_{ij}(t)$，设因子 $G_{ij}$ 与震源地 $i$、检波点 $j$ 对应的静校正量分别为 $s_i$、$r_i$，其能够将地表一致性条件下的记录地震道延迟 $s_i + r_i$，则对某一条地震测线来说，因为 $s_i$、$r_i$ 未知，所以 $G_{ij}$ 也是未知的，在一般情况下，虽然 $G_{ij}$ 是线性因子，但其反算子也未知，因此，不能用线性反演计算 $V_{ij}(t)$。

当静校正值在排出动校正速度的影响下，既不产生周期跳跃，又能够与 CDP 道集相位相同，则该静校正值被称作全局最优解。此时叠加剖面能力也达到最大，若取其相反数，则将转变为最小值问题，能够通过不同的 $s_i$、$r_i$ 反映叠加剖面能量变化：

$$E(s,r) = -\sum_c \sum_t \left\{ \sum_o T_{co}[t + s_i(c,o) + r_i(c,o)] \right\}^2 \tag{4-37}$$

式中，$c$ 为 CDP 道集数；$t$ 为求取的时窗范围（gate）；$o$ 为炮检距；$T_{co}$ 为经动校正后的地震道；$s_i$ 为震源点静校正量；$r_i$ 为检波点静校正量。

$$e_{s_i}(s_i) = -\sum_c \sum_t \left\{ \sum_o T_{co}[t + s_i(c,o) + r_i(c,o)] \right\}^2 \tag{4-38}$$

$$e_{r_i}(r_i) = -\sum_c \sum_t \left\{ \sum_o T_{co}[t + s_i(c,o) + r_i(c,o)] \right\}^2 \tag{4-39}$$

## （二）理论模型

设 $T_{ij}(t)$表示震源 $i$ 与检波点 $j$ 所对应的实际观测的地震道，$V_{ij}(t)$表示地表一致性条件下记录的地震道，定义一个因子 $G_{ij}$，它与震源点 $i$ 和检波点 $j$ 对应的静校正量列为 $s_i$ 和 $r_j$，它把未知的地震道 $V_{ij}$ 延迟了 $s_i + r_j$，则对于每一实际观测的地震道有方程：

$$T_{ij}(t) = G_{ij} V_{ij}(t) \tag{4-40}$$

该方程对于每一条地震测线来说，都有成千上万个，因为 $s_i$ 和 $r_j$ 未知，在无假设条件下，尽管 $G_{ij}$ 是一个线性因子，但其反算子未知，因此不能用线性反演算出 $V_{ij}(t)$，实际上它是非线性反演问题，因此要求取其目标函数，求取其全局最优解，也就是这样一组静校正值，在排除动校正速度的影响下，满转既不产生周期跳跃，同时 CDP 道集相位同向，此时叠加的剖面能量最大，若在最大值之前加上负号，则将其转为最小值问题。不同的 $s_i$ 和 $r_j$ 反映叠加剖面能量的变化，叠加剖面能量 $E(s, r)$是震源点和检波点的多元函数，即

$$E(s,r) = -\sum_{c\in \text{CDP}} \sum_{t\in \text{gate}} \left\{ \sum_o T_{\text{co}}[t + s_i(c,o) + r_i(c,o)] \right\}^2 \tag{4-41}$$

对于确定的震源点和检波点只影响与其有关的 CDP，因此叠加能量的变化是局部的，不需要重新叠加所有的 CDP 道集，只需重新叠加与修改的震源点静校正或检波点静校正有关的 CDP 道集，即震源点静校正值直接影响所有共中心点 $c$ 中的子集 $c'_{s_i}$ 的叠加能量，检波点静校正值影响 $c'_{r_i}$ 的叠加能量。涉及 $s_i$ 和 $r_j$ 的叠加能量分别为

$$E_{s_i}(s_i) = -\sum_{c\in c'_{s_i}} \sum_{t\in \text{gate}} \left\{ \sum_o T_{CO}[t + s_i(c,o) + r_i(c,o)] \right\}^2 \tag{4-42}$$

$$E_{r_i}(r_i) = -\sum_{c\in c'_{r_i}} \sum_{t\in \text{gate}} \left\{ \sum_o T_{CO}[t + s_i(c,o) + r_i(c,o)] \right\}^2 \tag{4-43}$$

而其他的震源点静校正 $s_k$（$k \neq i$）、$r_j$ 和 $r_k$（$k \neq j$）、$s_i$ 保持不变。

如此，则计算 $E_{s_i}(s_i)$ 和 $E_{r_i}(r_i)$ 要比震源点静校正和检波点静校正同时修改简单。计算时关键是反演 $s_i$ 和 $r_j$，将在 $s_i$ 和 $r_j$ 扰动范围内可能的取值记为向量 $x = [s, r]$，在此向量中

所有的元素的排列组合，必定存在一组最佳的静校正，使剖面叠加能量达到最大值，即我们的目标为寻找该组静校正量，它能够使目标函数达到全局最小，即

$$\min E(s,r) \tag{4-44}$$

目标函数 $E(s,r)$ 的形状反演了静校正量的可信度，把 $s$ 和 $r$ 的分量当作一个 $M$ 维向量 $x=[s,r]$的分量，若 $E(x)$ 只有一个极小值，就可以直接求全局极小值，当静校正量较大或信噪比较低时，目标函数 $E(x)$ 会出现多个大小相近的极小值，若按照常规方法沿梯度减小方向搜寻，虽然能够得到目标函数的极小值，但该值不一定是全局极小值，进而导致叠加剖面出现所谓“串相位”，其实质是局部极小值引起的周期跳跃。模拟退火方法的独特之处就是，在退火温度控制下既可以沿目标函数梯度减小方向搜寻，也可沿目标函数梯度增大方向搜寻，这样就使目标函数向全局值逼近成为可能。当取叠加能量极大值计算静校正时，互相关函数可以代替叠加能量计算。当退火温度最大时，概率以均值分布，随着温度的降低，相关函数或叠加能量的最大峰值会逐渐突出，当温度趋于 0 时的这个峰值变成单位高度的脉冲，即在温度为 0 时，称为“熄火”算法。

## 四、地表非一致性静校正

前述的静校正都属于地表一致性静校正范畴，但在野外观测时，无论震源点、接收点、入射、反射、入射角 $\alpha$、反射角 $\beta$ 都在随炮检距、深度、地层倾角变化而变化（图 4-18），说明静校正是一个多元函数，低降速带对地震道的延迟并非常量，即前述的静校正方法本身也会造成误差。

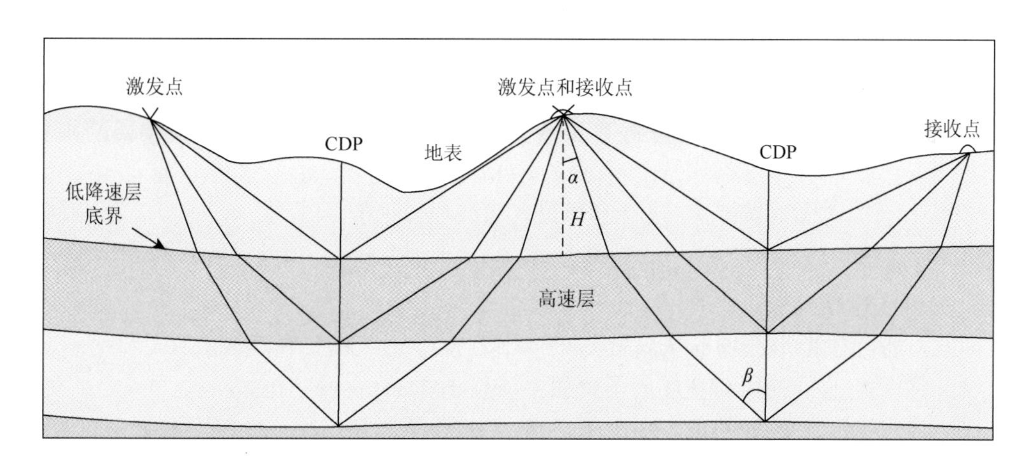


图 4-18　射线路径示意图

为解决这一问题，消除各震源点或接收点偏移距、表层倾角对延迟时的影响，使叠加成像的品质更高，提出地表非一致性校正方法。目前地表非一致性校正方法是在给定的窗口内通过相位旋转或者时间的改变，使叠加同相而成像，成像的可信度往往较低，即到目前为止，地表非均一静校正问题仍没有得到解决。因此，使用地表非一致性静校正时应特

别谨慎，若剖面本身信噪比低、反射微弱，可以采用此方法适当增强，但若地震资料本身就看不到反射，则不能使用此方法。

## 第四节 波动方程延拓静校正

对近地表低速层横向变化的影响，通常采用野外静校正、折射静校正、层析成像静校正以及剩余静校正方法进行校正，并且无论采用哪种方法，最终都是为了减少近地表变化的影响。如果地面与某些基准面之间的射线路径是垂直的，静态时移近似于从一个面到另一个面的延拓数据，但所有的静校正应用并非在空间内进行必要的横向移动，当波场在两个水平地层之间精确地延拓时，必定改变反射点时间和与均匀介质中点散射体有关的绕射曲率，这种情况下，可以将数据按照波动理论进行近地表延拓，保持其动力学与运动学特征，即通过波动方程拉平的方法与静校正一起简单移动绕射，但不改变其原来的形状。波动方程延拓静校正（拉平）是一种运用波动理论，从记录基准面外推波场到新基准面，不应用成像条件的深度偏移处理方法，可分为叠前波动方程拉平和叠后波动方程拉平；按求解波动方程的方法又可分为 Kirchhoff 波动方程拉平和有限差分波动方程拉平。

### 一、基本原理

在起伏地形上，地震波场以 $\Delta z$（延拓深度步长）横向切割地形线形成一系列交点，以 $\Delta z$、$2\Delta z$、$3\Delta z$ 为例，其在地形线上交点为 $A$、$B$、$C$、$D$、$E$。如图 4-19 所示，假设将起伏地形上的记录向下延拓到低速层之下的水平面 $z_{\mathrm{d}}$ 处，选定波场延拓最高点 $z_0$，且 $z_0 \geqslant z_1$。此时，首先记录波场拾取深度 $z_i$ 处所有接收点的记录，而在 $\Delta z$、$2\Delta z$、$3\Delta z$ 处应拾取对应点的地面记录，则可将其表示为相应矩阵与起伏地形上记录波场的乘积：

$$\begin{cases} s_1 = [\delta(x - x_{11}), \delta(x - x_{12})] \\ s_2 = [\delta(x - x_{21}), \delta(x - x_{22})] \\ s_3 = \delta(x - x_{31}) \end{cases} \tag{4-45}$$

式中，$\delta(x)$ 为阶跃函数。

如此，将起伏地形波场 $p$ 从高度 $z_0$ 处向下延拓至 $z_d$ 处的延拓步骤为：

（1）将深度 $z_0$ 处的所有波场向下延拓至深度 $z_1$ 处：$p_1 = E \times p_0$。

（2）将水平深度 $z_1$ 处的记录加上来自（1）的向下延拓结果 $p_1$，然后再向下延拓至深度 $z_2$ 处：$p_2 = E \times [s_1 p_0 + p_1]$。

（3）将水平深度 $z_2$ 处的记录加上来自（2）的向下延拓结果 $p_2$，然后再向下延拓至深度 $z_3$ 处：$p_3 = E \times [s_2 p_0 + p_2]$。

（4）将水平深度 $z_3$ 处的记录加上来自（3）的向下延拓结果 $p_3$，继续向下延拓，知道最后所求的基准面深度：$p_{\mathrm{d}} = E \times [s_{\mathrm{d-1}} p_0 + p_{\mathrm{d-1}}]$。

以上过程表示波场向下延拓过程，对于波场向上延拓，其过程完全类似，这样就可以利用水平基准面处的波场，实现非水平地形记录上的偏移。进行偏移之后，需要进行波相应的静校正处理。

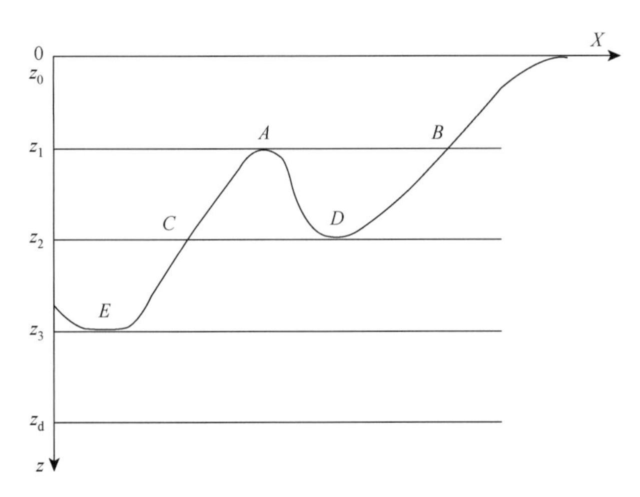


图 4-19　波动方程延拓静校正原理示意图

设 $p(x, z)$为地震波场，$v(x, z)$为介质速度，$P_0(x, z, w)$为频率域背景波场，$k = w/v(0, z)$，$G_0(x, z; x', z')$为背景介质中的格林函数，Born 近似条件下的偏移算法及波动理论为

$$\Delta^2 p - \frac{1}{v^2}\frac{\partial^2 p}{\partial t^2} = 0 \tag{4-46}$$

$$P(x,z,w) = P_0(x,z,w) + k^2 \int G_0(x,z;x',z')v(x',z')P(x',z',w)\mathrm{d}x'\mathrm{d}z' \tag{4-47}$$

其中，背景波场延拓采用相移法，扰动波场延拓采用正向散射近似求取延拓因子实现。将延拓后的波场变换到时间域，即实现波场延拓静校正。

## 二、处理过程

### （一）前提条件

虽然波动方程延拓静校正相对于常规静校正技术有很多优点，但若想获取好的效果，地震资料必须满足两个前提条件。

（1）必须建立精确的近地表速度模型，且起伏地表与基准面之间的填充速度与近地表速度接近最佳，其接触面不能形成明显的速度差界面，充填速度空间与近地表空间能够采用相同的网格化和光滑参数，即形成一个整体构建模型。

（2）在进行波动方程延拓静校正之前，必须先确定一个浮动基准面，并将地震数据校正到浮动基准面上，以消除部分高频影响。向下延拓静校正后的波场可以用常规方法进行叠加、偏移成像处理；向上延拓静校正的波场，只能采用基于模型的叠前偏移成像处理。

### （二）处理步骤

波动方程延拓静校正处理步骤包括：

（1）定义一个横向变化的近地表速度与深度函数，将地震数据从浮动基准面向下延拓到指定的基准面高程上。

（2）利用常速度场，将地震数据从目标基准面向上延拓至指定的平基准面上，这个过程指定的平基准面一般选取高程静校正或折射静校正中定义的最终基准面延拓的值。

## 三、叠前波动方程延拓静校正

本方法是利用弯曲射线层析成像估算的速度，从地形向下延拓震源记录，一般包括弯曲射线层析成像和波动方程延拓两部分，弯曲射线层析成像的原理与层析成像静校正相同，在进行地震资料处理时，通常将该部分设置成一个模块，以供层析成像静校正与波动方程延拓共同使用。波动方程延拓首先从炮点域进行，经分选在共检波点域实施。叠前波动方程延拓之后，震源点和检波点从地形向下延拓至基准面，模拟在基准面高程处记录的资料。然后采用 Kirchhoff 叠前深度偏移方法进行偏移，能够得到比在复杂近地表旅行时计算采用的常规 Kirchhoff 方法获取的自地形偏移结果更好的成像。究其原因为：

（1）在地形起伏较大、近地表速度变化强烈处，波动方程延拓静校正通常比折射或层析静校正处理的数据能够获取更好的叠加和偏移成像。

（2）常规 Kirchhoff 叠前深度偏移在受到崎岖地形下的强烈速度变化时会被扭曲，造成深层成像效果较差，在使用波动方程延拓静校正方法时，能够不应用成像条件，将波场从地面外推到水平基准面，使偏移避免与近地表射线路径畸变有关的近似，进而能够更加有效应用常规 Kirchhoff 叠前深度偏移，即波动方程延拓能够有效提升深度成像品质。

（3）对崎岖地形来说，若叠前数据具有良好的信噪比，使用波动方程延拓可能不会明显改善叠加及偏移成像效果。

（4）若有震源点和检波点遗失，可能会引起不规则的偏移距和低 CMP 覆盖次数，此时，若在波动方程延拓静校正处理之前进行道内插，则可以极大改善成像效果。

# 第五章　地震资料处理技术

羌塘盆地是青藏高原隆升后的残留盆地，由于羌塘盆地开启、沉积充填以及其后的构造演化过程，高原冻土层的发育，造成羌塘盆地地震资料具有地震反射信号弱、信噪比低、分辨率低、多次波发育、深部准确成像困难等特点。提高地震数据的分辨率及信噪比几乎贯穿了地震数据处理的每个步骤。因此，在进行羌塘盆地地震资料处理时，增强信号是资料处理的基础，保持相对振幅、压制噪声是核心，准确偏移成像是关键，即在处理地震资料时，需要做到精细的保幅压噪、精准的同相叠加，以提高分辨率及偏移成像效果。

## 第一节　保幅压噪处理技术

依据羌塘盆地噪声的类型和特点，可将其分为无规则噪声和规则噪声。无规则噪声在地震数据中形成杂乱无章的背景，其产生原因大致可分为三类：高原风吹、野生动物群奔跑以及一些人为因素引起的无规则震动产生的地面微震；仪器在接收或处理过程中产生的噪声；由于介质不均匀性造成的弹性波的散射以及任意方向来的相位变化毫无规律的波的叠加（又称散射噪声）等。规则噪声包括面波、冻土区浅层多次折射、多次波等。这也说明羌塘盆地地震资料中产生噪声的原因和种类具有复杂性和多样性的特点，因此，对噪声进行压制时也需要依据有效波与噪声的差异区别对待，尽量保证有效反射信号在压制噪声的过程中少受或不受损伤。当前常采用滤波或波场变换进行干扰波压制，滤波法主要考虑的是有效信号与干扰波之间的差异，利用滤波手段将地震记录分解到各自的域中，然后通过简单切除或者滤波因子进行滤波；波场变换法则通过对干扰波的视速度扫描，然后通过变换将倾斜的干扰变为水平，再结合其他方法提取出干扰，进而将干扰反变换得到最终的干扰记录，并将干扰记录从原始记录中减掉，从而得到有效信号。按照噪声产生的原因，压噪方法可分为规则噪声衰减技术、随机噪声衰减技术及散射噪声衰减技术。

### 一、规则噪声衰减技术

#### （一）自适应面波压制技术

在地震资料处理过程中，一般采用压制线性干扰的数学方法消除面波，虽然采用的数学方法不尽相同，但其本质都是利用面波干扰的空间相干性，压制效果也在很大程度上依赖面波干扰在线性方向的相关程度。若线性干扰具有数学意义上的完全相干性，则即使采用最简单的 *f-k* 滤波方法，也能够获取极好的结果，但由于接收条件和传播路径的差异，以及面波固有的频散特性，面波干扰更多表现为视觉上的相干性，其实并不具备完全数学意义上的相干性，因此，直接采用压制线性干扰的数学方法压制面波很难达到理想效果。这里以 *f-k* 滤波方法为例，分析能量分布、静态时移对该方法的影响，并在此基础上通过对道间能量和静态时移进行调整改善压制面波的效果。

设 $x$、$t$ 分别为空间和时间坐标，$v$ 为线性干扰的视速度，$s(x, t) = g(x-vt)$便是线性同相轴，则有线性同相轴在$(f, k)$域的形态表现为过坐标原点、斜率为 $v$ 的一条直线：$S(f, k) = G(f)\delta(f-kv)$。其能量沿频率轴方向以函数 $G(f)$分布。但实际情况下地震道之间的能量存在差异，因此有

$$\overline{s}(x,t) = s(x,t)e(x) = g(x - vt)e(x) \tag{5-1}$$

式中，$e(x)$ 为道间能量调制项。其相应的（$f, k$）谱为

$$\overline{S}(f,k) = \int E(u)S(f,k-u)\mathrm{d}u \tag{5-2}$$

即（$f, k$）谱在波数方向上经过 $E(k)$函数的褶积调制，已经偏离了原来的直线分布特征，为改善滤波，采用能量均衡的方式归一化道间能量关系。由于面波的传播速度小，地表速度的横向不均匀性导致面波在地震记录上围绕线性同相轴上下抖动，产生静态时移，相当于对每一个地震道施加一个不同的特殊滤波器 $e(x, t)$，此时地震记录的（$f, k$）谱被调制为

$$\overline{S}(f,k) = \int E(f,u)S(f,k-u)\mathrm{d}u \tag{5-3}$$

也就是说，原来的（$f, k$）谱被改造，若需要获取预期的滤波效果，则必须设法消除面波干扰的静态时移，其方法是：利用规则干扰的视速度轨迹建立面波干扰的模型道，由模型道与地震道相关确定面波干扰的静态时移量，对地震道应用静态时移量，将面波能量排齐在视速度轨迹上，然后在此基础上进行 *f-k* 滤波，消除静态时移对 *f-k* 滤波的影响，压制规则干扰后，有效信号能够得到有效加强。

### （二）分频压制面波技术

该技术是基于地表一致性的噪声衰减技术，通过频率域约束、模块组合和参数优化实现衰减面波的目的，即从共炮点、共检波点、共中心点和共偏移距四个域对均方根振幅、中值绝对振幅、最大绝对振幅和主频进行统计分析、分解，实现噪声压制。在进行地震数据常规处理时，仅用于压制大的异常振幅、野值。与常规压制面波的方法相比，本方法对有效波的伤害更小、振幅更真。

### （三）压制多次波处理技术

羌塘盆地多次波异常发育，产生多次波的原因很多，如地表第四系冲、洪积物，残坡积物，冻土层，不整合面等都是产生多次波的界面。如何有效消除产生于地层之间的多次波等噪声是一个长期存在的复杂难题。目前消除多次波的方法都是采用时差滤波法，即利用一次波和多次波的速度差异产生的动校正时差，将其区分开来，这些方法在处理有较大时差的大偏移距时效果较高，但对于时差较小的小偏移距则难以有效分离，并且这些方法在一定程度上还损伤了有效信号。随着地震资料处理技术与处理思路的发展，思路从 CMP 道集压制转变到 CRP 道集压制，使得多次波和有效波更为聚焦，技术从直接衰减多次波

发展到聚束滤波、智能引导滤波技术、三维自由表面多次波衰减等新技术。

## 二、随机噪声衰减技术

随机噪声衰减技术是基于信号同相轴在空间的可预测性，将（$f, x$）域地震记录分为可预测部分（线性相干性）和不可预测部分（高斯噪声的随机性），按最小平方误差准则对每一频率成分各自确定一个预测滤波器，该滤波器的输出即为该频率谐波的可预测部分，再做反傅里叶变换，即可得到地震记录的可预测部分。

设某地震测线的特定域$(f, x)$内有 $m$ 组不同视速度的反射波，记为 $w_i(t)(i=1, 2, \cdots, m)$，其相邻道的时差分别为$\Delta t(i)(i=1, 2, \cdots, m)$，如此对某一频率 $f$ 在空间（$f, x$）构建一个复数序列：

$$A(z)=\sum_{i=1}^{m} A_i(z)=\sum_{i=1}^{m} \frac{W_i(f)}{1-\mathrm{e}^{-i 2\pi l \triangle t_i} z}=\frac{C(z)}{P(z)} \tag{5-4}$$

式中，$C(z)$是关于 $z$ 的 $m-1$ 次多项式，$P(z)$是关于 $z$ 的 $m$ 次多项式，可以得到：

$$C(z)=A(z)P(z) \tag{5-5}$$

当 $j \geqslant m$ 时，$C(z)$ 的 $z^j$ 的系数为零，即 $P(z)$ 是 $A(z)$ 的 $m$ 阶预测误差滤波器的 z 变换，由 $P(z)$ 对 $A(z)$ 做滤波，从输出的第 $m$ 个点开始全部为零，则 $A(z)$ 可由 $P(z)$ 预测。令 $Q$ 为预测误差，则：

$$Q=\sum_{n=0}^{\infty}\left[\sum_{s=1}^{m} P_s(f) x_{n-s}(f)-x_n(f)\right]^2 \tag{5-6}$$

式中，$m$ 是预测因子的长度。要求 $Q$ 极小值时，有

$$\sum_{s=1}^{m} P_s \sum_{n=0}^{\infty} \overline{x}_{n-i} x_{n-s}=\sum_{n=0}^{\infty} \overline{x}_{n-i} x_n \tag{5-7}$$

式中，$i=1, 2, \cdots, m$，则有

$$\boldsymbol{\Phi} \cdot \boldsymbol{P}=\xi \tag{5-8}$$

式中，$\boldsymbol{\Phi}$ 为复数托布尼兹矩阵，在实际地震资料处理中利用 $\boldsymbol{P}$ 的共轭对称关系，可进行双向预测。如此，依据误差能量最小，可以求出预测误差因子 $\xi$ 。

## 三、散射噪声衰减技术

在地震勘探中，由近地表非均质性引起的散射噪声会严重影响地震资料的品质，地震波散射包括的范围很广，甚至可以说任何由介质空间非均质引起的地震波变化都可称为地震波散射。不同尺度和不同成因的非均质性能够引起不同形式的地震波散射，所以使从不同的散射现象反演非均质性的分布也成为可能，但总体而言，目前这还是一个新发展的研

究领域，在实际应用方面还有很长的一段路要走。

## 第二节　地表一致性处理技术

在羌塘盆地地震资料处理过程中，需要满足高保真要求，但地震资料深层信号较弱，且野外原始资料的采集受到多种因素的影响，包括施工过程中的检波器组合方式、震源点位置、震源激发类型、震源深度、排列长度、炸药震源药量等外界条件及因素的影响，以及低速层特点、潜水面位置、永久冻土层特点、岩性界面等内部条件影响，这些影响因素往往会引起空间能量分布的不一致性。进行地震资料处理时，必须对其进行相应的处理，消除这种地表非一致性，提高深层反射波的能量。

地表一致性处理技术基于：地表与近地表因素对整个记录的影响是不变的、是地表一致性的、与地震波传播路径无关的基本假设。它通过振幅、相位、频率等方面进行多方位的补偿，改善子波稳定性、均衡道间能量，以保持地震波的动力学特征，真实反映地下的地质特征。

### 一、振幅补偿技术

地震波在传输过程中，由于传输介质的吸收和能量的衰减，使地震波能量在深度和距离增加方向迅速衰减，反映到地震记录上，表现为深层及远距离的反射波能量非常弱，难以用于处理分析。因此需要采用合适的方法对反射波的振幅进行处理控制，使其满足后续处理需求。当前常用的地表一致性振幅控制技术包括真振幅恢复、球面扩散补偿、地表一致性振幅校正。

#### （一）真振幅恢复

真振幅恢复方法是通过对区域异常振幅处理（压制）来实现。首先将地震数据各道的样点取绝对值，然后寻找其相关值并对数据进行归一化处理，计算出各道各样点的系数。如果给定的振幅比例太大就会对有效信号的振幅造成损伤；而给定的振幅比例太小，则仅能压制振幅极大的异常值，不能够很好压制能量很强的噪声。因此，在常规异常振幅压制技术的基础上发展了分频异常振幅压制技术，它是通过分析异常振幅所在的频谱范围，确定进行异常振幅压制的频带范围，可以在尽量少损害有效信号的基础上最大限度地对异常振幅进行压制，保证有效信号振幅。

#### （二）球面扩散补偿

球面扩散振幅补偿技术考虑到地震波在时间方向上的传播损失和不同射线路径引起的不同偏移距时差，因此需要速度场确定地震波的射线路径，即通过速度分析，获取比较准确的速度场（速度函数），沿偏移距和时间方向对地震道集内各能量道进行振幅补偿，即对地震波传播过程中由于球面扩散带来的损失进行补偿，具体方法也是对各道、各样本点求取系数：

$$\mathrm{coff} = t \times V^2(t_0) \tag{5-9}$$

式中，$t_0$为零偏移距传播时间；$V(t_0)$为$t_0$时间的叠加速度。

与指数增益相比，在偏移距方向，由于本方法考虑地震道集内偏移距和时间的变化，相同的反射层振幅按照相同的参数补偿，使得道集间能量较为均匀，得到的补偿效果也较好，因此采用此方法比单纯的指数补偿更符合羌塘盆地的地下实际情况，精度也更高。

### （三）地表一致性振幅校正

地表一致性振幅校正方法是在每一个震源点和每一个检波点通过高斯-塞尔德算法求解矩阵方程，对地震波传播过程中由透射和吸收带来的耦合差异进行校正。首先在确定的时窗内统计各道平均振幅、均方根振幅或某一振幅标准的分贝值（比例因子）；再利用地表一致性假设，分别计算共震源点、共检波点、共炮检距等各项的振幅补偿因子；最后分别应用到各地震道上，最终使得能量在横向上更加均衡。但要注意的是本方法不能补偿时间方向上的能量衰减及依赖频率的能量衰减，因此，此方法需要再做好球面发散或吸收补偿之后进行。

## 二、地表一致性剩余静校正技术

这里的地表一致性剩余静校正是解决受地表影响引起的地震记录时移问题，有助于提高速度分析的精度和动校正的效果，增强反射同相轴的连续性，其对地震记录的常规处理和振幅值炮检移距变化（amplitude versus offset，AVO）处理十分重要。其与地表一致性振幅校正、真振幅恢复的算法基本一致，但不同的是真振幅恢复和地表一致性振幅校正是计算振幅的分量，而地表一致性剩余静校正是计算剩余时差的分量。

地表一致性剩余静校正假设震源点、检波点的剩余静校正只与地表结构有关，而与地震波的传播路径无关，且假设剩余动校正量只与地下结构有关。则在道集CMP中的各地震道，经过野外静校正、折射静校正后，仍存在以高频短波长分量形式出现的剩余静校正量，需要在CMP叠加之前，对剩余静校正量进行估算和校正，实现CMP道集的同相叠加。对于羌塘盆地深部低信噪比的地震资料，剩余静校正问题严重影响了速度分析和建立模型道的质量，速度分析和静校正是相互制约的，剩余静校正解决不好，就得不到好的速度分析结果，速度分析不准确，也无法得到准确的剩余静校正量。因此，在进行羌塘盆地地震资料处理时往往需要进行两次或以上的地表一致性剩余静校正。

## 三、地表一致性反褶积技术

如果表层条件对地震波的影响是一种滤波作用，则其不仅仅造成时间上的延迟，同时对波的振幅特征和相位特征均有影响，因此在实际处理中需要对这种滤波作用进行反滤波。

假设对地表同一位置，滤波作用与地震波的入射角无关，即无论浅、中、深层反射，其滤波作用均相同，那么实现这种假设条件下的反滤波作用的方法，称为地表一致性反褶积。

假设地震数据 $x(t)$符合褶积模型：

$$x(t) = w(t) \times y(t) + n(t) \tag{5-10}$$

则子波 $w(t)$可表示为 4 个分量的褶积：

$$w(t) = s_i(t) \times r_i(t) \times m_{\frac{i+j}{2}}(t) \times d_{\frac{i-j}{2}}(t) \tag{5-11}$$

式中，$y(t)$ 为期望输出序列，定义为反射系数序列；$n(t)$ 为附加噪声；$s_i(t)$ 为第 $i$ 个震源点位置近地表滤波响应；$r_i(t)$ 为第 $j$ 个检波点位置近地表滤波响应；$m_{\frac{i+j}{2}}(t)$ 为与震源点和检波点之间中点位置有关的近地表滤波响应；$d_{\frac{i-j}{2}}(t)$ 为与炮检距有关的滤波响应分量。

进而在频率域：

$$W(w) = S(w)R(w)M(w)D(w) \tag{5-12}$$

其相应的振幅谱与相位谱之间的关系为

$$A_{ij}(w) = A_s(w)A_r(w)A_m(w)A_d(w) \tag{5-13}$$

$$\varphi_{ij}(w) = \varphi_s(w) + \varphi_r(w) + \varphi_m(w) + \varphi_d(w) \tag{5-14}$$

对子波 $w(t)$做最小相位假设，依据振幅谱取对数有

$$\ln A_{ij}(w) = \ln A_s(w) + \ln A_r(w) + \ln A_m(w) + \ln A_d(w) \tag{5-15}$$

设 $A_{ij}$ 为地震道数据的对数振幅谱，$A'_{ij}$ 为估算的道的对数振幅谱，在频率域中相应振幅谱替代相位谱，依据最小平方准则，误差能量 $E$ 取最小值，有

$$E = \sum_{i,j}(A_{ij} - A'_{ij}) \tag{5-16}$$

利用高斯-塞尔德迭代法分别求出 $A_s$、$A_r$、$A_m$、$A_d$，然后进行反对数变换，并分别记为 $A'_s$、$A'_r$、$A'_m$、$A'_d$。即可根据四个振幅谱的分量，构成滤波器的滤波响应函数，求出这些滤波系统的反滤波因子，均可得到相应震源点的反褶积因子、检波点的反褶积因子、共中心点位置的反褶积因子以及与炮检距有关的反褶积因子。

需要注意的是：地表一致性反褶积的主要目的不是拓宽频谱，而是解决地表一致性问题，增强子波的一致性，并在增强子波一致性处理过程中，可以重复使用。由于地震勘探每一个震源点的激发条件（震源类型、震源耦合、炸药震源的药量、地表岩性）、检波点的接收条件（检波点与地表耦合、低速层变化、永久冻土层）均不相同，相邻地震道的特征产生差异，若仅采用单道反褶积，计算出的反褶积因子不稳定，且随机噪声会加剧这种不稳定性，所以必须采用地表一致性反褶积技术克服地表和随机噪声的影响。同时，使用地表一致性反褶积计算还具有校正剩余静校正时差、调整地震道之间的相对振幅关系的附带功能，使地震子波的波形更加趋于一致。

# 第三节　速度分析与叠加技术

地震资料处理时的速度分析是指通过制作速度谱或速度扫描确定地震叠加速度的过程，但在实际处理过程中，速度分析的唯一目的是用动校正提供能使得共中心点道集中所有一次反射波同相轴经过动校正成为平直同相轴的叠加速度场，以便于后续动校正和叠加处理过程的进行，即速度分析、动校正和叠加是密切相关的三个处理环节，因此将其放在同一节中论述。

## 一、速度分析

速度是获取地下关于构造和岩性信息的重要参数，获取准确的速度参数是处理和解释地震资料的核心问题之一，通过速度分析，可以获取准确的叠加速度、均方根速度、正常时差资料。在数学上，理论上的时距曲线（见第四章第一节）表示的是 $t_x$–$x$ 平面上的一条双曲线，（$t_0$, 0）是其顶点，其曲率由叠加速度决定。在实际共中心点道集记录上，炮检距 $x$ 为野外采集到的参数，对于每一条反射同相轴，炮检距 $x$ 处的旅行时 $t_x$ 也已知，因此，可采用一系列不同曲率的双曲线与每一条实际反射同相轴对比、拟合，即理论双曲线与实际反射同相轴轨迹吻合（最优）时，可求取叠加速度参数代表该反射层所对应的叠加速度，此过程即为速度分析。

速度分析技术主要包括速度谱和速度扫描，依据判别准则的不同，速度谱又分为叠加速度谱和相关速度谱两类，相关速度谱技术与叠加速度谱技术在具体判别准则上不同，但其思路及具体操作流程基本类似。但在地震资料处理过程中，随着偏移距的加大，采用常规的速度分析技术进行动校正时会出现较大的时差误差，因此，为了提高后续动校正工作的精度，提出用高阶速度分析的技术代替常规速度分析技术。

### （一）叠加速度谱技术

设在共中心点道集上，对于某个 $t_0$ 时刻有一个反射波同相轴与之对应，则对于给定CMP 道集来说，在每个 $t_0$ 时刻都用一系列的速度值代入，计算其每个速度的“振幅平均绝对值”，若在每个 $t_0$ 时刻存在一个速度值使得振幅平均绝对值达到一定能量级别，说明在该 $t_0$ 时刻对应着一个地下反射界面，此时最大振幅值对应的速度即为该发射界面的叠加速度。若将每个 $t_0$ 时刻计算出的速度值对应的振幅平均绝对值在 $t_x$–$v$ 平面上以能量团的形式投点，做出的图件即为叠加速度谱。因此，在叠加速度谱上，能够方便拾取相应 CMP点的叠加速度函数。速度谱一般相隔数百米计算一个，控制点间的速度场通过插值获取，对于复杂的地下地质情况，需要适当加密速度谱点。

在实际地震资料处理时，考虑到地震记录的有限频带特点、对叠加速度的敏感程度以及计算效率等原因，$t_0$ 时间和试探速度 $v$ 的取值都是按照一定的间隔步长进行，在叠加速度谱上的能量团是通过在平面网格点上叠加振幅数据的平面插值平滑结果。并且，为了使得叠加振幅的变化更加突出，在叠加速度谱上常采用归一化的叠加振幅绝对值代替振幅平均绝对值。对于低信噪比或低覆盖次数的资料，一般将若干个相邻 CMP 道集组合在一起，形成具有更高覆盖次数的超道集，以提高速度谱的信噪比，但其往往使得速度分析的分辨率下降。

相较于叠加速度谱技术，相关速度谱技术对各记录道振幅的变化更为灵敏，特别是当各记录道的振幅变化较小时，相关速度谱方法的灵敏度表现更为明显，但当各记录道振幅变化较大时，相关速度谱方法往往会因互相关函数变化过大而变得不稳定。单就速度谱方法而言，其拾取的速度误差一般小于 5%，但在处理信噪比低的地震资料时，误差会因信噪比低而增大。

### （二）速度扫描技术

在地下构造复杂或信噪比较低的情况下，当叠加速度谱技术难以获取准确的叠加速度时，可通过速度扫描进行处理，以提高速度分析的精度。速度扫描是在谱速度分析的基础上，对叠加效果不好的层段或区域谱速度粗略拾取值附近，采用一系列小间隔的叠加速度试探值作为叠加速度常变量，对别的选定层段或区域数据进行动校正叠加，从叠加效果判断各主要反射层的最佳叠加速度值，进而修改叠加速度函数，并用作最终动校正叠加的速度函数。在地震数据处理过程中，常将速度分析和速度扫描结合起来使用，特别是在低信噪比且叠加对于速度非常敏感的情况下，能够获取较好的效果。

### （三）高阶速度分析技术

无论反射界面是水平的还是倾斜的，地震波的反射时距曲线均可表示为

$$t_x = \sqrt{t_0^2 + \left(\frac{x}{v}\right)^2} \tag{5-17}$$

将其进行泰勒函数展开，有

$$t_x = t_0\left[1 + \frac{1}{2t_0^2}\left(\frac{x}{v}\right)^2 + \frac{1}{8t_0^4}\left(\frac{x}{v}\right)^4 + \ldots\right] \tag{5-18}$$

在现有的常规速度分析与动校正软件中，计算公式只取上式前两项，即

$$t_x = t_0\left[1 + \frac{1}{2t_0^2}\left(\frac{x}{v}\right)^2\right] \tag{5-19}$$

显然，当偏移距较小、反射层的埋藏深度较大时，式（5-19）足以保证动校正精度，但偏移距大到一定程度时，由于式（5-19）省略了 4 阶以上的高阶项，就造成不可忽略的速度分析和动校正误差，即高阶项误差与自激发自接收时间、偏移距和叠加速度有关，反射界面越浅、自激发自接收时间和速度越小、高阶项值越大，应用高阶速度分析和动校正的效果也

明显，偏移距越大、高阶项值越大，越不能忽略高阶项值。因此，在实际地震资料处理时，进行高阶速度分析一般取到4阶为止，对6阶以后的项进行切断。

## 二、动校正

在多次覆盖地震勘探中，野外一般很少采集零震源检距记录，大量采集的是非零震源检距记录，这样做的目的包括：避开强震源直达干扰、记录折射波以便获取浅地表信息、多次重复采集获取冗余信息压制随机干扰、压制多次波、降低勘探成本等。零震源点检波点记录（零记录）是理论上的记录方式，在多次覆盖地震勘探中一般采集的是非零记录。由零记录组成的剖面经过叠加处理就成为客观反映地下构造形态的叠偏剖面，动校正处理能够在一定的条件下将非零记录近似校正为零记录。零记录意味着震源点和检波点处于同一位置，因此零记录又称为自激自收记录。在地震道上，检波器记录的是一条特殊射线的反射波能量，该射线与地层反射界面垂直，当地层水平时该地震道剖面能够真实反映地层的构造形态，甚至地层有较小倾角时也能够较好的近似。

这里仅讨论如何通过动校正将非零记录校正为零记录。在时距曲线上，除了双曲线顶点对应零检距以外，双曲线其他部分都对应非零检距，地震反射同相轴在共中心点零检距上取得最小旅行时 $t_0$，在其他非零检距道上反射旅行时 $t$ 均比 $t_0$ 大，这个差值就是正常时差$\Delta t$，它与反射 $t_0$ 时、叠加速度和震源检距有关。显然，若将非零检距道上的反射旅行时减去与之相应的正常时差，就可以将非零震源检距反射旅行时校正为零震源检距反射旅行时。因此，将一个非零震源检距道上每一个反射同相轴的时间反射旅行时全部校正成零震源检距反射旅行时，则该地震道就被“近似地”校正成了一个等效的零震源检距记录，如此，CMP 道集上原本的双曲线形式的同相轴经校正后就变成平直的同相轴，且校正后的每一道都相当于一个等效的零震源检距记录道。

由于校正量$\Delta t$ 随 $t_0$ 变化而变化，因此该校正过程被称作动校正。动校正处理是在叠加速度分析之后进行，一旦获取了准确的（$t_0, v$）数据，就可以根据双曲线时距方程计算出反射同相轴的轨迹，从而计算出轨迹上各点的动校正量。对于速度分析控制以外的点，可以通过插值法获取各点的叠加速度。

## 三、叠加技术

叠加技术的基本原理是用（非零震源检距）共中心点道集动校正后的算术平均道，作为共中心点的零震源检距记录道。叠加的主要作用是利用动校正后的一次反射信号的统计相似性压制噪声能量和多次波，提高信噪比，目前常用的叠加技术包括均值叠加技术、中值叠加技术，这里重点讨论共反射面元叠加技术。

共反射面元（common reflection surface，CRS）叠加是一种压制随机噪声的去噪方法，该方法从共反射点（common reflection point，CRP）时距关系出发，利用 N 波和 NIP 波将 CRP 轨迹扩展到 CRS 叠加面，得出适应非均匀介质的共反射面时距关系，对二维共反射面元时距关系进行泰勒展开，保留二阶项得出 CRS 叠加公式。

$R_N$和$R_{NIP}$为两种特征波的波前曲率半径，一种特征波是在模型反射层的$R$点上放置一个点源得到的NIP波［图5-1（a）］，另一种是由于爆炸反射面得到的法向波N波［图5-1（b）］，由$R$点沿界面法向出射交地面于$x_0$点，$\beta_0$为出射角，$t_0$为$x_0$点自激自收旅行时，在点$x_0$附近N波和NIP波波前都可以近似为圆弧。

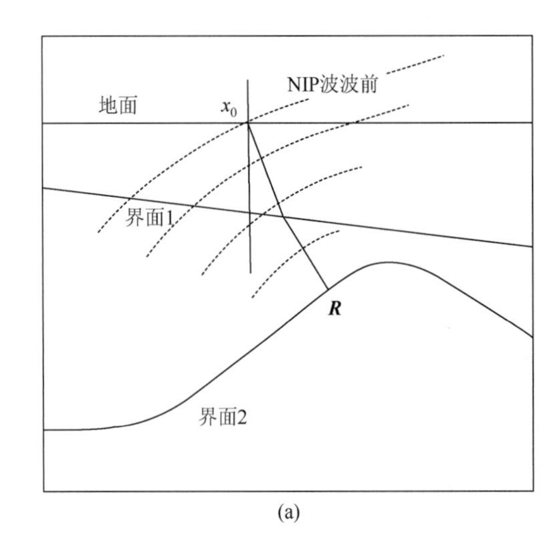

(a)

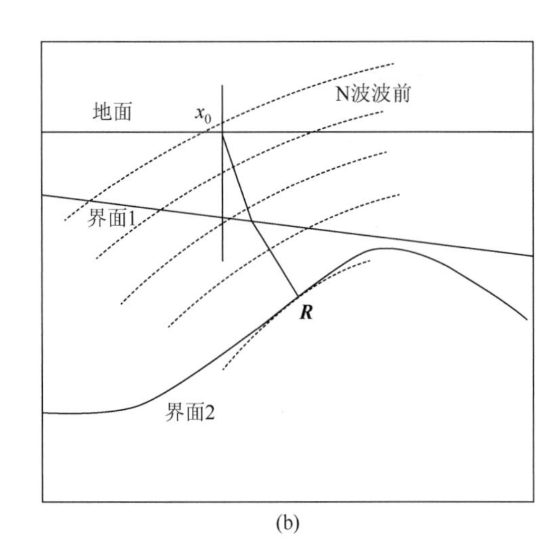

(b)

图5-1 N波和NIP波示意图

令$T$为CRS叠加面旅行时，由于地表速度容易获得，因此CRS叠加的过程是对零震源检距剖面中每一个样点$P_0(x_0, t_0)$，确定一组最佳三参数$\beta_0$、$R_N$和$R_{NIP}$，得到能够最大限度聚集该反射面局部形态的走时，然后再相应的叠前数据空间中沿该走时进行叠加，实现对该反射点的最佳零震源检距成像。

快速有效确定三个属性参数是CRS叠加的关键，为提高效率，可首先在叠加剖面上搜索初始参数，然后在叠前数据上对三参数进行优化，最后应用优化后的三参数进行最终的CRS叠加。在零偏移距剖面中（$h = 0$），有

$$T_0^2(x_m;\beta_0,R_N)=\left[t_0+\frac{2(x_m-x_0)\sin\beta_0}{v_0}\right]^2+\frac{2t_0\cos^2\beta_0}{v_0}\frac{(x_m-x_0)^2}{R_N} \tag{5-20}$$

这样就可以把确定初始参数的过程分成几个步骤，为实现CRS叠加优化算法提供合理的三参数初始值。

CRS叠加是一种全新地得到零震源检距剖面的方式，与现有的CMP叠加或DMO叠加相比，在理论和实践方面，它都是最优越的。实际处理结果也表明与常规叠加剖面相比，在CRS叠加剖面上，有效反射信息的连续性得到加强，随机噪声得到大幅度压制，信噪比明显提高。

## 第四节　偏移成像技术

地震偏移的目的就是将反射波图像恢复成地下地层的真实图像。偏移成像就是一种将

绕射波收敛到绕射点，将反射同相轴归位到真实反射位置，从而建立起地下真实的构造图像的技术方法。从 20 世纪 20 年代开始，最初是基于运动学的绕射叠加原理，并成为目前 Kirchhoff 偏移的基础。随着 CMP 叠加和 20 世纪 60 年代数字信号处理技术包括数字绕射叠加在地震数据中的应用发展，偏移成像技术进入基于波动方程（波动方程的近似有限差分解）的数字偏移阶段。随后出现 Kirchhoff 波动方程偏移和频率-波数域偏移。以上这些方法开始都是时间偏移方法。随着横向变速情况下提高成像精度的要求，深度偏移方法开始出现。同时，逆时偏移方法（Memechan，1983）的出现使得基于精确的波动方程深度偏移技术成为现实。

## 一、叠前部分偏移倾角时差校正技术

倾角时差（dip moveout）校正技术，又称 DMO 校正技术，可以用来对来自倾角界面的地震反射同相轴进行动校正。CMP 叠加建立在水平层状介质模型之上，当地层具有倾角时，CMP 道集数据不对应地下界面同一反射点的信息，动校正叠加后也不能形成真正的震源点检距道，并且，在一个地震记录道上同时接收两个或更多的倾角界面的反射信息时，由于动校正与倾角有关，我们又只能够选择一个速度，因此某些倾角的反射信息必将被压制。基于以上原因，发展了倾角时差叠加校正技术，即 DMO 叠加校正技术。由于 DMO 校正技术是将动校正后的数据，先偏移到零震源点检距道位置上，然后叠加，因此只做了一部分偏移工作，所以又被称为叠前部分偏移。

### （一）基本原理

在均匀介质模型中，当地下存在一个倾角为 $\theta$ 的倾斜界面时，一个 CMP 道集中反射波的时距曲线方程为

$$t^2 = t_0^2 + \frac{4x^2 \cos^2 \theta}{v^2} \tag{5-21}$$

式中，$t_0$ 为对应地面共中心点上的自激自收时间；$x$ 为半震源点检距长度；$v$ 为均匀介质中波的传播速度。

假设常规动校正以后的时间为 $t_{\mathrm{N}}$，对式（5-21）进行变换：

$$t^2 = t_0^2 + \frac{4x^2}{v^2} - \frac{4x^2 \sin^2 \theta}{v^2} = t_{\mathrm{N}}^2 + \frac{4x^2}{v^2} \tag{5-22}$$

则有

$$t_{\mathrm{N}}^2 = t_0^2 - \frac{4x^2 \sin^2 \theta}{v^2} \tag{5-23}$$

即对于倾斜界面时距曲线，如果用介质中波传播的速度进行 DMO 校正，校正后的时间不是共中心点 $t_0$ 时间，而是时间 $t_N$，$t_N$ 与 $t_0$ 之间的关系由式（5-23）确定。

### （二）实施方法

在地震资料处理过程中，一般分两步进行 DMO 处理。假设 $p(t; h, x)$ 为震源点检距剖面，$t$ 表示反射时间，$h$ 为半震源点检距，$x$ 为空间坐标，通过以下步骤获取零震源点检距的 $t_0$ 时间剖面 $p(t_0; h = 0, x)$：

（1）先进行 NMO 校正，即由 $p(t; h, x)$ 至 $p(t_N; h = 0, x)$，由下述公式进行计算：

$$t_N^2 = t^2 - \frac{4h^2}{v^2} \tag{5-24}$$

（2）然后进行 DMO 校正，由 $p(t_N; h = 0, x)$ 至 $p(t_0; h = 0, x)$，其关系式为

$$t_0^2 = t_N^2 + \frac{4x^2 \sin^2 \theta}{v^2} \tag{5-25}$$

步骤（2）是关键，也是决定 DMO 校正处理效果的主要因素。

## 二、Kirchhoff 叠前偏移技术

Kirchhoff 叠前偏移技术包括叠前时间偏移和叠前深度偏移，也是目前应用最多的叠前偏移技术。

### （一）Kirchhoff 叠前时间偏移技术

Kirchhoff 叠前时间偏移的基础是计算地下散射点的时距曲面，依据绕射积分理论，时距曲面上的所有样点相加即为该绕射点的偏移结果。假设震源点 S 到散射点、散射点到检波点 R 的射线路径为直线（图 5-2），其总旅行时等于震源到散射点的旅行时 $t_s$ 与散射点到检波点的旅行时 $t_r$ 之和，即：

$$t = t_s + t_r \tag{5-26}$$

若速度为常数，式（5-26）可变换为

$$t = \left[\left(\frac{t_0}{2}\right)^2 + \frac{(v+h)^2}{v_{mig}^2}\right]^{1/2} + \left[\left(\frac{t_0}{2}\right)^2 + \frac{(v-h)^2}{v_{mig}^2}\right]^{1/2} \tag{5-27}$$

式中，$v_{mig}$ 为 $t_0$ 处的均方根速度；$t_0$ 为根据平均速度计算出的零偏移距双程旅行时。

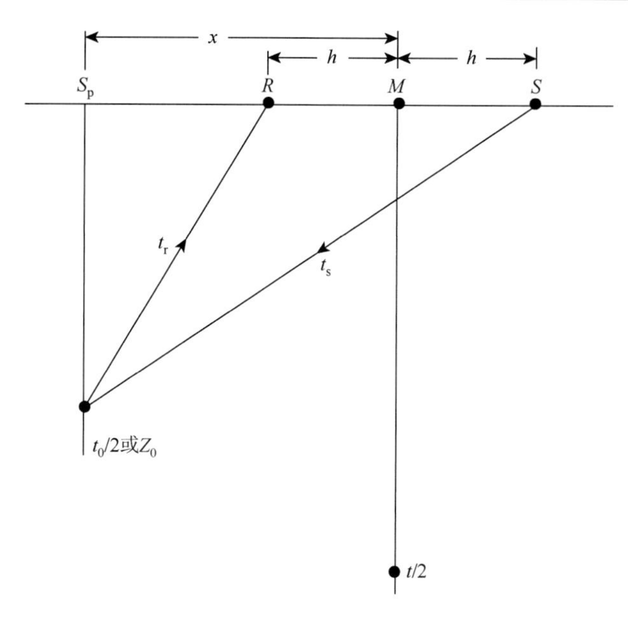


图 5-2　Kirchhoff 叠前时间偏移几何关系示意图

### （二）Kirchhoff 叠前深度偏移技术

由于叠前时间偏移无法很好地解决复杂地质体的成像，因此为了更好地满足实际生产需求，近年来，叠前深度偏移技术得到较大的发展。由于 Kirchhoff 叠前深度偏移方法具有快速、射线追踪可直观监视以及占用内存空间较少等特点，所有目前在实际资料处理中，该方法得到更多应用。

Kirchhoff 叠前深度偏移是一种基于波动方程 Kirchhoff 积分解的偏移方法，建立深度域速度模型以后，通过射线追踪技术计算高频近似下的远场格林函数，然后由 Kirchhoff 积分公式实现波场反向延拓。

## 三、波动方程叠前偏移技术

由于 Kirchhoff 积分叠前偏移存在天生的理论缺陷，因此前人从波动理论出发，得到不同于 Kirchhoff 积分叠前偏移的波动方程叠前偏移理论，包括波动方程叠前时间偏移和波动方程叠前深度偏移。

### （一）波动方程叠前时间偏移技术

在均匀介质中，震源点检距为 $2h$，反射波旅行时为 $t_h$ 的反射点的可能位置是一个以震源和检波点为焦点的椭圆，即可能位置的轨迹为

$$\frac{x^2}{a^2}+\frac{z^2}{b^2}=1 \tag{5-28}$$

式中，$a=\frac{1}{2}vt_h$，$b=\sqrt{\frac{v^2t_h^2-4h^2}{4}}=\frac{1}{2}v^2t_n^2$，$t_n$是用速度 $v$ 进行正常时差校正后的时间。进而有

$$\frac{4x^2}{v^2t_n^2+4h^2}+\frac{4z^2}{v^2t_n^2}=1 \tag{5-29}$$

令$x'=x/\sqrt{1+4h^2/v^2t_n^2}$，则式（5-29）为

$$x'^2+z^2=\frac{v^2t_n^2}{4} \tag{5-30}$$

令$v_a=v/2$，$\tau=v_at_n$，则式（5-30）为

$$x'^2+z^2=\tau^2 \tag{5-31}$$

则有

$$x'=\sqrt{\tau^2-z^2} \tag{5-32}$$

对式（5-32）分别求 $z$ 和 $\tau$ 的二阶导数，整理得

$$\frac{\partial\tau^2}{\partial z^2}=\frac{z^2}{\tau^2} \tag{5-33}$$

同理：

$$\frac{\partial\tau^2}{\partial x'^2}=\frac{x'^2}{\tau^2} \tag{5-34}$$

依据微分与波数的对应关系，有

$$k_{x'}^2+k_z^2=\omega_\tau^2 \tag{5-35}$$

将式（5-35）写成时间域并整理，得到：

$$\frac{\partial^2u}{\partial x'^2}+\frac{\partial^2u}{\partial z^2}=\frac{1}{v_a^2}\frac{\partial^2u}{\partial t_n^2} \tag{5-36}$$

在式（5-36）中用 $x$ 代替 $x'$，上式可写为：

$$\left(1+\frac{4h^2}{v^2t_n^2}\right)\frac{\partial^2u}{\partial x^2}+\frac{\partial^2u}{\partial z^2}=\frac{1}{v^2}\frac{\partial^2u}{\partial t_n^2} \tag{5-37}$$

式中，$\frac{\partial^2u}{\partial x^2}$项前的系数是与到达地面的旅行时有关的，因此，在波场外推中，此系数$1+\frac{4h^2}{v^2t_n^2}$中的 $t_n$ 应表示到达地面的旅行时，在向下外推时，它随深度的增大而加上一个$2\Delta z/v$，正好补偿 Claerbou 浮动坐标系中的时间增加值 $\tau$，即在浮动坐标系中，此系数中的 $t_n$ 保持不变，则式（5-37）可写为

$$\left(1+\frac{4h^2}{v^2t_n^2}\right)\frac{\partial^2u}{\partial x^2}+\frac{4}{v^2}\frac{\partial^2u}{\partial\tau^2}+\frac{8}{v^2}\frac{\partial^2u}{\partial t_n\partial\tau}=0 \tag{5-38}$$

上述叠前时间偏移方法也可用于共震源点道集记录的叠前偏移，但要做好吸收边界的处理工作，无论是共震源点道集还是共震源检距道集的处理，在叠加道上还可以抽取偏移

后的共地面点道集，进行反动校正，然后再进行速度分析，用新求出的速度进行偏移后叠加，从而使叠加效果更好。

## （二）波动方程叠前深度偏移技术

对地下构造复杂区的偏移成像来说，波动方程叠前深度偏移是最有效的手段。与 Kirchhoff 积分叠前深度偏移相比，它没有对方程做高频近似，而是用可以描述波在复杂介质中的传播过程的算子做波场外推算子，因而它更适合用于复杂介质中波的成像，同时它又具有保振幅优势，也可为地震成像后的岩性反演与解释提供基础。

波动方程叠前深度偏移的核心工作是地震波场的深度外推，深度外推过程依赖外推算子，目前常用的外推算子包括：傅里叶有限差分法、分步傅里叶法、广义屏偏移法，以及空间-频率域有限差分法。这些方法都基于波动方程，这里着重介绍傅里叶有限差分法。波动方程为

$$\nabla^2 U(x,z,t) - \frac{1}{v^2(x,z)} \frac{\partial^2 U(x,z,t)}{\partial t^2} = 0 \tag{5-39}$$

式中，$U(x, z, t)$为地震波场；$v(x, z)$为介质中波的传播速度。

求解时均采用单层波震源点或检波点外推方程，即

$$\frac{\partial U(x,z,t)}{\partial z} = \pm \left[ \frac{1}{v^2(x,z)} \frac{\partial^2}{\partial t^2} - \frac{\partial^2}{\partial x^2} \right]^{1/2} U(x,z,t) \tag{5-40}$$

将速度场分解为背景场和扰动场，则有

$$S(x,z) = S_0(z) + \Delta S(x,z) \tag{5-41}$$

式中，$S(x,z)$ 为介质慢度；$S_0(z)$ 为背景速度；$\Delta S(x,z)$ 为慢度扰动量。

背景场采用相移法实现偏移，即

$$\frac{\partial U(k_x,z,\omega)}{\partial z} = \mathrm{i}k_z U(k_x,z,\omega) \tag{5-42}$$

采用的成像条件为

$$M(x,z) = \sum_{N_S=1}^{n} \int_{\omega_D}^{\omega_n} U(x,z,\omega) D^*(x,z,\omega) \mathrm{d}\omega \tag{5-43}$$

式中，$U(x,z,\omega)$ 为下行延拓波场；$D^*(x,z,\omega)$ 为上行延拓波场的复共轭；$n$ 为总偏移炮数。

傅里叶有限差分法的偏移成像与分步傅里叶法相似，即依据式（5-43）将速度场分裂为背景场和扰速度场，相应背景速度场的波场偏移采用相移法，而扰动场的波场偏移采用空间-频率域的有限差分法（分步傅里叶法是做二次相移），即波场外推由相移项和有限差

分补偿组成，即

$$U(x,z,\omega)=U_0(x,z,\omega)+U_1(x,z,\omega)+U_2(x,z,\omega) \tag{5-44}$$

式中，$U_0$、$U_1$、$U_2$ 分别通过下式求取：

$$\frac{\partial U_0(x,z,\omega)}{\partial z}=\mathrm{i}\sqrt{S_0^2\omega^2+\frac{\partial^2}{\partial x^2}}U(x,z,\omega) \tag{5-45}$$

$$\frac{\partial U_1(x,z,\omega)}{\partial z}=\mathrm{i}\left[\frac{\omega}{v(x,z)}-S_0\omega\right]U(x,z,\omega) \tag{5-46}$$

$$\frac{\partial U_2(x,z,\omega)}{\partial z}=\mathrm{i}\frac{\omega}{v(x,z)}\left[1-\frac{1}{S_0 v(x,z)}\right]\times\frac{\dfrac{v^2(x,z)}{\omega^2}\dfrac{\partial^2 U(x,z,\omega)}{\partial x^2}}{a+b\dfrac{v^2(x,z)}{\omega^2}\dfrac{\partial^2 U(x,z,\omega)}{\partial x^2}} \tag{5-47}$$

式中，$a$，$b$ 为常系数。

同时对震源点、检波点波场做外推，最后采用成像条件实现深度域偏移成像。

就这四种偏移方法来说，其各有特点，一般来说，分步傅里叶法适用于地下构造不太复杂且横向速度变化较小的地震数据偏移成像，它突出的优点是计算效率高；傅里叶有限差分法是在分步傅里叶法的基础上增加了一个有限差分补偿项，克服了分步傅里叶法要求速度横向变化不大及地震波传播角度较小的不足之处，并融合了相移法的精确性和有限差分法能适应横向速度变化的优点，即该方法适用于地下构造复杂，且横向速度变化较大的地震数据的偏移成像，其不足之处是计算效率低；广义屏偏移法在对复杂构造及横向速度变化的适应性方面与傅里叶有限差分法相当，而它的计算精度较傅里叶有限差分法稍高一些，但计算效率低；空间-频率域有限差分法在波场外推过程中采用补偿手段消除微分方程近似和差分方程近似而引入的误差，且具有有限差分计算精度高的优点，所以能够适用于复杂构造及纵、横向速度变化较大的地震数据偏移成像，计算效率很高。

# 第六章 地震资料解释技术

地震资料解释是以地质理论和规律为指导，运用地震波传播理论和地震勘探方法原理，综合有关地质、测井、钻井和其他物探资料，对地震数据进行深入研究、综合分析的过程。地震资料解释技术包括地震资料情况及品质评价、地质层位标定、构造解释及地震属性分析、构造图编制、解释方案验证及过程质量控制。

## 第一节 地震资料品质评价

### 一、羌塘地区地震资料品质评价

地震资料的原始品质制约着地震勘探成果的精度，并最终影响区域地质认识与油气勘探潜力与方向，因此在进行构造解释前，应首先对二维地震资料偏移剖面品质进行评价。

地震偏移剖面地质评价以偏移剖面为主要对象，通过对研究区原始资料分析，找到原始资料存在的问题，把握处理过程中需要解决的重点，根据勘探地质任务要求和主要目的层特征、信噪比、分辨率、偏移归位成像效果、地质现象反映程度等确定。其评价标准如下。

（1）一级剖面段：偏移归位合理，回转波、绕射波、断面波等得到正确收敛，断点清晰，反映的正、负向构造关系清楚；偏移剖面背景面貌干净；目的层反射齐全，地质现象反映清晰（由特殊复杂地质原因造成的除外），主要目的层成像好，同相轴连续，信噪比、分辨率能满足地质任务要求。

（2）二级剖面段：偏移归位合理，回转波、绕射波、断面波等得到正确收敛，断点明显，成像较好，能反映出正、负向构造关系；偏移剖面背景面貌较干净，与水平叠加剖面对照，波形特征保持较好，波组关系较清楚；主要目的层反射较齐全，成像较好，同相轴较连续，地质现象反映较清晰（由特殊复杂地质原因造成的除外），信噪比及分辨率基本满足地质任务要求。

（3）三级剖面段：信噪比低，反射能量弱，地质现象不清楚，波组特征不明显，难以进行可靠对比追踪。

纵观处理解释的水平叠加、叠加偏移时间剖面，羌塘地区剖面的质量具有以下特点。

（1）纵向上获得了侏罗系索瓦组至三叠系底界的反射层数据。其中 $TJ_3s$、$TJ_2x$、$TJ_2b$、$TJ_1q$ 等反射层的反射能量强、连续性好，相对易于追踪对比，TT 反射层的反射能量弱，反射品质相对较差，追踪对比相对困难。

（2）横向上位于凹陷区及地表褶皱强度较低的区域所获的资料品质较好，反射波能量强、特征明显，易于连续追踪对比解释，各目的层反射可满足构造解释的要求；位于构造褶皱强度较大，断裂发育及地表出露地层较老区域所获地震资料的品质明显变差，反射波连续性变差，波组特征不明显，难以连续追踪对比解释，仅能参照相邻测线推测解释。

根据二维地震剖面地质评价行业标准，以羌塘地区具代表性的 $TJ_2b$（侏罗系布曲组底界）反射层进行剖面品质评价（图 6-1）。其中一级剖面为 636.95km，一级剖面率为 22.4%；二级剖面为 1407.5km，二级剖面率为 49.5%；三级剖面为 799.7km，三级剖面率为 28.1%。一级和二级剖面占 71.9%（托纳木工区 2011～2012 年测线未统计，图 6-2）。

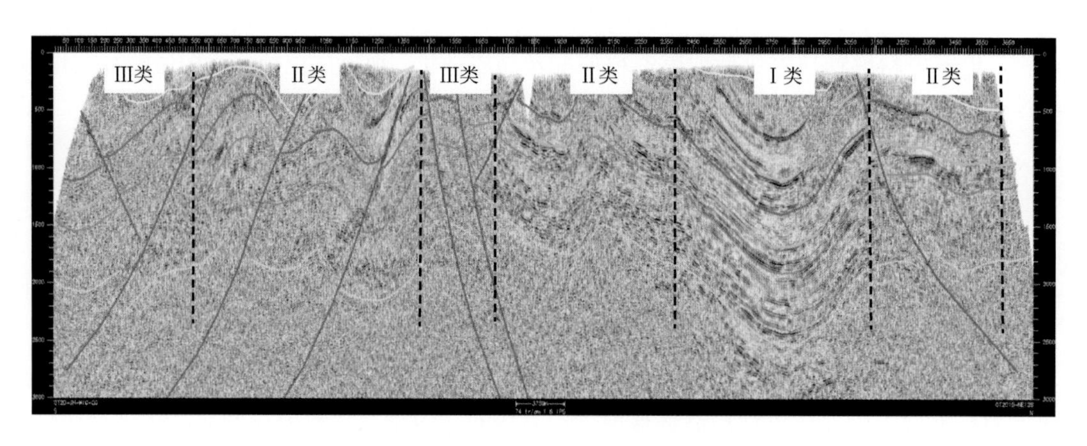


图 6-1　羌塘盆地测线剖面品质图

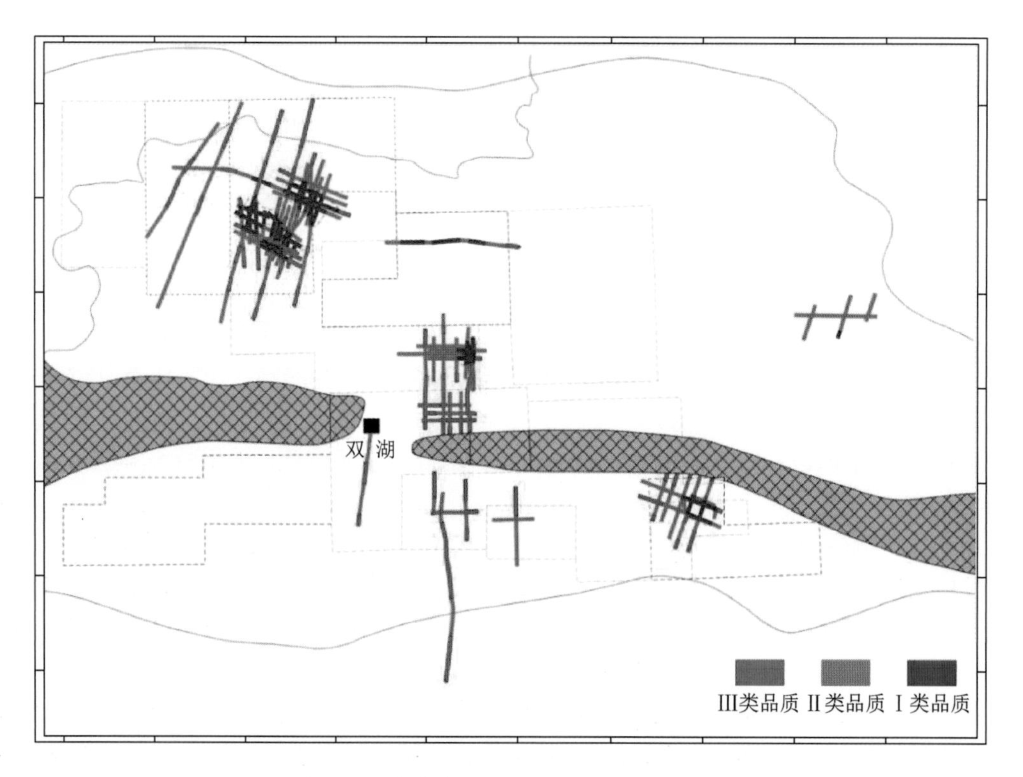


图 6-2　羌塘盆地夏里组品质平面分布图

总体来说，一级剖面能满足精细查清构造关系变化的解释要求，二级剖面的资料品质仅能达到基本查清构造关系变化的解释要求。

## 二、地震资料处理解释过程

在对羌塘地区二维地震资料处理解释过程中，应优先选择剖面资料品质Ⅰ类区，因其叠前时间偏移处理资料较好，信噪比较高，层位波组特征清晰、断层断点清楚；其他区域资料信噪比差，多为杂乱反射，造成层位、断层追踪解释难度很大，只能根据区域构造认识和构造-沉积模式来进行层位与断层的追踪解释。羌塘盆地地震资料构造解释流程如图6-3所示。

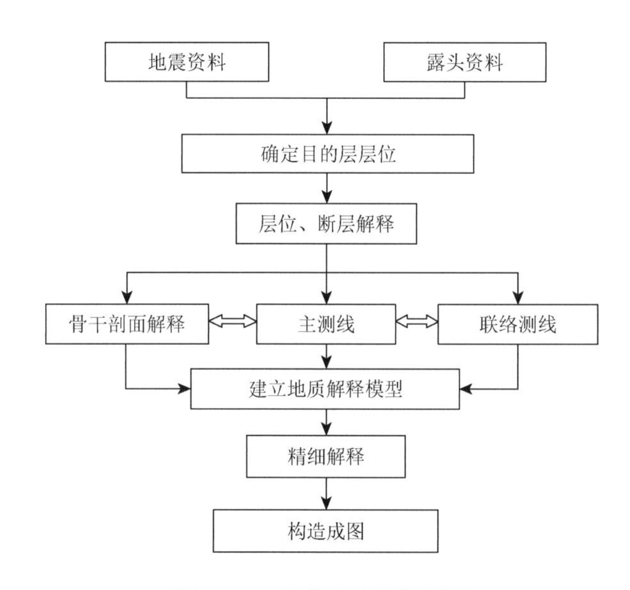


图6-3　二维构造解释流程图

# 第二节　地震地质层位标定技术

地质层位标定是地震资料解释最基础、最关键的工作之一，它直接影响构造成果能否真实地反映地下的地质情况。地质层位标定通常采用的方法有垂直地震剖面测井标定、声波合成地震记录标定以及以往成果的地质层位标定结果的引入。

地质层位标定：将对比解释的反射波同相轴赋予具体而明确的地质意义（沉积相、岩性、流体性质等），并把这些已知地质含义向地震剖面或地震数据体延伸的过程。地震层位标定是连接地质、测井和地震资料的有效方法。

利用区内钻井、测井资料，选取测井井段长、资料品质好、目的层齐全且能控制全区的井，制作合成记录，并结合岩性特征、区域地震波组特征及井地质分层信息，综合标定地震剖面上的相应反射层位。根据井旁道提取子波与地震数据的极性和主频进行对比分析，确保研究区的成果数据为正极性。

2015 年采集的二维地震获取了较高的地震资料品质，与前期部署测线形成了控制测网，因此对层位进行引入是切实可行的。另外，注重对该区大的构造轮廓的认识，充分利用地表露头资料，结合区域地质资料、地质模式，对此次二维测线的地质层位及断裂进行合理的解释。

## 一、地质剖面戴帽

地质戴帽是在建立构造地质模式之时，收集地面地质资料，包括出露地层的构造特征、岩性特征，绘制与地震剖面相同比例尺的岩性剖面，并与地震剖面融为一体，便于解释人员对构造地质模式做进一步地理解与认识。

依据地震反射特征及波组特征，结合构造成因模式，进行相位对比及波组对比，对地震剖面进行“地质戴帽”。例如不对称的高陡构造逆掩断层下盘的逆掩带及断褶带凹凸构造，都与地面褶皱有一定的关系。在地震反射波场复杂、资料信噪比低、速度估计及偏移归位不准确时，其地下构造形态解释可能出现偏差。因此，我们将地面地质露头剖面按相同比例尺“戴帽”到偏移剖面上（图 6-4），指导地震剖面对比方案的确定，使地面真实构造情况与地下构造的地质解释协调一致，并符合地质规律。

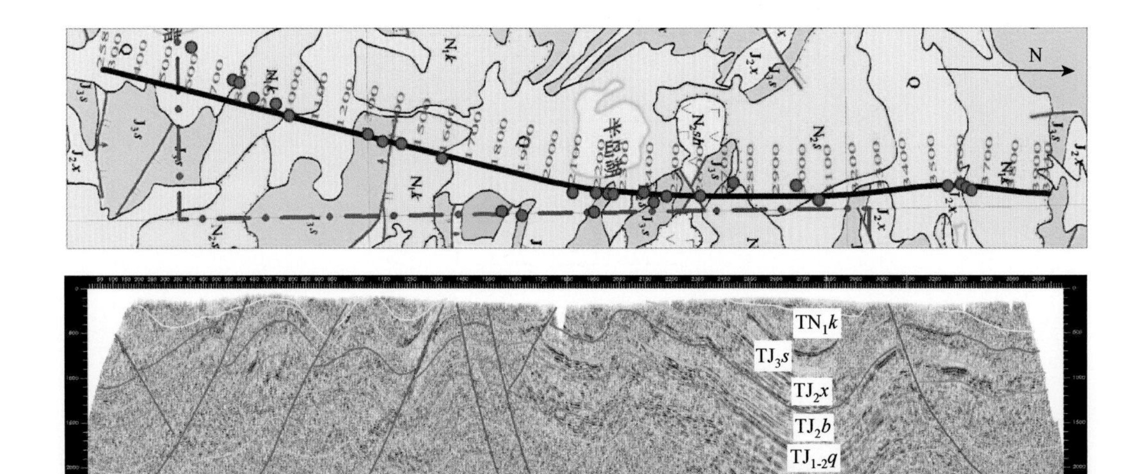


图 6-4 地质“戴帽”辅助标定示意图

地质“戴帽”标定地震反射层的方法运用广泛，采用地质“戴帽”方法，将地面地质层位的顶底位置、出露断点位置及地层产状等要素标注于地震剖面地形线对应的 CDP 处，然后利用露头剖面上的地质界线对地震剖面上的反射层的对应情况进行标定。应用该方法标定的结果能够比较直观地展示地面与地下构造和层位的对应关系。在地震资料品质较差及地表露头区域，“戴帽”能起到指导地震解释工作的作用。对于羌塘工区来说，$J_2x$ 地层是地表所能见到的最老地层，多处出露地表，将该层出露部位的地质界线标定到地震剖面上对应位置，则可在地震剖面上标定出 $J_3s$ 底界反射所相当的地质层位。利用标定结果，完成所有测线 $J_3s$ 底界的对比解释。

## 二、波组特征分析法

通过地震速度谱资料的解释，结合以往资料，对速度变化规律进行深入分析研究，分析它们之间的系统差异，做好速度标定工作，从而建立符合研究区地质规律的平均速度场，为深度转换提供准确可靠的速度模型。

地震资料解释的最终结果是构造成图，目的是用以描述盆地区域构造形态和构造圈闭，为盆地油气评价和寻找有利勘探目标提供必要的依据。在地震解释中，速度的准确与否也直接关系构造图的精度。速度场的建立主要依赖地震处理获得的叠加速度场。为了获得更准确的地震解释成果，本次地震解释采用处理、解释一体化的方法获取和建立空变速度模型用于时深转换，速度谱点间隔 50CDP，通过与叠加剖面相结合对叠加速度谱进行优选，筛选信噪比较高的剖面段反射波速度谱点，剔除低信噪比部位的不可靠速度谱点，增加速度谱的可信度和准确性，把速度谱资料统一从处理基准面校正到最终基准面后输入解释系统建立可靠的空变速度体，提高了成图精度（图 6-5～图 6-7）。

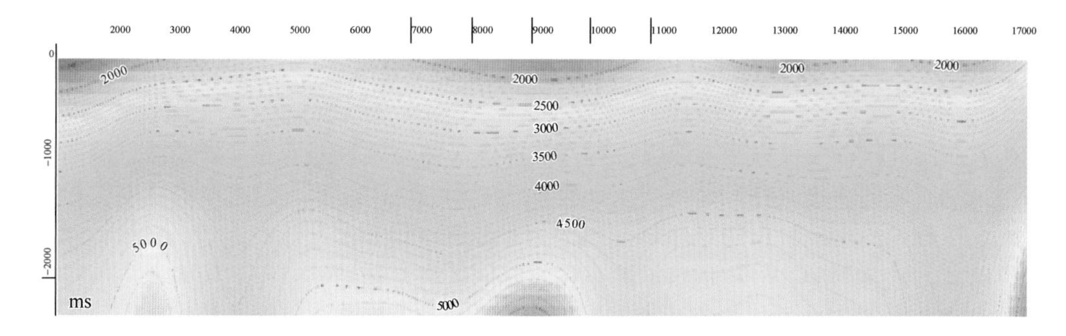


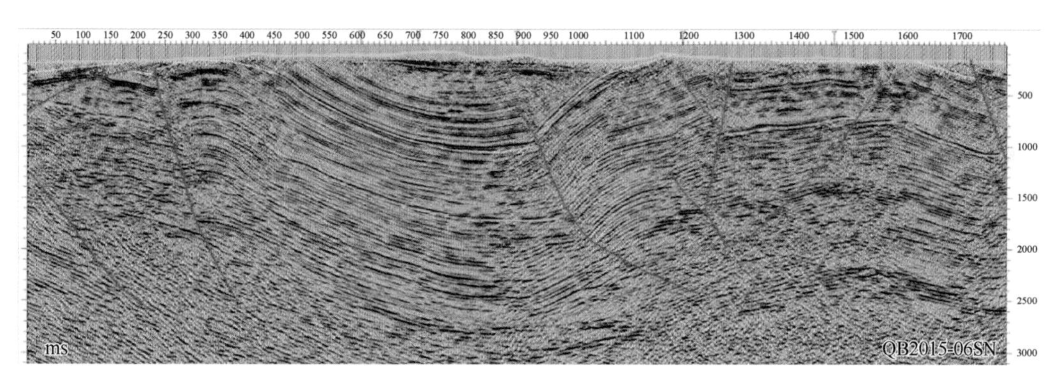


图 6-5　QB2015-06SN 线速度剖面图及对应解释剖面

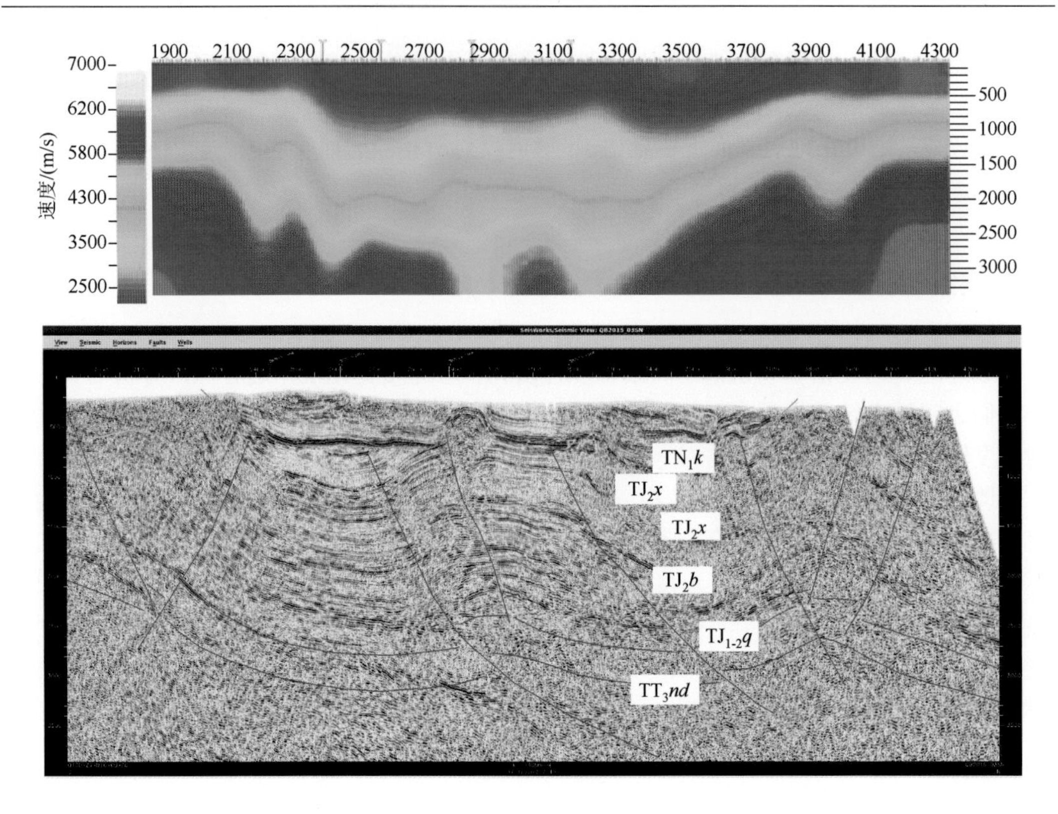


图 6-6　QB2015-03SN 线平均速度剖面图及对应解释剖面

## 三、地震相标定

在岩性油气藏勘探过程中，地震资料层位标定非常重要，因为它是岩性油气藏勘探中储层预测研究的前提条件，是高精度勘探系统工程的上游工程。地震剖面的层位标定的结果直接影响地震反射层的地质年代标定、井旁地震相和沉积相的划定。目前，常用的层位标定方法有两种：一种是用声波合成地震记录与井旁地震道做相关对比，进行层位标定；另一种是用 VSP 记录直接进行层位标定。然而在解决复杂的实际问题时，往往存在多解性和局限性。如果把各种资料进行综合分析和解释，可提高最终成果的可靠性和精度。利用露头的沉积学研究结果，通过地震反射特征研究，确定反射波组的地质属性（图 6-8）。

### （一）合成记录层位标定

合成记录层位标定是构造解释和储层分析中最基础的工作，是连接地震、地质和测井工作的桥梁。在构造复杂地区和高分辨率地震剖面上，地震解释人员追错相位甚至追错同相轴的情况时有发生。目前进行“轴”“层”匹配的主要途径是利用测井资料制作合成地震记录。

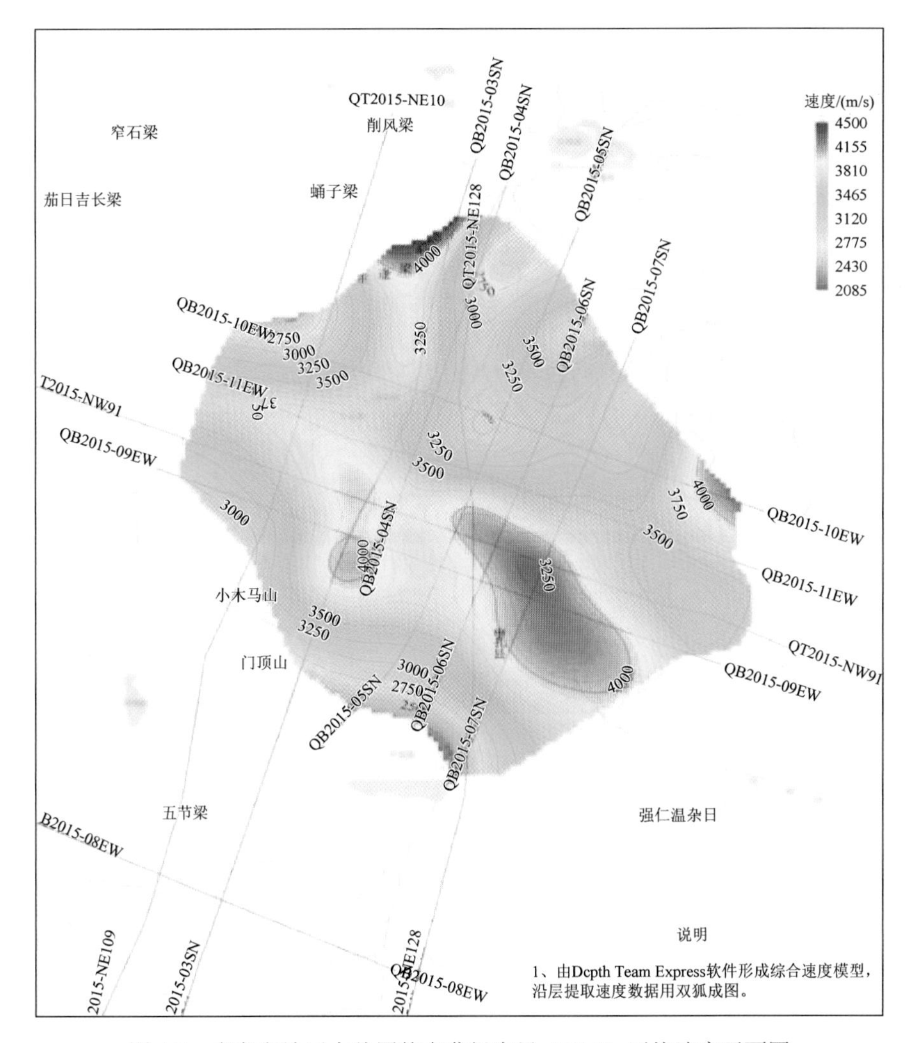


图 6-7　半岛湖地区中侏罗统布曲组底界（$TJ_2b$）平均速度平面图

## （二）层位引入

充分应用 2010 年地震勘探的结果与研究结果的标定结果进行对比比较。鉴于解释收集的 2010 年地震勘探测线 2010-01 线，将两次解释的标定剖面进行对比分析，通过对比分析 2010-01 线水平叠加剖面及其处理后的偏移剖面。可以看出，该段测线信噪比均较好，波组特征清晰，相位特征大致相似，浅、中、深层有效反射在两条线上都能够较好地追踪。通过对比，此次解释与前期 2010 年水平叠加剖面中 $TJ_3K_1s$、$TJ_2b$、TT、TP 的解释是一致的。

## （三）标定的主要反射层波形特征

不同的地震层位具有不同的相位特征，通过对工区不同地震层位相位特征的认识，可以对地震剖面追踪与对比起到良好的指示作用。区内地震剖面各目标层波形特征较明显、波组关系较清楚，主要反射层波形特征（图 6-9）如下。

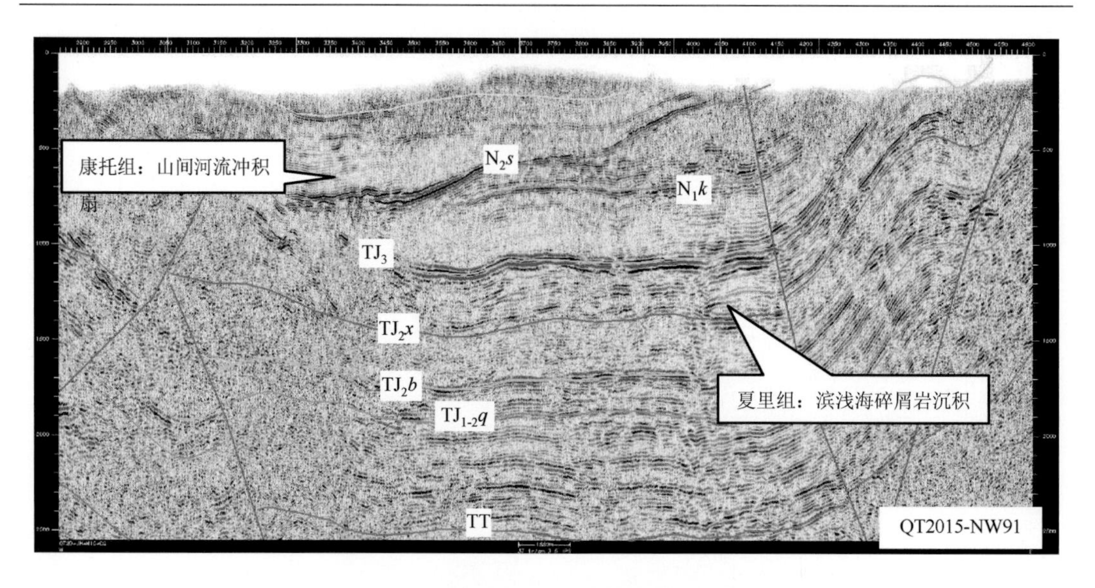


图 6-8　QT2015-NW91 线地震相标定示意图

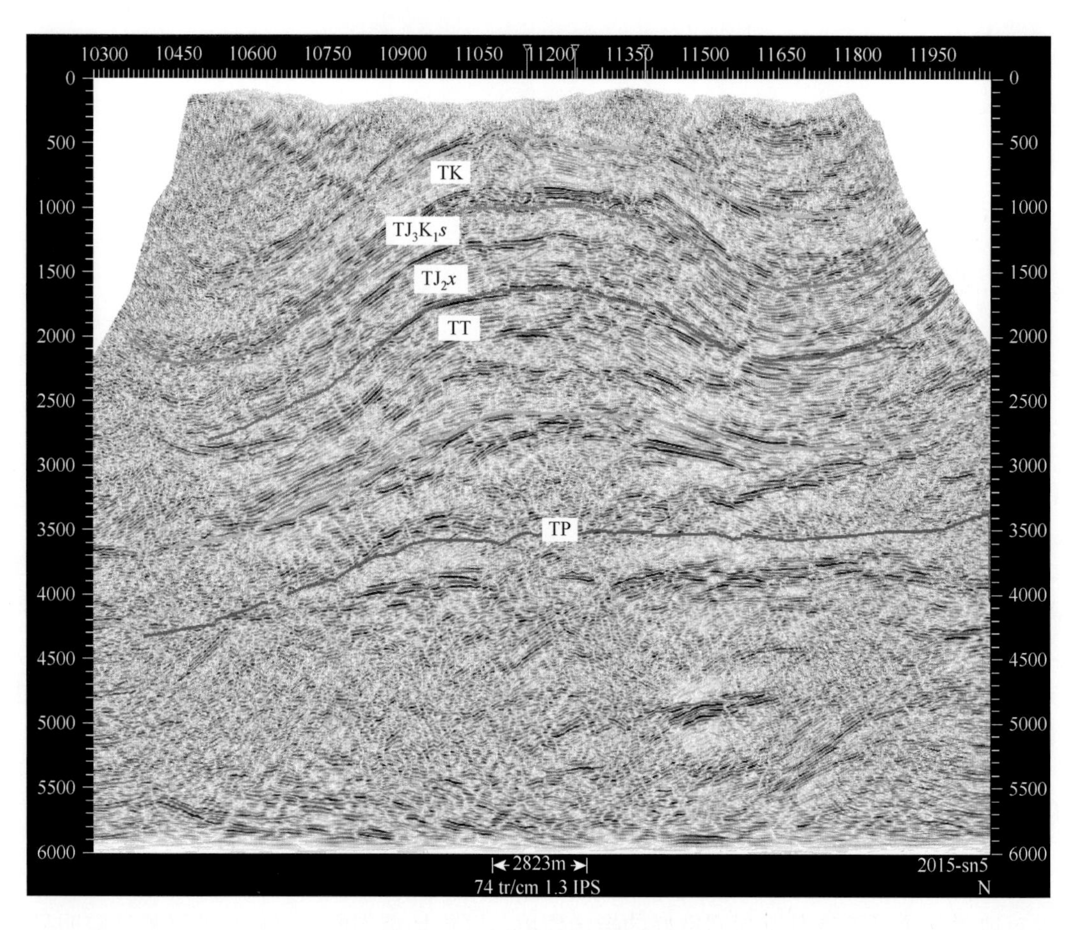


图 6-9　主要反射层波形特征剖面

TK 反射层：由 2～3 个强相位组成，属中强振幅，连续性较好，基本可连续追踪。

$TJ_3K_1s$ 反射层：为推测性标定，为 5～6 个连续强反射的顶部，这些强反射视频率较高，连续性较好，基本能连续追踪对比，定义前相位为标层相位。

$TJ_2x$ 反射层：为推测性标定，由前强后弱两个相位组成，有时后相位后存在一次强相位，该反射层能量较强，属中强振幅，基本可连续追踪，部分地区连续性差。

TT 反射层：为推测性标定，由 2～3 个强相位组成，能量较稳定，特征较清楚，连续性较好，基本能连续追踪对比，与 $TJ_2x$ 反射层间隔不小于 600ms。

TP 反射层：为推测性标定，该波组位于剖面的下部，为多组连续性较好的中弱反射的顶部，在该界面之上存在明显的绕射，为典型的基底特征。

目前，羌塘探区钻井多为大斜度井和水平井，在标定层位中必须使用井斜数据。通过加载实际钻井井斜数据到地震工区，从三维数据体中抽取沿实际钻井轨迹的地震剖面，将合成记录与井轨迹地震剖面对应的地震反射层位进行标定，使波组关系、波形特征一一对应；利用单井和连井剖面进行多井闭合标定。在此基础上进行三维数据多方向、多条连井线上目的层反射的准确追踪，进一步认识地质分层。

## 第三节　构造解释技术

地震构造解释以水平叠加时间剖面和偏移时间剖面为主要资料，分析剖面上各种波的特征，确定反射标准层层位和对比追踪，解释时间剖面所反映的各种地质构造现象，绘制反射地震标准层构造图。

### 一、地质剖面恢复与对比

地震地层解释以时间剖面为主要资料，或是进行区域性地层研究，或是进行局部构造的岩性岩相变化分析。划分地震层序是地震地层解释的基础，据此进行地震层序的沉积特征及地质时代的研究，然后进行地震相分析，将地震相转换为沉积相，绘制地震相平面图，划分出含油气的有利相带。

### 二、反射层波形特征

不同的地震层位具有不同的相位特征，通过对不同工区地震层位的相位特征的认识，可以对地震剖面追踪与对比起到好的指示作用。区内地震剖面各目标层波形特征较明显、波组关系较清楚，主要反射层波形特征（图 6-10）如下。

$TJ_3s$ 反射层：由前后两个中强相位组成，能量较稳定，特征较清楚，连续性较好，基本能连续追踪对比，定义前相位为标层相位。

$TJ_2x$ 反射层：剖面上表现为 3～4 个中-强相位。其中，中间两个相位相对较弱，连续性较差；最上面和最下面的两个相位能量相对较强，基本能连续追踪对比。定义最后一个相位为标层相位，与 $TJ_3s$ 反射层间隔约 290ms。

$TJ_2b$ 反射层：由前强后弱两个相位组成，有时后相位后存在一次强相位，该反射层

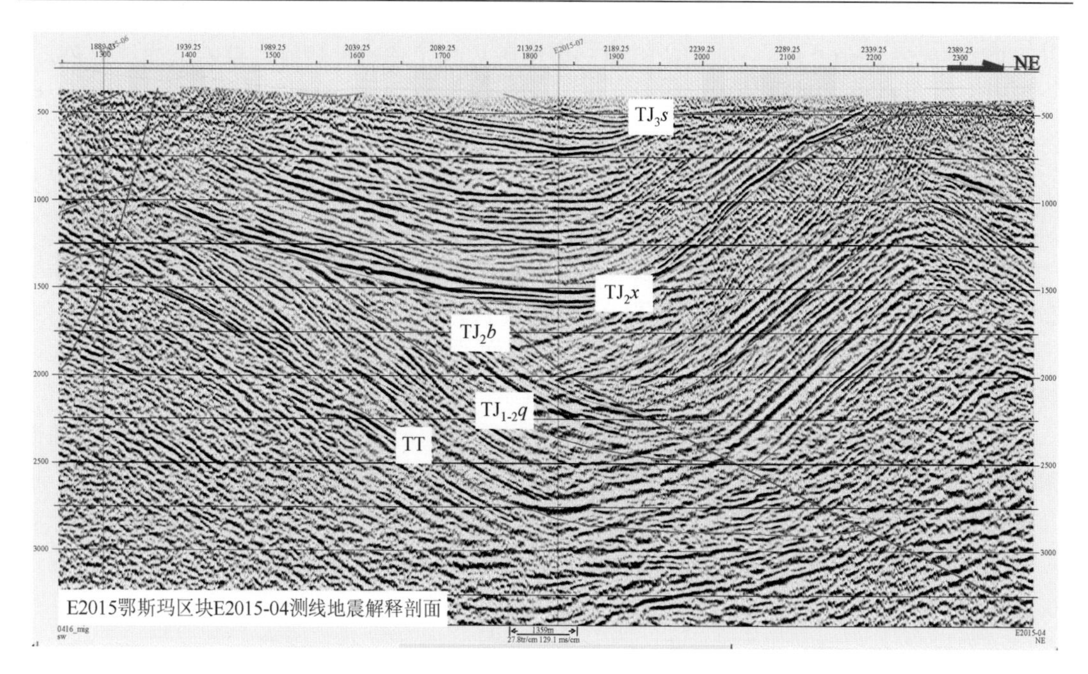


图 6-10　羌塘盆地鄂斯玛区块主要反射层波形特征剖面

能量较强，属中强振幅，基本可连续追踪，部分地区连续性差，定义后相位为标层相位，与 $TJ_2x$ 反射层间隔约 290ms。

$TJ_{1\text{-}2}q$ 反射层：由前后两个强相位组成，能量较稳定，特征较清楚，连续性较好，基本能连续追踪对比，定义前相位为标层相位，与 $TJ_2b$ 反射层间隔约 600ms。

TT 反射层：三叠系底界的地震反射剖面上表现为 3～4 个中-强相位，但特征不是很明显，连续性较差，仅部分地区可连续追踪，定义最后一个相位为标层相位，与 $TJ_{1\text{-}2}q$ 反射层间隔约 600ms。

TP 反射层：二叠系底界的地震反射剖面上表现为一套弱连续、中强相位的底界，但特征不是很明显，连续性较差，仅部分地区可连续追踪，与 TT 反射层间隔约 590ms。

## 三、断层解释及其组合

受构造及地震资料信噪比的影响，构造解释存在多解性，因此多种信息综合解释有利于减少多解性，为构造解释提供一个更加合理的方案。首先在理解分析以往解释成果的基础之上，进一步认真了解研究区的地质、沉积规律、盆地演化、区域构造特征，仔细分析研究剖面结构、反射波组特征、地层格局及横向展布特征、断裂模式等，根据地面地质资料，采用地面地质“戴帽”和合理的断层组合综合确定解释方案。

### （一）地面地质“戴帽”

从 TS2009-03 测线的偏移剖面上看，解释的 $J_3K_1s$ 底界与地面剖面中夏里组底界产状趋势和位置一致，因此可根据地面夏里组出露的位置及产状推断腹地索瓦组底界在剖面上的位置，进而根据可容空间大小及层间厚度变化关系帮助分析构造主体部位的各反射层层位。

### （二）地震地质剖面恢复及构造模式确立

在实际的剖面对比解释过程中，针对地腹构造相对复杂、地震剖面上或波组多或资料较差、地震资料具有多解性的特点，合理建立构造模式是构造解释的重难点。为此对构造复杂部位进行地震、地质恢复有助于合理解释地震资料。首先追踪对比出地层出露及资料品质较好的剖面段，在此基础上全面展开反射波组的追踪对比解释，层位追踪对比主要采用波组及波系对比方法；由于托纳木研究区属低信噪比区，偏移剖面信噪比较低、波组连续性较差，层位解释主要在偏移剖面上进行，并同时参考叠加剖面，进而确定了该研究区的构造解释模式。

### （三）合理的断层解释及断层组合

羌塘盆地属中生代盆地，是在晚古生代褶皱基底之上发育起来的叠合盆地（黄继钧，2001；李才，2003；谭富文等，2008）。中、新生界主要发育三叠系构造层、侏罗系-下白垩统构造层、上白垩统-新生界构造层。勘探区横跨羌塘盆地南翼、中央隆起带。受区域构造运动的影响和制约，工区中部Ⅰ号、Ⅲ号构造在南北向上整体上由两个凸起（南、北部凸起）和一个局部凹陷（中央凹陷）组成凸凹相见的构造格局。

断层解释是在断裂模式指导下依据地震剖面上断面波、反射波组的错动、断开以及倾角、产状、波组特征等的变化来追踪断层。并且充分发挥LandMark地震资料解释系统多种灵活的显示功能，准确地识别断层位置，合理地在平面及空间上对断层进行组合，确保断层面的闭合，断层的平面、空间展布特征符合研究区断裂模式及演化规律，经过细致识别，共解释小型断裂十余条，反映了该区构造运动较弱。

## 四、地震属性分析

地震属性是由叠前或叠后地震资料经数学变换导出的有关地震波的几何形态、运动学特征、动力学特征和统计学特征。因此，地震属性的平面变化代表了岩性、岩相等的变化。

地震波的频率信息，是反映碳氢物的一个重要标志。由于地层的吸收作用，地震波的频率随着传播距离的增大，低频成分相对丰富。如对一尖脉冲性质的地震波，在岩层对高频吸收的影响下，脉冲波形逐渐展宽而呈光滑形。在含碳氢物的砂岩中，由于吸收系数增大，地震频率减低的现象更加明显。所以，当地震波穿过含碳氢砂岩时，其频率将显著降低。地震波瞬时频率、平均频率、中心频率、全频率等频率信息可用于判断岩性变化与碳氢物的存在。平均频率剖面可以反映局部岩性的横向变化，储集层流体的横向变化以及投射脉冲形状的变化。其中，最灵敏的是反映投射脉冲形状的横向变化，它可能反映碳氢物存在的可能性。

地震波的瞬时频率、瞬时相位、瞬时振幅等信息，可以对地震剖面进行详细的解释。地震波在传播过程中，由于波前发散、地层吸收等作用，其振幅与频谱均在不断地发生变化。研究其变化，将有助于地震剖面的解释。由于目的层在地震剖面上所占的时间很短，用一般付氏变化法研究其频谱效果欠佳，所以要用希尔伯特变换研究瞬时频率。经过希尔伯特变换后的记录道，其总能量与变换前的总能量相等，即变换前后的振幅谱是相同的，但相位差 90°，由此可以求出瞬时相位，它对地震相的研究是有帮助的。在研究地震反射层连续性及相位变化与极性反转方面，瞬时相位有其独特的作用。瞬时频率反映了地震波瞬时的主频，瞬时频率剖面上频率显著降低的部分，与碳氢物存在有密切关系。同时，瞬时频率剖面有利于对断层、尖灭、超覆及其他不整合面的判断，对研究岩相变化是有帮助的。

低频幅谱成分比，是频率信息中的重要信息。因 12～14Hz 的振幅谱占全频谱面积中的百分比可以检验高频成分减少量，而高频成分的减少可能是由于其上部地层中油气吸收所引起的。12～14Hz 频谱成分对碳氢物很敏感。

地震反射波的波强信息、低频幅谱成分比信息、平均频率信息、相邻反射面反射真振幅比信息，以及反射波组的主峰间平均带通能量比信息宜联合应用。这五种信息代表了碳氢物判断的五个主要方面，把它们综合显示在彩色地震图上，可以较有效地判断油气藏范围。

利用希尔伯特变换可以研究信号的包络、瞬时相位和瞬时频率，这些研究在地震勘探数字处理中有重要意义。瞬时相位可以研究相位极性的细节以判断岩性的变化，瞬时频率用于研究岩层频谱的主频变化，以判断岩性岩相的变化。

地震数据处理解释一体化软件 GeoEast 属性提取与分析子系统二维标准沿层属性提取提供 7 大类 53 种属性，分别是：瞬时类（Instantaneous）19 种；子波类（Wavelets）4 种；振幅统计类（Amplitude Statistics）13 种；频谱类（Spectral Statistics）10 种；自相关类（Auto Correlation Statistics）4 种；其他类 3 种。

根据瞬时频率对含气的敏感性分析，本书研究选择了与频率有关的几种属性做分析研究，主要是：瞬时频率斜率、瞬时主频、瞬时虚振幅等。在分析过程中，还选取了光滑反射强度、Prgt*CIP、峰值振幅、高亮体等属性对主要目的层段的储层性质进行定性的分析与研究，目前针对鄂斯玛区块的主要目的层进行了储层平面分布的预测。

IACC（瞬时频率斜率）：表示衰减率和吸收速率。因油、气、水饱和度会引起反射波衰减的不同，故可预测储集层流体边界。

IDomFreq（瞬时主频）：等于瞬时频率与瞬时带宽的几何平均值。地震波的主频常来自非常稳定的空间，其变化是由于局部岩性和流体变化而引起的，而且碳氢化物又常引起高频成分衰减，因此可预测地层中油气引起的高频成分衰减、岩石粒度变化等。

IQuadAmp（瞬时虚振幅）：是复数地震道的虚部，与复数地震道的相位为 90°时的时域震动振幅。即正交道，为虚振幅。因它只能在特定的相位观测到，多用来识别薄储层中的振幅随偏移距的变化（amplitude variation with offset，AVO）异常。

Perigram（光滑反射强度）。定义为反射强度的时间域中值滤波能量，可以加强反射强度峰值异常。对亮点、暗点、平点的确定及储层、岩性的预测都有很好的效果。

Prgt*CIP（光滑滤波反射强度与相位余弦之积）：用于分析振幅异常。

PeakAmp（峰值振幅）：在多个单一频率的分频体中提取峰值所对应的频率信息便构成了峰值频率体。

流体活动性：低频或者高频部分振幅谱的变化率反映地震资料中储层频谱的变化率，

低频段频谱中储层的频谱变化率表现为正异常，高频段频谱中储层的频谱变化率表现为负异常。利用地震资料中储集层频谱的变化率可以获得流体活动性的变化量，进而开展储集层储集性能和地层流体变化研究。图 6-11 为流体活动性属性剖面，剖面上蓝色指示流体活动性强，红色指示流体活动性弱。

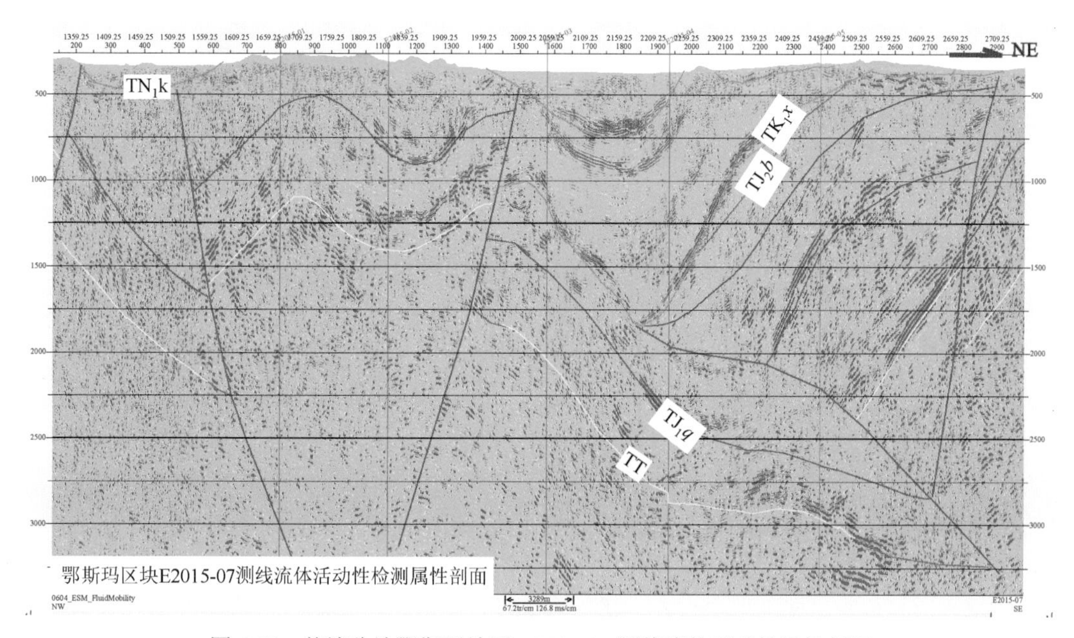


图 6-11　羌塘盆地鄂斯玛地区 E2015-07 测线流体活动性属性剖面

高亮体：峰值频率和峰值与平均振幅之差，可用于排除假异常的干扰（图 6-12）。

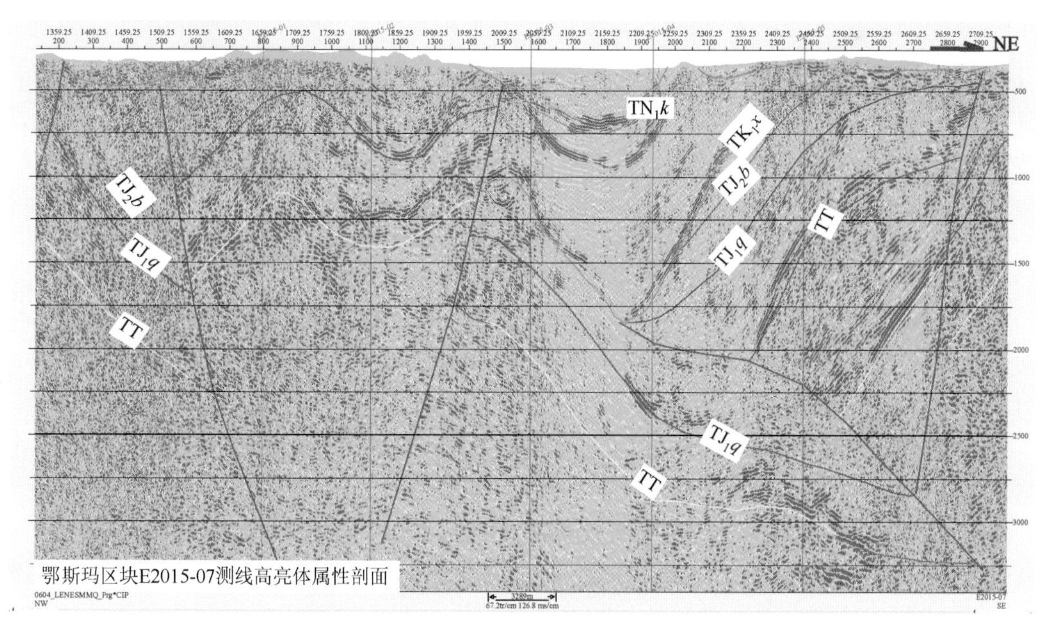


图 6-12　羌塘盆地鄂斯玛地区 E2015-07 测线高亮体属性剖面

根据剖面上属性的变化，在主要目的层段取一定的时窗，在时窗内提取地震属性，得到地震属性平面分布（图 6-13），结合目的层段内岩性的变化及分布特点，预测岩性及流体的平面变化规律。

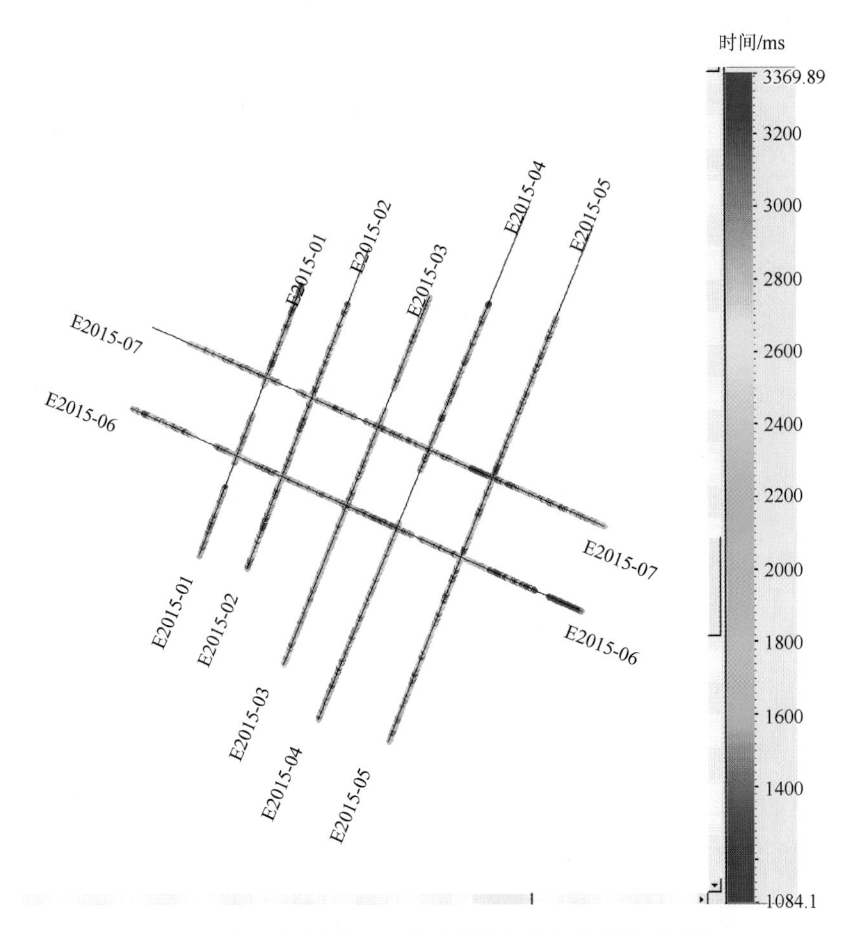


图 6-13　羌塘盆地鄂斯玛区块雀莫错组高亮体属性平面图

## 第四节　编 图 技 术

构造图：用等值线（等深线或等时线）及地质符号（断层、尖灭、超复等）直观地表示地下某一层的地质构造特征的一种平面图件。查明地下地质体构造形态的变化，要把剖面和平面结合起来进行空间解释，其基本成果就是地震反射构造图。

地震反射构造图按作图等值线性质可分两大类，即等深度构造图（深度等值线表示）与等 $t_0$ 构造图（时间等值线表示）。

等深度构造图：可由深度剖面直接绘制，也可以由等 $t_0$ 构造图进行空间校正得到，表示的构造形态直观准确，是最终结果。按深度性质又可分为真深度构造图（反映实际情况）、法线深度图（要经偏移校正）及视深度图（只有界面水平或测线垂直构造走向时才接近真深度）。

等 $t_0$ 构造图：是由时间剖面数据直接绘制，在构造简单时可反映构造的基本形态，但位置有偏移，是中间结果。

## 一、时深转换速度模型

时深转换是将地震数据从时间域信号转变为深度域信号的一个必要处理步骤，是利用地震资料进行油气构造解释的一个非常关键的环节。而时深转换处理的效果，主要取决于所建立的时深转换速度模型的正确性及合理性。黄兆辉等（2008）提出了使用速度控制点法进行建模，即利用地震反射层作为速度模型控制层，用大断层两端的断点做控制点的方法进行层速度模型的建立，有效地克服了以往时深转换带来的地震成像的畸变影响。

地震波速度是联系地层界面深度与地震波反射时间的纽带，更是时深转换的桥梁。井震联合速度建模可以分别采用以地震为主的速度建模方法（叠加速度分析、偏移速度分析、层析速度反演等）和以测井为主的速度建模方法（克里金估计法、随机模拟和随机反演法等）。以地震为主的速度建模方法建立的速度场横向连续性较好，但算法稳定性和纵向精度等有待进一步提高。以测井为主的速度建模方法建立的速度场精度较高，可靠性好，但计算效率仍需改善。通过加强井震资料之间在不同尺度和频率特征方面的匹配，并在相关方法中加强约束条件的使用能够有效提高井震联合速度建模的准确性和可靠性，进一步加强时深转换过程中的不确定性分析，有助于提高利用井震联合速度建模开展时深转换的精度（张志明等，2016）。

由时间域向深度域的转换是高陡构造处理的一个重要环节。由于速度横向急剧变化，在偏移剖面上产生的假象应该在时深转换中得到校正，而层速度时深转换则是完成这一校正的较好方法。随着高陡构造勘探程度的加深，勘探精度的提高，正确合理的时深转换模型更为重要。目前形成有两种形式的层速度时深转换速度模型，即同层层速度时深转换速度模型和串层层速度时深转换速度模型，而这两种层速度时深转换速度模型均未完全解决大断层附近速度陡变的实际情况，仅是在不同程度上将误差降低或消失在一定范围之内。

## 二、构造图编制

地震反射构造图是地震勘探最终图件，是为钻探提供井位的主要依据。构造图制作步骤：

（1）描绘测线平面图。包括测线底图、测线号、井位、主要地物及经纬度。

（2）资料的检查（地震解释结果）。检查标志层地质属性的正确性、层位数量是否符合地质任务；层位是否闭合，闭合差是否在允许的范围内；断层、不整合等地质现象是否合理；相邻剖面解释是否有矛盾。

（3）取数据。在剖面上，依据构造图比例尺确定取数据点的距离，原则是以能控制该层的构造形态为宜。对所选的作图层位，按数据点间隔距离和测线交点处取等 $t_0$ 值或深度值（包括层位的数据、断点有关数据，尖灭、超复点数据等）。

（4）制作断裂系统图（断点的平面组合）。

（5）等值线的绘制。找出层面上最高点、最低点或者高程突变的位置（往往显示断层），分析这些高程变化的趋势，初步确定构造性质和轮廓，了解褶皱脊线或断层线的大概位置。

为了研究羌塘盆地局部构造的成因机制、圈闭类型，在完成地震剖面的解释工作后，对三个地震测线相对集中的区块（半岛湖、托纳木和鄂斯玛地区），编制了相关构造图件。对半岛湖地区编制了肖茶卡组底界面、布曲组底界面及夏里组底界面的等 $t_0$ 构造图；对托纳木地区编制了 TJ*b* 反射层等 $t_0$ 构造图；鄂斯玛地区编制了 TJ 反射层（侏罗系底界）等 $t_0$ 构造图（图 6-14～图 6-16）。

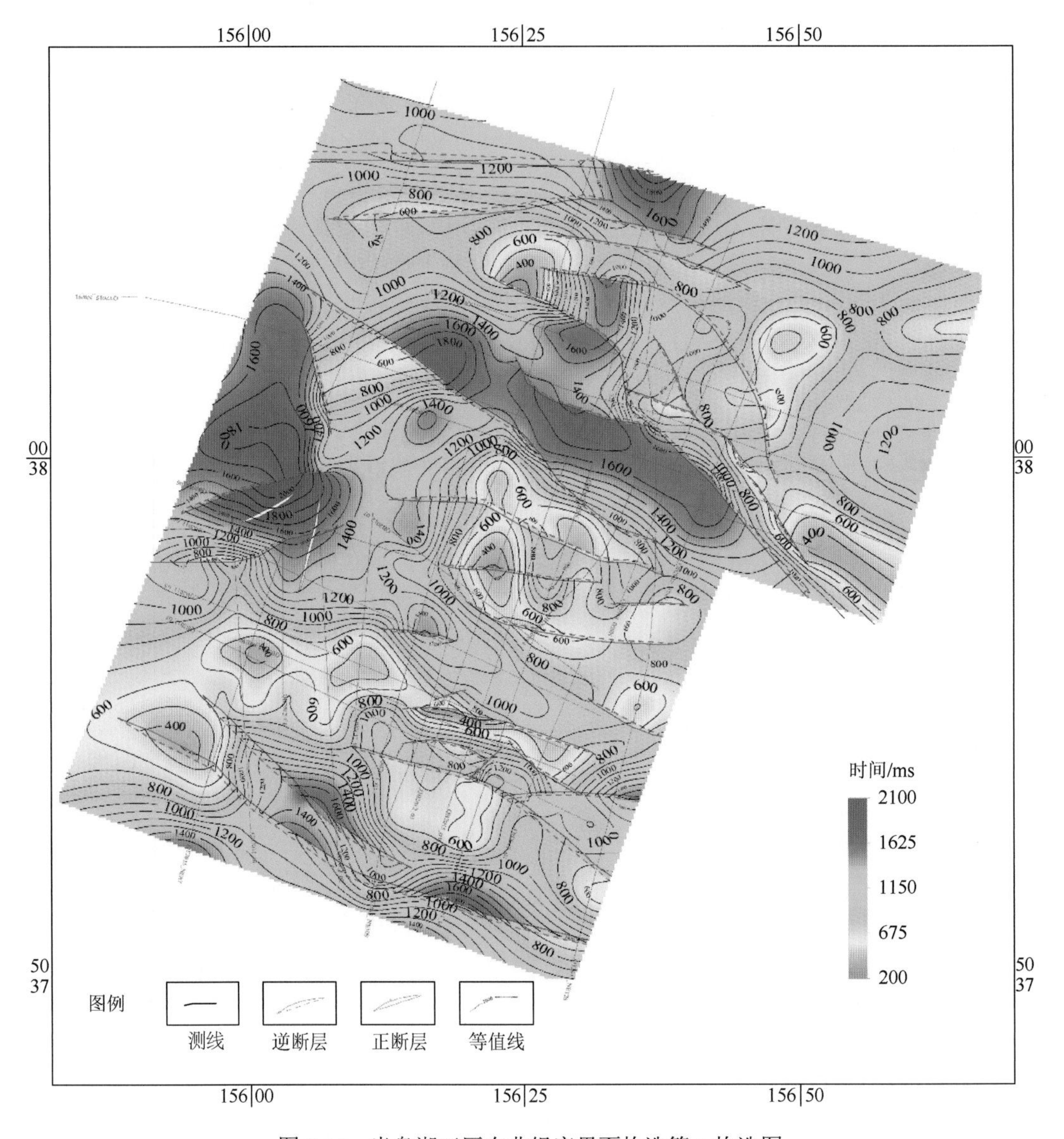


图 6-14　半岛湖工区布曲组底界面构造等 $t_0$ 构造图

地震采集数据成图除了构造图编制之外，还包括视厚度图、资料品质分布图、构造演化剖面图及地震地质解释剖面图编制。

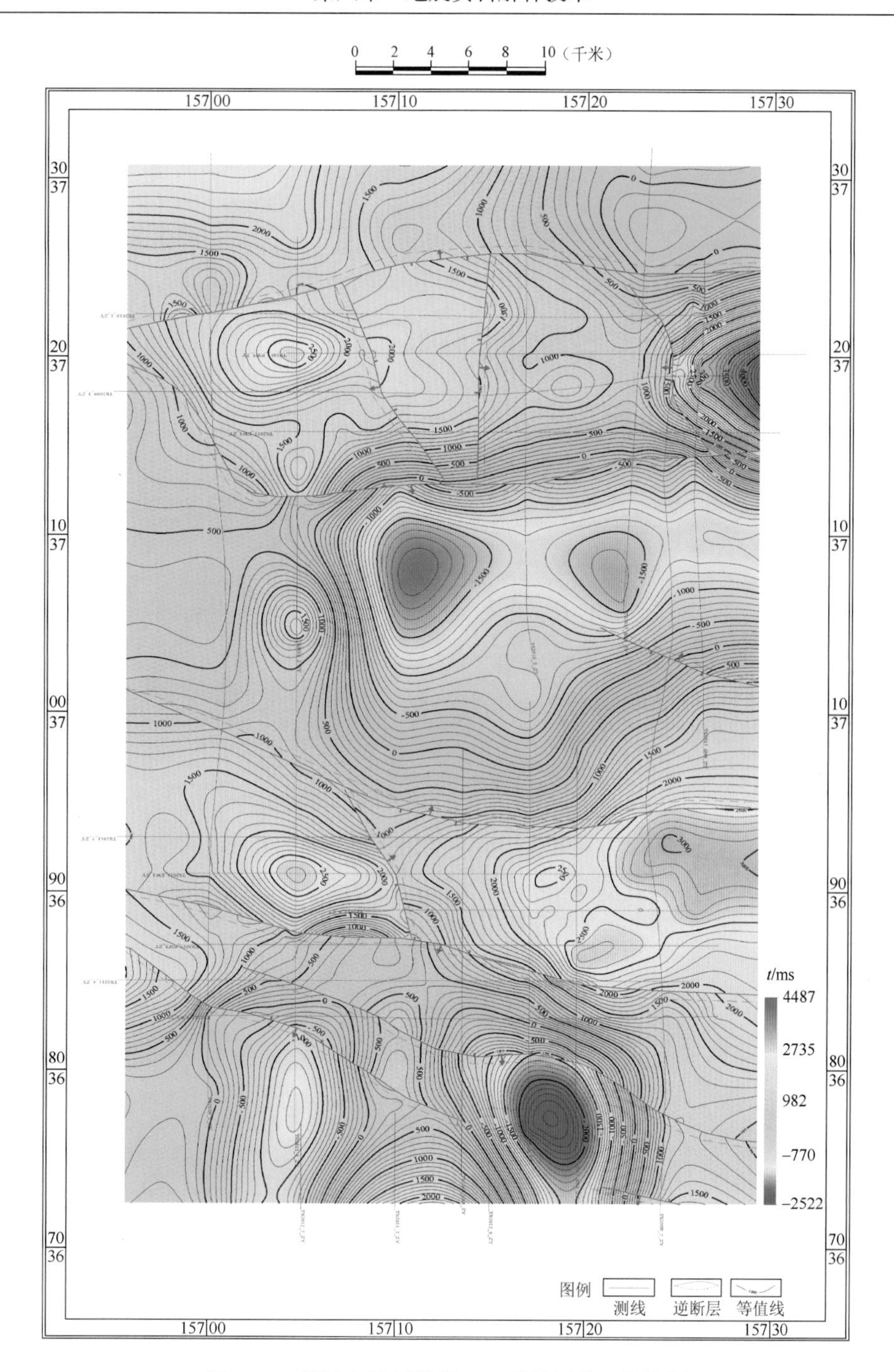


图 6-15　托纳木地区地震 TJ$b$ 反射层等 $t_0$ 构造图

1）视厚度图编制

视厚度图反映了地层厚度变化，以此判断沉积物来源方向、沉积与构造发育历史。视厚度图编制大多采用下、上两个深度域地震反射层数据相减，获得铅直地层厚度，经双弧成图软件计算和适当平滑而成。

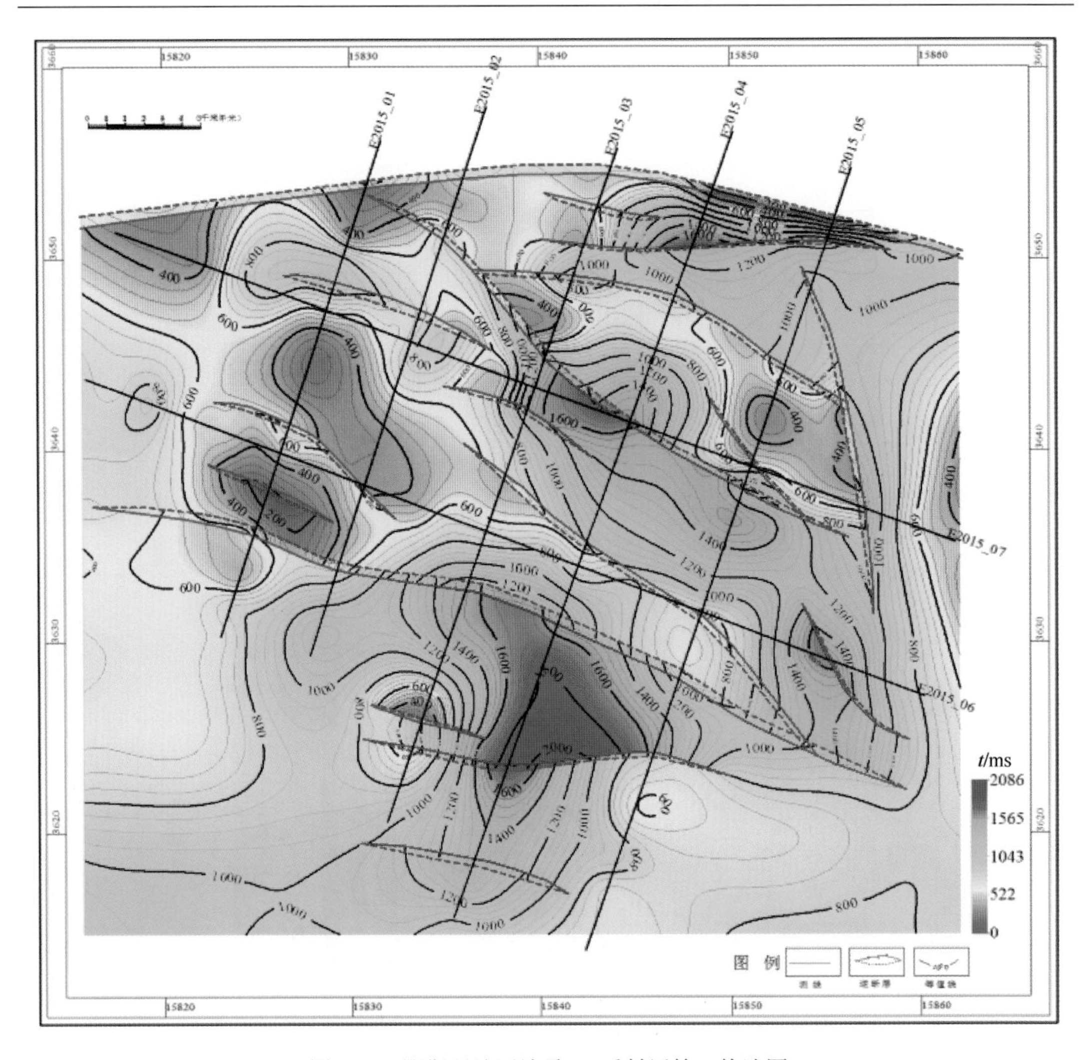


图 6-16　鄂斯玛地区地震 TJ 反射层等 $t_0$ 构造图

2）资料品质分布图编制

在完成所有剖面层位对比后，由解释软件自动统计每条测线层位的Ⅰ、Ⅱ、Ⅲ级品质剖面段范围及长度，在此基础上绘制资料品质分布图。

3）构造平衡演化剖面图

根据平衡剖面原理，从构造地质学基本原理出发，采用“地层回剥”方法编制构造演化剖面，使地质概念上的平衡、地质逻辑上的合理与几何学上的平衡达到统一，恢复研究区构造-沉积演化史。

4）地震地质解释剖面图编制

根据地震剖面地质解释成果，利用深度域地层剖面图及高程数据，编制地震地质解释剖面图，用不同地层颜色直观地展示工区地层变化规律及构造起伏特征，如选取QB2015-03SN、QB2015-07SN、QB2015-09EW、QB2015-10EW 四条地震测线，可构成“井”字形地震地质剖面。

# 第五节　质量控制技术

鉴于青藏高原地震资料解释的特殊性，地震资料解释的质量控制极其重要。技术质量控制主要分为解释方案验证和过程质量控制两个方面，包括剖面的解释要符合实际情况、断层位置和构造形态要合理，根据行业技术标准和工程要求，制定严格的地震资料解释过程工序，并对关键工序进行严格把关。

## 一、解释方案验证

### （一）平衡剖面技术

在构造地质研究中，剖面是交流信息的重要工具。因此对剖面的解释须符合实际。平衡剖面技术是根据物质守恒定律提出的。平衡剖面技术是一种遵循几何守恒原则而建立的地质剖面正反演方法，是构造变形恢复的重要手段。借助该技术可以检验剖面地质特征的合理性，为剖面提供更多的限制条件。对于一条剖面而言，剖面的缩短与地层的加厚、叠覆是一致的，否则就不能保持剖面面积的守恒，平衡剖面正是根据这一原理提出了面积守恒、层长一致、位移一致、缩短量一致等几何学法则的限制条件，结合一个地区构造演化的具体实际，反演和解析构造-沉积演化的历程，在很多地区构造地质研究中得到了广泛的应用。

例如，选择 QB2015-03SN、QB2015-09EW 测线形成“十”字剖面进行平衡剖面制作，剖面平衡，符合研究区构造演化史。

### （二）相干技术验证

相干技术是油气勘探中的有效技术之一，它是利用相邻地震道的相似性来确定地震属性的空间分布，进而解释地质体和地质构造的空间分布，相干技术的本质是对地震数据相似性度量，通过特有的相干算法将常规地震数据转换为相干数据。

为了准确地定位断层的位置，提高断层解释的精度，根据剖面上断层的可识别程度，断层解释中动态地对有必要的测线进行相干处理，对解释的断层位置进行验证。在相干剖面上，研究区解释的断层位置往往表现为相干性差，表明解释的断层位置和构造形态合理（图 6-17）。

## 二、过程质量控制

### （一）资料处理解释一体化工作

该工作采用地震资料处理、解释一体化的项目技术实施方案。地震解释人员充分参与到地震处理环节中，根据研究区区域构造-沉积特征，建立研究区可能的地质模型。此外，解释人员与处理人员结合，在处理与解释过程中一起对速度谱分析、能量团拾取、可信速度谱点的选择、速度基准面的校正，建立合理的速度数据体，用于进行时深转换。处理、解释一体化的重要内容，还体现在地震解释人员参与到地震数据偏移处理过程中，并对最终叠加剖面及偏移剖面的效果进行分析评价与质量控制。处理、解释一体化的技术实施方法能较好地对地震剖面上的地质信息进行更准确的把握及去伪存真，为获得合理的地震解释方案打下基础。

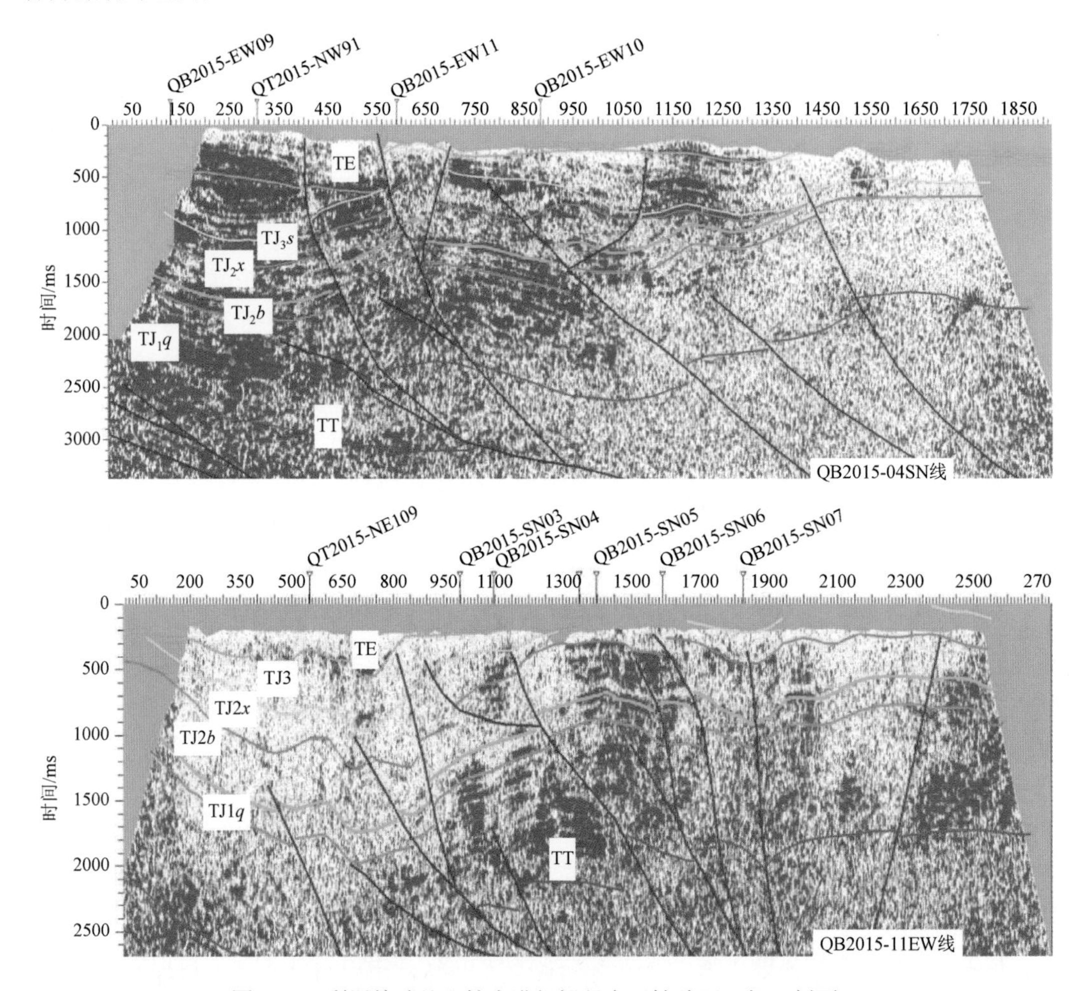


图 6-17　利用特殊处理技术进行解释合理性验证（相干剖面）

## （二）资料解释过程的质量控制

根据行业技术标准和工程要求，制定了严格的地震资料解释过程控制程序，解释过程分 9 个工序（图 6-18）。并对其中的“地震反射层地质层位标定”“地震剖面对比”“速度模型建立与时深转换”和“构造图编制”四道关键工序进行严格把关，审查合格后方可继续下一工序。

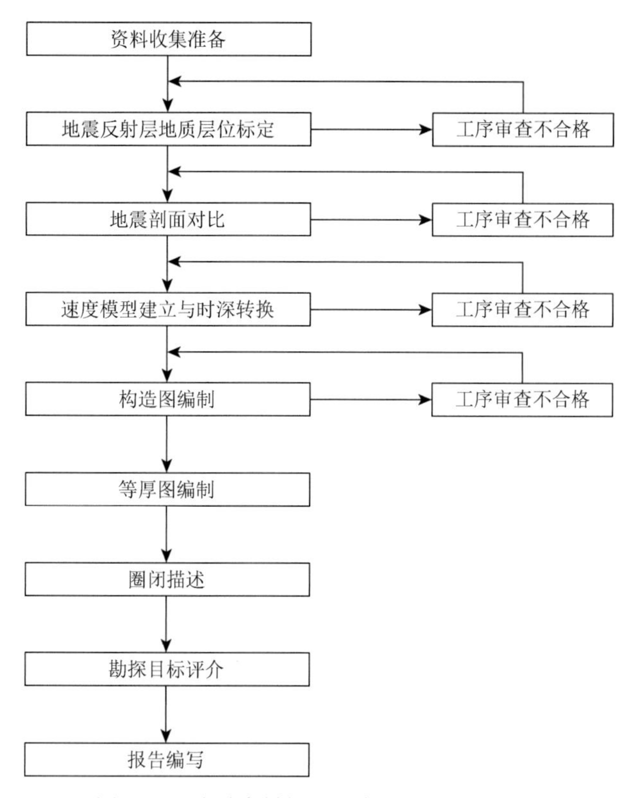


图 6-18　地震资料解释工序质量控制流程图

四道关键工序的质量控制方法如下：

（1）地震反射层地质层位标定。充分利用地质露头标定、区域速度参考、波组特征标定等方法互为参考，结合区域构造-沉积资料，验证地质层位的合理性。

（2）地震剖面对比。通过以下方法验证地震剖面对比解释的合理性：相交测线闭合验证；地面露头资料、区域地质资料、层序资料验证；平衡剖面验证。

（3）速度模型建立与时深转换。速度是地震资料解释的一个关键变量，其结果直接关系构造成图的精度。验证的方法是：选取地震处理中提供的强反射波能量团的叠加速度验证；利用构造形态起伏规律验证。

（4）构造图编制。采用与剖面特征相结合的方法进行分析验证，构造图上的等值线起伏形态应与剖面的起伏形态一致；构造图反映的构造特征与区域基本构造特征吻合；与区域构造发育演化史吻合。

# 第七章　羌塘盆地二维地震勘探技术综合研究

羌塘盆地油气资源勘查突破对国内能源供应安全保障、促进我国经济社会可持续发展具有重大的意义。但由于羌塘盆地冻土发育、构造复杂等原因，地震勘探长期难以取得较好效果，导致部分地区构造调查精度达不到勘探部署要求，严重影响了油气勘探的突破。经过多年来对羌塘盆地的地震勘探攻关和探索，在系统总结 2015 年取得的地震勘探相关突破技术的基础上，本章对该区二维地震勘探的数据采集、数据处理和地震解释三大方面的核心技术进行全面的研究，为高原地区二维地震勘探提供科学的技术参考。

## 第一节　地震数据采集技术研究

羌塘盆地二维地震采集技术主要包括近地表结构精细调查技术、观测系统优化技术、地震波激发技术、地震波接收技术和现场监控处理技术等 5 方面，通过羌塘盆地多年地震勘探实践，总结出目前勘探效果最好的高原地震勘探数据采集技术。

### 一、技术手段

在总结分析羌塘盆地地震勘探数据采集经验技术的基础上，本章总结归纳了羌塘盆地 5 方面的主要采集技术，具体技术手段内容如表 7-1 所示。

**表 7-1　羌塘盆地地震采集技术主要手段及目的**

| 技术名称 | 技术手段 | 目的 |
| --- | --- | --- |
| 近地表结构精细调查技术 | 出露岩性编录<br>小折射方法<br>单井微测井<br>双井微测井 | 获取每条测线的不同点位置的地表岩性、低速层速度、降速层速度、低速层厚度、降速层厚度、高速层速度、高速层厚度等信息 |
| 观测系统优化技术 | 覆盖次数优选技术<br>炮检距优选技术<br>观测系统参数优选技术 | 获取采集效果较好的覆盖次数、炮检距等参数，优选优化观测系统 |
| 地震波激发技术 | 激发井深选取技术<br>激发药量选取技术 | 针对高原不同地表地质条件，优选激发井深与激发药量，以达到理想的激发效果 |
| 地震波接收技术 | 检波器组合技术<br>检波器接收技术 | 优选最佳的检波器组合与接收排列方式，达到理想的地震信号接收效果 |
| 现场监控处理技术 | 原始炮记录监控技术<br>现场监控处理技术 | 及时发现并处理现场地震信号采集中出现的问题，保证采集的原始地震资料品质 |

## 二、技术内容

通过羌塘盆地地震勘探数据采集技术综合研究，获取了采集效果较好的数据采集参数组合（表 7-2），可为羌塘盆地后期地震数据采集参数的选取提供科学依据，并为高原地区地震数据采集提供参考。

**表 7-2　羌塘盆地地震采集技术主要内容参数**

| 采集系统及内容 | | 参数 |
| --- | --- | --- |
| 观测系统 | 观测系统 | 3L2S，5985-15-30-15-5985 |
| | 炮点距 | 两条炮线，单线炮点距 120m；炮点分布在两边接收线上 |
| | 道间距 | 30m |
| | 接收线距 | 60m |
| | 最大炮检距 | 5985m |
| | 最小炮检距 | 15m |
| | 单线接收道数 | 单线 400 道（3 线 400 道×3 线） |
| | 覆盖次数 | 300 次；产生 5 条面元线，其中 4 条 50 次面元线，1 条 100 次面元线 |
| 地震波激发 | 激发井深 | 高速层顶界面下 7m 井深激发 |
| | 激发药量 | 18～20kg |
| 地震波接收 | 检波器组合技术 | 矩形检波器组合 |
| | 检波器接收技术 | 20DX-10 检波器组；内距 2m、组合基距 22m 等距矩形组合；挖坑埋置，确保耦合效果 |

# 第二节　地震数据处理技术研究

由于羌塘盆地激发接收条件不稳定、高原冻土发育、表层岩性变化大、地下构造复杂等原因，造成以往的地震资料信噪比低、分辨率低、资料品质差等，因此，地震数据处理尤为关键。经过多年地震数据处理攻关尤其是 2015 年地震勘探突破，总结形成了较为有效的高原地震勘探处理技术，主要包括静校正技术、保幅压噪处理技术、地表一致性处理技术、速度分析与叠加技术、偏移成像技术等。

## 一、技术手段

羌塘盆地主要地震数据处理技术手段如表 7-3 所示。

**表 7-3　羌塘盆地地震数据处理技术主要手段及目的**

| 技术名称 | 技术手段 | 目的 |
| --- | --- | --- |
| 静校正技术 | （1）基准面静校正技术（高程静校正、折射静校正、层析成像静校正）<br>（2）剩余静校正（自动剩余静校正、初至波剩余静校正、模拟退火剩余静校正、地表非一致性静校正）<br>（3）波动方程延拓静校正 | 消除地表高程、风化低速层厚度、永久冻土层厚度，以及风化层速度变化对地震资料的影响，把资料归一化到一个指定的基准面上，获取在一个平面上进行采集且没有风化层或者低速介质存在时的反射波到达时间 |
| 保幅压噪处理技术 | （1）规则噪声衰减技术<br>（2）随机噪声衰减技术<br>（3）散射噪声衰减技术 | 压制高原风吹、野生动物群奔跑以及一些人为因素引起的无规则噪声与面波、冻土区浅层多次折射、多次波等规则噪声；保证有效反射信号在压制噪声的过程中少受或不受损伤 |
| 地表一致性处理技术 | （1）振幅补偿技术<br>（2）地表一致性剩余静校正技术<br>（3）地表一致性反褶积技术 | 通过振幅、相位、频率等方面进行多方位的补偿，改善子波稳定性、均衡道间能量，提高深层反射波的能量，消除这种地表空间能量的非一致性，以保持地震波的动力学特征 |
| 速度分析与叠加技术 | （1）速度分析<br>（2）动校正<br>（3）叠加技术 | 提供能使得共中心点道集中所有一次反射波同相轴经过动校正成为平直同相轴的叠加速度场，获取准确的地震叠加数据 |
| 偏移成像技术 | （1）叠前部分偏移 DMO 技术<br>（2）Kirchhoff 叠前偏移技术（时间、深度）<br>（3）波动方程叠前偏移技术（时间、深度） | 将绕射波收敛到绕射点，将反射同相轴归位到真实反射位置，建立地下真实的构造图像 |

## 二、技术内容

本节对 5 种主要处理技术进行了分述，为后期高原勘探二维地震资料的处理提供依据。

### （一）静校正技术

静校正主要是消除高程、风化层速度、风化层厚度以及参考基准面对地震资料影响的一种校正方法，本章介绍的静校正技术主要包括基准面静校正技术、剩余静校正技术和波动方程延拓静校正技术等三个大方面。

#### 1. 基准面静校正技术

基准面静校正可分为高程静校正、折射静校正和层析成像静校正三大类。

高程静校正是消除风化层和地形影响的校正方法，采用替代速度将震源和检波器埋置点垂直校正到基准面上，通过剥离风化层、剥离地形、建立浮动基准面、校正到浮动基准面、矫正到最终基准面等 5 个步骤计算高程静校正量，然后进行高程静校正。

折射静校正是通过高低频分离技术，分析初至波，得出近地表地层速度和厚度估算值，提取低频、高频分量，归一化合成新的静校正量，进行折射静校正，主要包括 ABC 法、延迟时法、互换法、广义互换法、扩展的广义互换法等。

层析成像静校正技术主要包括折射层析成像静校正和初至层析成像静校正两种方法。折射层析成像静校正法是通过数据驱动，极大降低因与数据无关的假设引入假象的影响因素，利用公式计算剩余旅行时间，估算短周期静校正量，完成折射层析成像静校正工作。初至层析成像静校正（地震波走时层析成像校正）主要利用岩体走时信息重建其速度分布，与折射层析成像静校正的区别在于其侧重于初至信息的利用，对时间拾取值的精度比较敏感。

#### 2. 剩余静校正技术

剩余静校正技术主要包括自动剩余静校正、初至波剩余静校正、模拟退火剩余静校正、地表非一致性静校正四大静校正处理技术。自动剩余静校正主要通过建立模型道、求取道间时差、震源点剩余静校正计算等步骤来实现消除基准面静校正后剩余部分的静校正量，达到同相叠加的目的。初至波剩余静校正主要是利用初至波能量和各道初至相似的特点，采用中值滤波的方法，选取中值时差，求取剩余静校正量。模拟退火剩余静校正技术为非线性反演技术，能较好克服低信噪比、大校正量问题造成的周期跳跃问题。地表非一致性静校正处理技术是一项有待继续研究的技术，在地震剖面信噪比低、资料差时可适当采用。

#### 3. 波动方程延拓静校正技术

波动方程延拓静校正技术主要是在利用弯曲射线层析成像估算出速度的基础上，向下延拓震源记录，主要包括弯曲射线层析成像和波动方程延拓两部分。具体步骤主要包括：定义近地表速度与深度函数；将地震数据从浮动基准面向下延拓到指定的基准面上；利用常速度场，将地震数据从目标基准面向上延拓至平基准面上。

### （二）保幅压噪处理技术

保幅压噪处理技术主要包括规则噪声衰减技术、随机噪声衰减技术和散射噪声衰减技术，其中散射噪声衰减技术是一个新发展领域，暂不介绍。规则噪声衰减技术采用自适应面波压制、分频压制面波和压制多次波等处理技术，达到消除规则噪声的目的。随机噪声衰减技术是按最小平方误差法对每一频率确定一个预测滤波器，输出可预测部分频率谐波后，利用反傅里叶变化，得出地震记录可预测部分。

### （三）地表一致性处理技术

地表一致性处理技术是通过振幅、相位、频率等方面进行多方位的补偿，利用振幅补偿、地表一致性剩余静校正和地表一致性反褶积处理等技术，以改善子波稳定性和道间能量，进而达到真实反映地下地质特征的目的。

振幅补偿技术主要利用振幅恢复、球面扩散补偿和地表一致性振幅校正等技术实现地表一致性振幅控制。与地表一致性振幅补偿技术相比，地表一致性剩余静校正是计算剩余时差的分量，并估算和校正剩余静校正量，实现 CMP 道集的同相叠加，解决受地表影响引起的地震记录时移问题，提高速度分析的精度和动校正的效果。由于震源激发条件和检波点接受条件差异，单道反褶积计算出的反褶积因子具有不稳定性，因此采用多道的地表一致性反褶积技术，以克服地表和随机噪声的影响，解决地表一致性问题，增强子波的一致性。

### （四）速度分析与叠加技术

速度分析与叠加技术主要是通过制作速度谱或速度扫描确定地震叠加速度来完成速度分析，在此基础上进行后期动校正和叠加相关处理，主要包括速度分析、动校正和叠加三大处理技术。

速度分析技术主要包括速度谱技术（叠加速度谱和相关速度谱）、速度扫描技术和高阶速度分析技术三大方面，以获取准确的叠加速度、均方根速度和正常时差等地震参数，进而得到可信的速度参数。动校正处理是在叠加速度分析基础上进行的，根据双曲线时距方程计算反射同相轴的轨迹，从而计算轨迹上各点的动校正量。叠加技术是利用动校正后的一次反射信号的统计相似性压制噪声能量和多次波，提高信噪比的处理方法。现阶段普遍认为共反射面元叠加效果较好，地震勘探实践表明，该方法的有效反射信息的连续性得到加强，能大幅度压制随机噪声，明显提高信噪比。

### （五）偏移成像技术

偏移成像技术的主要目的为归位反射同相轴到真实位置，建立地下真实的构造图形，主要技术方法包括叠前部分偏移倾角矫正技术、Kirchhoff 叠前偏移技术和波动方程叠前偏移技术三种。

为了解决倾角的反射信息被压制的问题，发展形成了倾角时差校正叠加技术（DMO），由于该技术只做了部分偏移工作，也被称为叠前部分偏移，分两步按公式进行动校正处理（详见第五章）。

Kirchhoff 叠前偏移技术主要包括叠前时间偏移和叠前深度偏移两种，是目前应用较广泛的叠前偏移技术。叠前时间偏移的基础是计算地下散射点的时距曲面，依据绕射积分理论，时距曲面上的所有样点相加即为该绕射点的偏移结果。叠前深度偏移技术是在波动方程 Kirchhoff 积分解基础上建立深度域速度模型，通过积分公式实现波场反向延拓的一种技术。

波动方程叠前偏移技术包括叠前时间和深度偏移，叠前时间偏移技术可抽取偏移后道集数据，进行反动校正、速度分析和叠加，使叠加效果更好。波动方程叠前深度偏移主要是基于波动方程利用外推算子将地震波场深度外推，不同的外推算子特点各异，针对性处理不同地震资料。

## 第三节　地震解释技术研究

在对羌塘盆地已有地震资料深入分析和综合研究基础上，结合地质、钻井、录井、测井等资料验证效果，总结形成了羌塘盆地地震资料解释技术，主要包括资料品质评价技术、地震地质层位标定技术、构造解释技术、编图技术和质量控制技术等，可为高原地震资料解释提供科学参考。

## 一、技术手段

羌塘盆地二维地震资料解释技术主要包括五大方面（资料品质评价、地震地质层位标定、构造解释、编图和质量控制），每种解释技术针对性的完成不同地震解释任务，具有相应的技术手段和目的，本节通过表格形式简述（表7-4）。

**表7-4　羌塘盆地地震解释技术主要手段及目的**

| 技术名称 | 技术手段 | 目的 |
| --- | --- | --- |
| 资料品质评价技术 | （1）地震剖面资料品质定级<br>（2）地震剖面资料品质评定 | 找出原始资料存在的问题，把握需要解决的难点，为特定地震解释技术的选取提供依据 |
| 地震地质层位标定技术 | （1）地质剖面“戴帽”<br>（2）速度反算<br>（3）地震相标定 | 利用地震波组特征，结合区内钻井、录井、测井资料，综合标定地震剖面上的相应反射层位 |
| 构造解释技术 | （1）地震地质剖面恢复与对比<br>（2）反射波形特征<br>（3）断层解释及其组合<br>（4）地震属性分析 | 分析剖面上各种波的特征，确定反射标准层层位和对比追踪，解释时间剖面所反映的各种地质构造现象，绘制反射地震标准层构造图 |
| 编图技术 | （1）时深转换速度模型构建技术<br>（2）构造图编制技术 | 运用等值线（等深线或等时线）及地质要素（断层、尖灭、超复等）构建某一地质体的构造或地层特征的平面图件 |
| 质量控制技术 | （1）解释方案验证<br>（2）过程质量控制 | 验证解释可靠性，制定严格科学的地震资料解释过程控制工序，确保地震解释准确性 |

## 二、技术内容

在对羌塘盆地托纳木-笙根、隆鄂尼-玛曲及半岛湖重点区块已有地震资料深入分析和综合研究的基础上，总结形成具有青藏高原特色的地震资料解释技术，主要内容如下：

### （一）资料品质评价技术

对高原地震资料的解释过程中，原始地震资料的品质评价起着不可忽视的作用，对二维地震资料偏移剖面品质的评价制约着地震勘探分析的效果及精度。地震偏移剖面地质评价以偏移剖面为主要对象，通过对研究区原始资料的分析，找到原始资料存在的问题，把握处理过程中需要解决的重点问题，根据勘探地质任务要求和主要目的层地震反射层特征、信噪比、分辨率、偏移归位成像效果、地质现象反映程度等确定。

### （二）地质层位标定技术

利用地震波组特征，结合研究区内钻井、录井、测井等资料，综合标定地震剖面上的相应反射层位，主要包括地质剖面“戴帽”、速度反算、地震相标定。在青藏高原进行的地质层位标定要注重对该区大的构造轮廓的认识，充分利用地表露头资料，结合区域地质资料、地质模式，对二维测线的地质层位及断裂进行合理的解释。

### （三）构造解释技术

构造解释技术包括：地质剖面恢复与对比、反射波形特征、断层解释及其组合、地震属性分析。以水平叠加时间剖面和偏移时间剖面为主要资料，分析剖面上各种波的特征，确定反射标准层层位和对比追踪，解释时间剖面所反映的各种地质构造现象，构制反射地震标准层构造图。

### （四）编图技术

编图技术运用等值线（等深线或等时线）及地质要素（断层、尖灭、超复等）构建某一的地质体的构造或地层特征的平面图件，主要进行时深转换速度模型构建和构造图的编制。地震采集数据成图还包括视厚度图、资料品质分布图、构造演化剖面图及地震地质解释剖面图编制。

### （五）质量控制技术

地震资料解释的质量控制过程在特殊性极强的青藏高原地区非常必要，技术质量控制技术主要包括解释方案验证和过程质量控制这两方面。

运用平衡剖面技术、相干技术验证进行解释方案验证；确保处理、解释一体化的项目技术实施方案，建立研究区可能的地质模型，根据行业技术标准制定严格的地震资料解释过程控制工序，解释过程分四道关键工序，并进行严格把关。

# 第八章　羌塘盆地二维地震勘探实践

羌塘盆地的二维地震勘探工作最早是由石油公司开展，但受控于青藏高原特殊地震地质和复杂构造条件，以及当时的技术水平，即使采用当时较为先进的精细处理技术，也未能形成一条区域性基准剖面，仅有一些剖面的局部被用于石油构造解释。中国地质调查局成都地质调查中心于2015年在羌塘盆地开展了二维地震数据采集攻关与测量工作，获得了高品质的二维地震数据，取得了羌塘盆地二维地震勘探实践的实质性突破，并且已在半岛湖重点区块实施羌科1井钻井工程，获取了连续、完整的地层、岩性、测井资料，能够对半岛湖重点区块二维地震资料进行进一步约束。本章主要介绍在中国地质调查局成都地质调查中心2015年获取的高品质地震资料的基础上，进一步开展的地震数据处理与解释工作。

## 第一节　半岛湖重点区块二维地震勘探实践

### 一、概况

半岛湖重点区块位于羌塘盆地北拗陷腹地，在前期二维地震勘探工作基础上，于2015年完成测线9条，满叠长度260.61km，获取合格有效单炮记录5509张。在羌科1井约束下开展数据处理工作，在进行数据处理前，通过试验，选取合适的弯线定义面元条带宽度尺寸，实现最优叠加效果；开展高程静校正、折射波静校正和层析静校正方法试验，优选静校正方法解决该区长波长静校正问题；利用剩余静校正方法解决该区中、短波长的静校正问题；认真分析干扰波产生的原因和特点，优选叠前噪声衰减方法，尽可能采用保幅噪声衰减技术压制各种干扰波，提高地震反射资料信噪比；通过地表一致性振幅补偿技术和地表一致性反褶积处理技术，消除地震资料在振幅、频率、相位等方面的差异，统一地震资料品质；采用常速扫描及多种速度分析方法相结合，建立较高精度叠前时间偏移速度场，采用井约束二维拟三维建立叠前深度偏移速度模型；开展偏移方法和偏移参数试验，优选偏移方法和关键处理参数，确保偏移归位准确。

### 二、地震数据采集

半岛湖重点区块内近地表结构及深部地震地质条件复杂（双复杂地区）以及气候条件多变等方面制约着高信噪比资料的获取。针对近地表结构复杂、表层岩性变化大、激发接收条件不稳定因素，包括在沼泽、河滩区的第四系卵石覆盖区接收条件较差，风化冲积层较厚段，激发能量和频率衰减极快，导致面波、折射波等干扰波发育，造成资料信噪比低。

因此在本次地震勘探过程中，数据采集时，在震源激发及检波器接收端分别采用针对性措施进行改进，包括在激发方面选择具有代表性的点位进行生产前激发因素试验，对每个试验点进行岩性录井分析，对每个试验点开展单井、双井微测井调查，获取表层结构数据，在试验资料详细充分的定性和定量分析基础上，确定有针对性的采集参数，确保采集的资料有足够的信噪比；充分利用宽线观测系统特点，对高陡地形段采用“避高就低、避陡就缓”的方式布设炮点；采用微测井进行表层结构调查，找到高速层顶界面；结合出露岩性和地形变化及近地表调查解释成果逐点设计井深药量，保证在高速层中激发，有效降低资料受低频面波干扰，提高激发资料的信噪比。成立二次闷井小组，在放炮前 24 小时，对井位进行二次闷井，确保激发井深和闷井质量，保证激发能量下传，提高激发资料的信噪比；在构造高点进行加炮：如测线 QB2015-05S 在构造高点（桩号 2650 附近）加炮 30 炮，万安湖加炮 25 炮；QB2015-10EW 在构造高点（桩号 3000 附近）加炮 50 炮。在接收方面，通过攻关试验（接收因素验证试验）选取适宜的接收因素：检波器采用挖坑埋置，埋置必须做到“平、稳、正、直、紧”，并使组合图形中心对准测量标志、控制组内距离，清除检波器坑周围的浮土、杂草，降低高频微震干扰，然后埋实并掩土回填，改善检波器与大地的耦合效果；检波器组合图形采用组内距 2m、组合基距 22m 等距矩形组合（$\delta x = 2\text{m}$，$\delta y = 4\text{m}$，$L_x = 22\text{m}$，$L_y = 4\text{m}$）。在气候影响方面，由于区内风天多，极易产生高频干扰，野外施工时，使用测风仪监控风速，严禁在高频微震干扰背景较大时施工，风大时严禁放炮，仪器站与监控人员严格对放炮背景进行监控，定时进行背景录制，保证在干扰最小时进行放炮，确保采集资料的品质。通过攻关试验，确定半岛湖重点区块内精细表层结构调查、观察系统、地震波激发及地震波接收时的工作方法与参数。

### 1. 精细表层结构调查参数

采用单井微测井和双井微测井，其中单井微测井采用的仪器型号为 GDZ24 高精度地震仪；采样间隔 0.25ms；记录长度为 500ms；记录格式为 SEG-2；前放增益为 18dB；记录极性为监视记录初至下跳，磁带记录初至振幅为负；根据潜水面埋深确定井深；采用井中雷管激发，雷管数量由浅至深逐渐增加，放炮顺序由深至浅，0～5m 雷管间隔 0.5m，5～16m 雷管间隔 1m，16～30m 雷管间隔 2m，井中激发地面接收，5 道接收，偏移距 0m、1m、3m、15m、20m，沿井口扇形布置。双井微测井激发因素采用 A 井激发，激发间距 1m，井深由试验确定（必须保证高速层有 4 个以上采样点），2～6 个雷管组合激发；接收因素采用 B 井井底、井口各埋置 1 个检波器。A 井井口放置 1 道检波器，距离井口 1m、2m、3m、4m 分别埋置 1 道，5 道检波器在同一直线上。其他因素与单井微测井相同。

### 2. 观测系统参数

采用 3L2S 宽线观测系统，仪器型号为 428XL 数字地震仪，采样间隔 1ms，记录长度 6s，采集盒增益 12dB，高截频滤波器采用线性相位，不加陷波，高截频 0.8FN，采用 SEG-D 记录格式，监视记录初至下跳，磁带记录初至振幅为负。

3. 地震波激发系统参数

采用炸药震源，在不同岩性出露区、不同地形地貌带采用不同的井深与炸药量。在侏罗系砂泥岩出露区的激发井深高速层以下7m激发，最浅井深不小于18m；激发药量18～20kg，其中山谷18kg，山坡及山顶20kg。在灰岩与砂泥岩互层区的激发井深高速层以下7m激发，最浅井深不小于18m；激发药量20～22kg，其中山谷20kg，山坡及山顶22kg。在河滩卵石覆盖区的单井激发井深高速层以下7m激发，最浅井深不小于18m；单井激发药量18～20kg，其中河滩低处18kg，河滩高处20kg。在河滩成单井极其困难的地段采用组合井激发，具体组合方式：2×15m×10kg、3×12m×6kg。

4. 地震波接收系统及参数

检波器型号为20DX-10检波器，采用组内距2m、组合基距22m等距矩形组合（$\delta x=2$m，$\delta y=4$m，$L_x=22$m，$L_y=4$m），检波器挖坑埋置，因地制宜，确保耦合效果，并且埋置时必须做到实、直、准、不漏电，检波器中心坑应对准测量点位标记，同一道检波器埋置条件应基本一致。大小线铺设紧贴地面放置，避免大小线摆动产生的高频干扰。

## 三、地震数据处理

### （一）层析静校正技术

针对本工区资料特点，处理中选用层析静校正的方法解决静校正问题。应用层析静校正后单炮记录的初至波连续性好，单炮记录上反射波同相轴呈双曲线特征，叠加剖面的反射波同相轴的连续性明显增强，信噪比提高。所有测线层析反演静校正计算完成后，需要对全区的层析反演速度模型以及静校正量（图8-1）进行闭合检查，确保所有测线的速度模型和静校正量都能闭合。

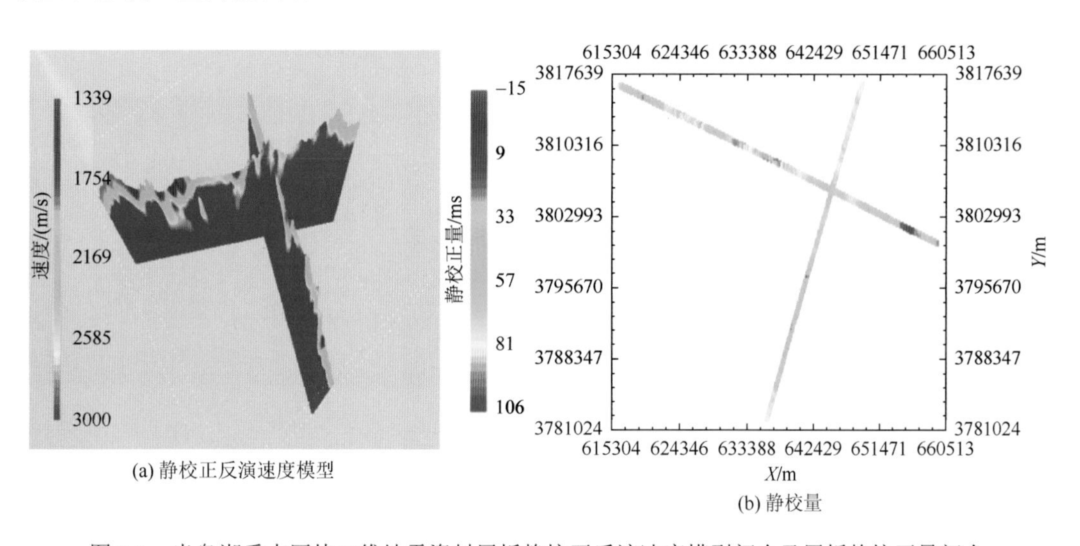


(a) 静校正反演速度模型

(b) 静校量

图8-1　半岛湖重点区块二维地震资料层析静校正反演速度模型闭合及层析静校正量闭合

## （二）复合多域噪声衰减技术

遵循“先强后弱、多域联合、叠前叠后”的原则去噪，采用保幅去噪方法、噪声压制与振幅补偿相结合，达到相对保幅目的。加强单炮、预叠加剖面、噪声剖面、去噪前、去噪后频谱等监控，避免损伤有效波。

首先对资料中存在的废炮、坏道、野值和外界干扰等进行编辑和处理，在处理中采用人工交互道编辑方式，逐炮、逐道进行剔除，消除其影响，确保子波预处理的有效性。然后根据原始资料的干扰波分析，分别对异常振幅、面波、线性干扰等干扰波进行有针对性的衰减。采用分频噪声衰减技术衰减高能噪声，同时也衰减掉部分面波干扰，去噪后单炮记录异常振幅基本消除，叠加剖面上有效反射信息可清楚识别（图 8-2）。

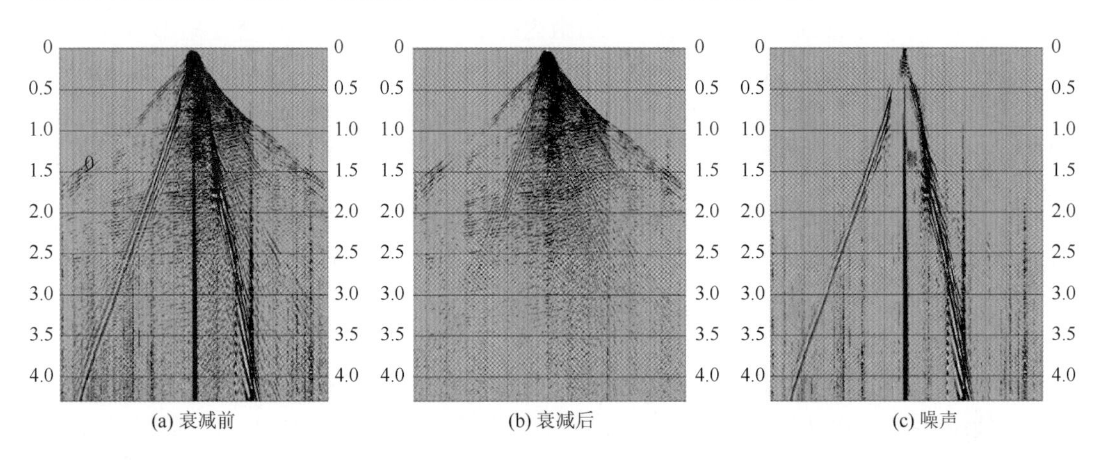


图 8-2　半岛湖重点区块测线 QB2015-07SN 异常振幅衰减前、后单炮记录及噪声

采用自适应线性噪声压制技术去除线性噪声，去噪后单炮和剖面线性干扰噪声基本消除，有效反射波同相轴连续性更好，噪声得到有效的衰减，剖面信噪比提高（图 8-3）。

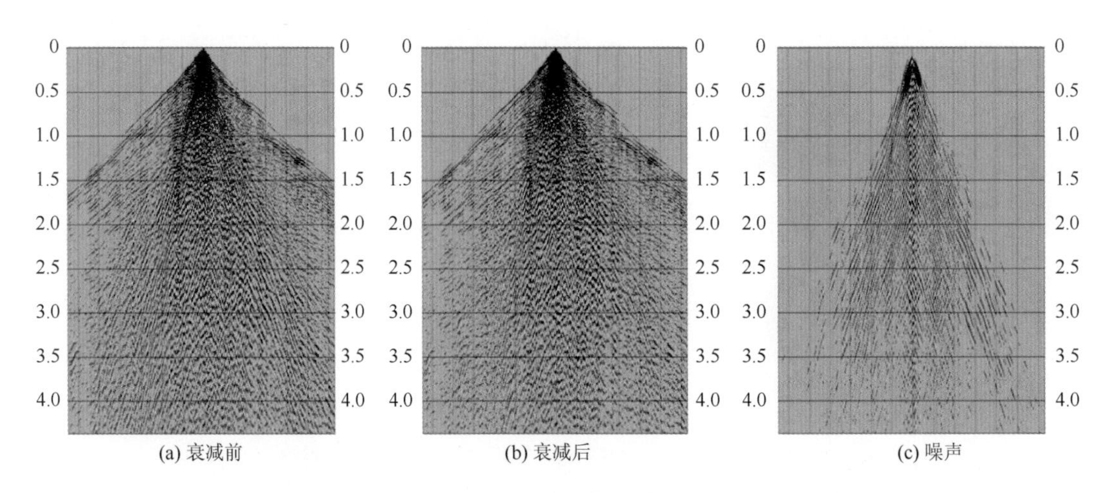


图 8-3　半岛湖重点区块测线 QB2015-07SN 线性噪声衰减前、后单炮记录及噪声

## （三）一致性处理技术

### 1. 振幅补偿技术

球面扩散补偿：球面扩散补偿主要是在时间和偏移距方向上补偿球面扩散与地层吸收引起的振幅衰减，以便恢复地震道的原始振幅。

地表一致性振幅补偿：经过球面扩散补偿和剩余振幅补偿后，仍然存在振幅能量的不一致性，其主要是地表因素引起的，也就是地表非一致性因素导致了炮与炮之间、道与道之间的能量差别，这些因素与岩石物理性质无关，因而处理过程中必须将地表因素消除掉。影响振幅的地表因素主要受激发点位置、激发能量、接收点位置、接收点检波器耦合等。地表一致性振幅补偿的基本前提条件是：地表振幅影响因子对整道是一个常数；同一炮的所有道具有相同补偿因子；同一接收点的所有道具有相同的补偿因子；输入数据经过静校正、球面扩散补偿。

通过球面扩散补偿、地表一致性振幅补偿之后，消除了激发因素、接收因素等对地震波振幅的影响，使不同炮之间和道之间的能量差异趋于一致（图 8-4）。

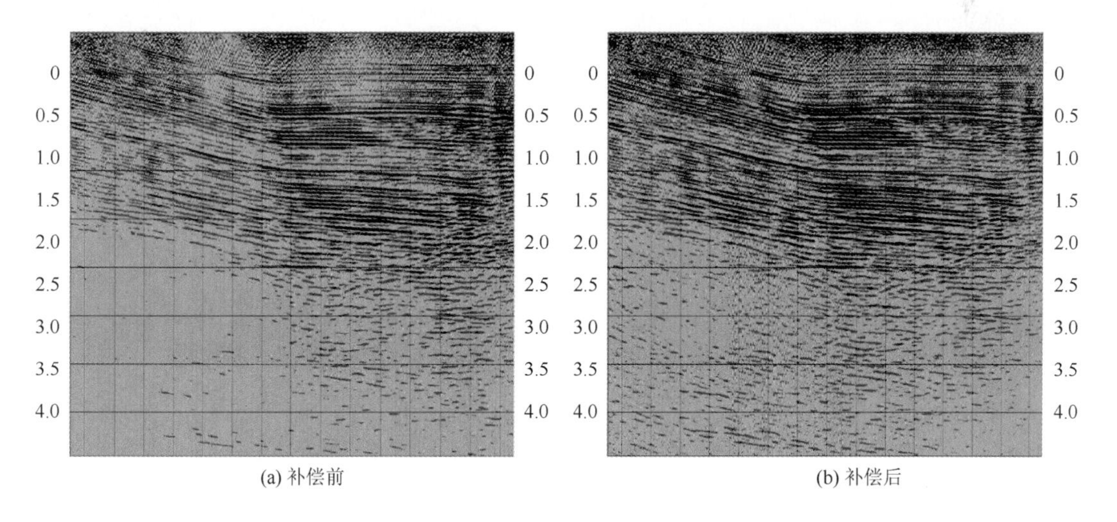


(a) 补偿前　(b) 补偿后

图 8-4　半岛湖重点区块测线 QB2015-07SN 地表一致性振幅补偿前后叠加剖面对比

### 2. 地表一致性反褶积

反褶积是目前公认的提高地震资料分辨率的主要手段。子波处理的目的是消除激发组合、激发耦合、接收组合、接收耦合、近地表上行和下行及由记录仪器引起的空间变化等影响，使反射信号随时间和空间的变化精确地表示地质和地层岩石性质特征的变化。在反褶积处理过程中，首先进行地震子波波形一致性处理，即消除由地表因素横向变化造成的地震子波畸变，然后展宽频带，压缩地震子波，最后对频宽及主频做约束性处理，展宽有效频带，突出优势频带和主频。通过应用地表一致性反褶积，消除地表因素对地震子波的影响，使不同接收条件、不同激发因素的地震子波达到一致，尽可能压缩地震子波，展宽频谱，提高地震资料的纵向分辨能力。用羌科 1 井合成记录标定反褶积后的叠加剖面，剖面主要层位与合成记录较为符合（图 8-5）。

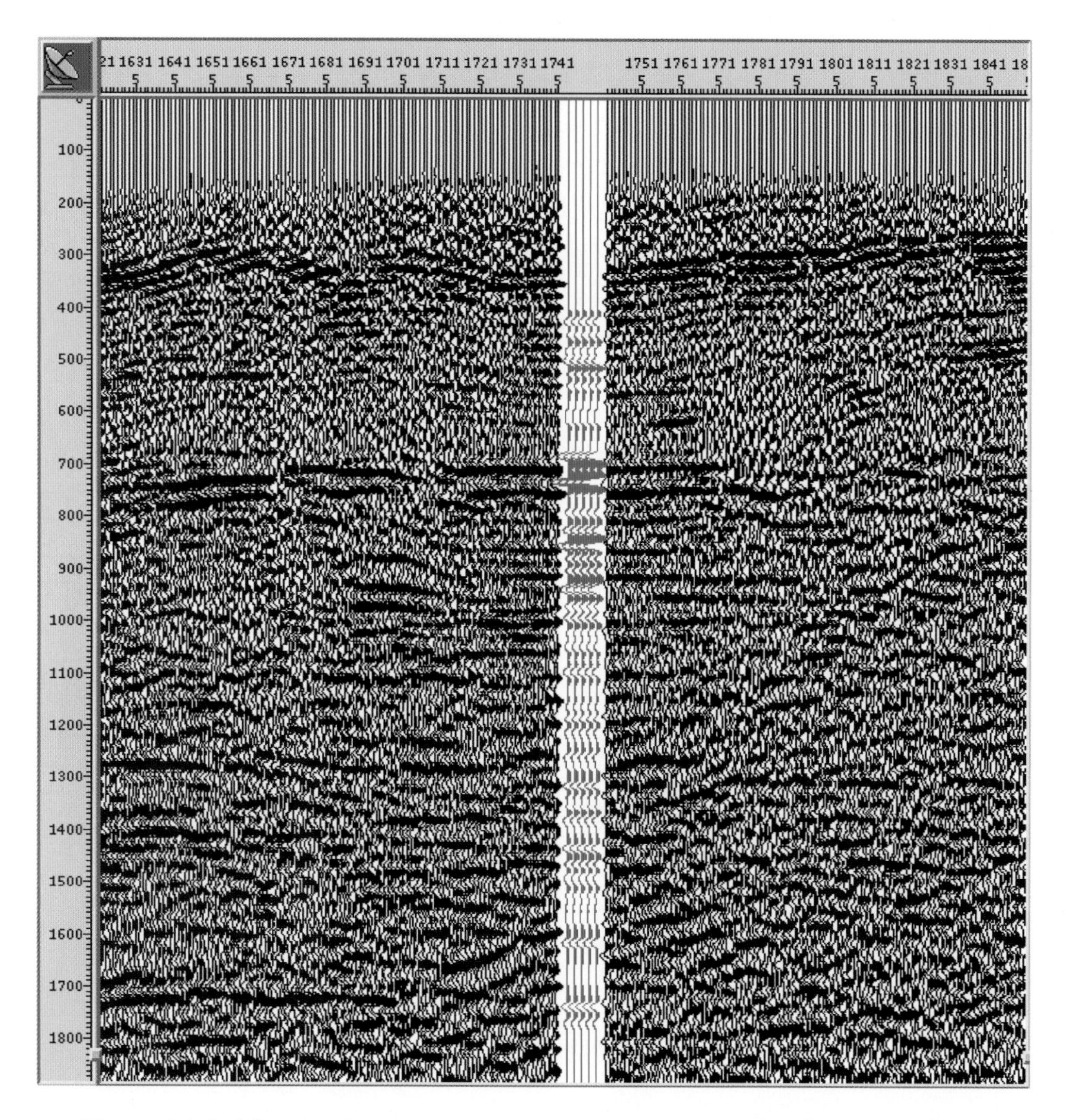


图 8-5　半岛湖重点区块测线 QB2015-10EW 羌科 1 井合成记录与反褶积后叠加剖面层位标定

## （四）双复杂叠前叠后成像技术

### 1. 精细叠加速度分析技术

以新老技术相结合的高精度精细速度建模为基础，“从时间域到深度域，从叠后到叠前”的思路解决低信噪比、地表复杂、地质构造复杂的成像问题。

速度拾取的准确与否和处理的质量有直接重要的关系，是提高剖面品质的关键。它对静校正、叠加、偏移成像以及解释分析、岩性研究都有着重要的作用。在速度分析过程中，先对测线进行 1000～7000m/s、速度间隔 100m/s 的常速度扫描，从宏观把握速度趋势，特别是灰岩出露区，确定速度大致范围；高信噪比区域速度谱能量团聚焦程度好，在速度拾取中主要参考速度谱、CMP 道集、叠加段以及叠加剖面；对速度变化剧烈以及灰岩出露区域，将速度分析网格加密一倍，采用 300m 的速度分析网格，以适应横向速度的剧烈变化；用 CGG 最新速度交互解释工具按 5%、2%的增量进行百分比速度扫描，沿层速度分析，提高速度解释的精度；多次速度分析与剩余静校正迭代后，同相轴连续性明显增强（图 8-6）。

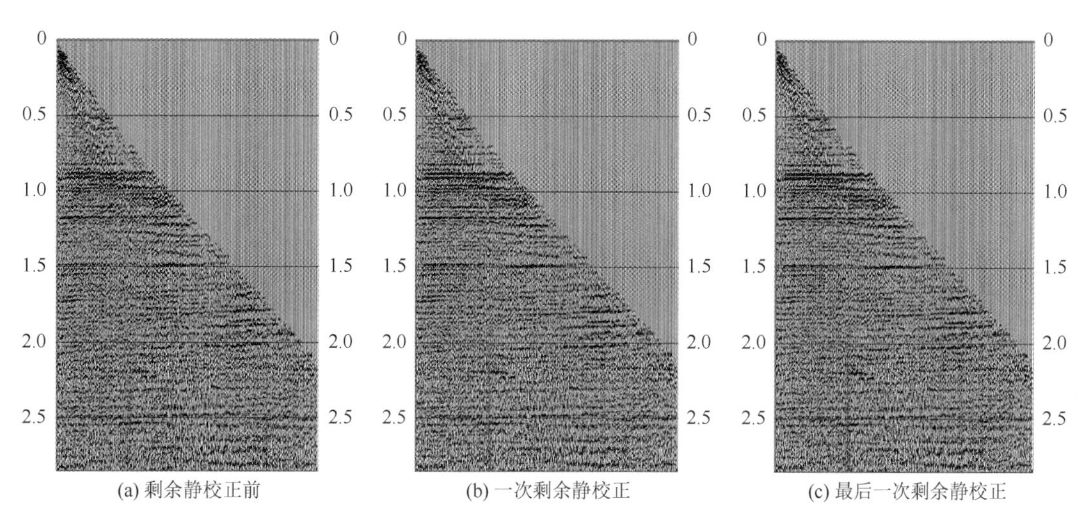


图 8-6　半岛湖重点区块测线 QB2015-07SN 剩余静校正前后道集对比

2. 叠后时间偏移技术

叠后时间偏移速度场，在平滑 DMO 速度场的基础上，采用速度扫描的方法进行调整。每次偏移同步进行五组偏移速度测试，按照 5%、2%的增量，逐步逼近最佳偏移速度，多次迭代分析，速度精度基本控制在 2%左右。采用有限差分波动方程进行叠后时间偏移，该方法偏移噪声小，偏移后，剖面绕射波收敛，断层归位，断点清楚。用羌科 1 井合成记录标定叠后时间偏移剖面，剖面主要层位与合成记录较为符合（图 8-7）。

3. 叠前时间偏移技术

弯曲射线及各向异性叠前时间偏移，其核心技术是弯曲射线偏移处理。通过弯曲射线偏移处理技术，使方程更接近地震波的实际传播路径，使成像点聚焦准确，适合复杂构造地质情况的反射波准确成像。弯曲射线是指和常规的射线偏移相比较，把地下的速度模型考虑成层状介质，而不是均匀介质，射线在层状介质中传播，其射线是“弯曲”的，而不是“直”的。因此把射线更进一步考虑为“弯曲”的，这更符合地震波在地层中传播的实际路径。

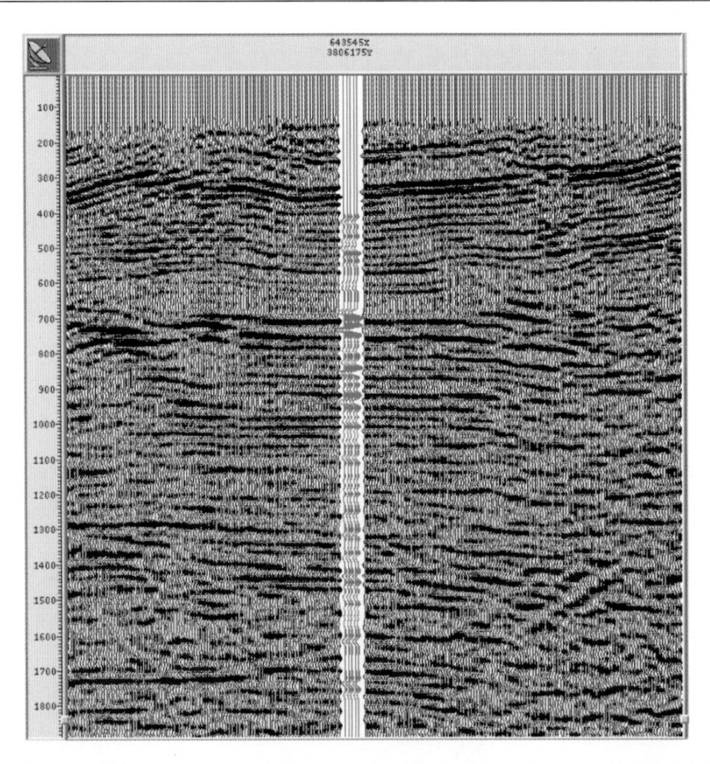


图 8-7　半岛湖重点区块测线 QB2015-10EW 羌科 1 井合成记录与叠后时间偏移剖面层位标定

首先对 DMO 速度进行平滑，用平滑后的速度进行叠前时间偏移速度扫描，确定合理的速度百分比作为叠前时间偏移的初始速度场，然后初始速度场进行初始叠前时间偏移形成的初始叠前 CRP 道集，通过叠前时间偏移速度分析和叠前时间偏移多次迭代，直至 CRP 道集动校拉平，最终得到高精度的偏移速度场。更新速度场后的叠前时间偏移效果更好（图 8-8）。由于本工区速度横向变化大，地下构造极其复杂，叠前时间偏移剖面的断层归位，断点清楚，主要层位与羌科 1 井合成记录较为匹配（图 8-9）。

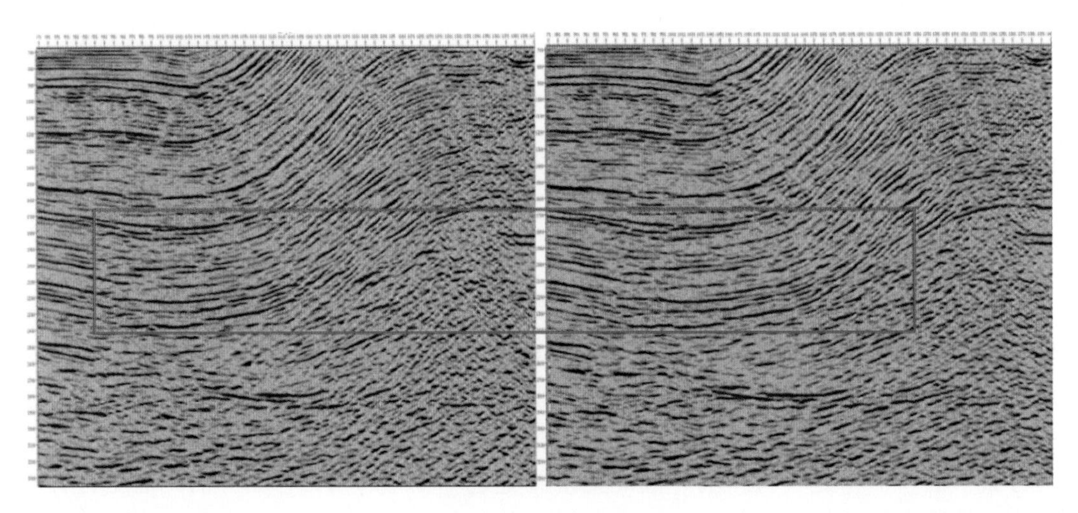

图 8-8　半岛湖重点区块测线 QB2015-07SN 叠前时间偏移速度更新前（左）后（后）叠加剖面对比示意图

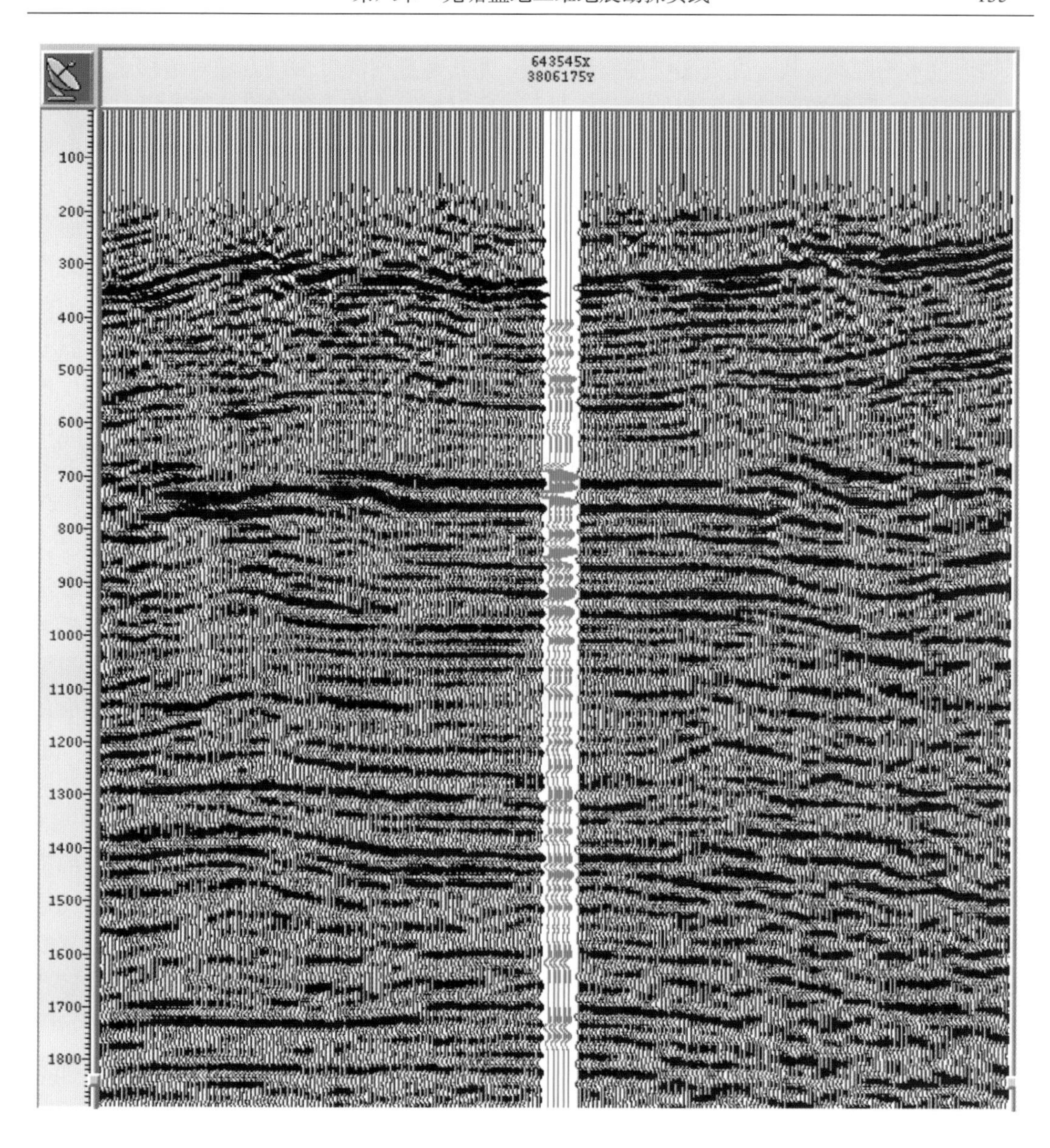


图 8-9　半岛湖重点区块测线 QB2015-10EW 羌科 1 井合成记录与叠前时间偏移剖面层位标定

4. 叠前深度偏移技术

叠前深度偏移原理：地震偏移成像是在一定地球物理模型的基础上，将观测到的地震数据利用数学手段进行反传播，并消除地震波传播效应影响以获取地下构造图像的过程。自 20 世纪初期勘探地震学初创开始，地震偏移经历了从手工偏移到计算机偏移，从时间偏移到深度偏移，从叠后偏移到叠前偏移，从二维偏移到三维偏移的发展阶段。近年来，随着计算机软硬件的发展和地球物理方法技术的提高，叠前深度偏移成为复杂构造成像的关键技术。

叠前深度偏移的概念可以追溯到 20 世纪 80 年代初，但由于计算机软硬件条件以及地球物理技术的限制，其一度处于缓慢发展阶段，尤其是叠前深度偏移方法对偏移速度的要求非常苛刻，要想得到较为理想的偏移结果，必须发展与之相应的深度速度分析与建模技术，这在当时的工作量和技术难度是非常大的。直到 1993 年，Ratcliff 等利用叠前深度偏移技术解决了其他偏移未能解决的墨西哥湾盐下成像问题后，引起了地球物理学家的广泛关注，并获得了突破性发展。叠前深度偏移理论上是目前最精确的地震成像技术，然而要想在实际应用中获得好的成像效果并非易事，一是要有质量好的叠前数据体，二是要有准确的偏移速度场，三是要选择合适的偏移成像算法，三者缺一不可。那么，假设满足前两个条件，是否有一个最佳的成像算法，可以适用于所有地区的成像？答案是否定的。叠前深度偏移方法的选择依赖许多因素，如技术性参数（计算效率、偏移最大倾角、对速度的依赖性、对起伏地表的适应性、对低信噪比和非规则数据的适应性等）、构造考虑（盐丘构造、碎屑岩与碳酸盐岩、裂缝性油气藏等）、成像的特殊需求（分辨率、目的层深度、保幅性、是否对多次波成像）是否有其他参考数据（先验地质认识、测井数据约束等）、生产设备及成本制约（软硬件资源、投入产出比）等。

目前常用的叠前深度偏移方法有射线类偏移和波动方程类偏移两大类。射线类方法主要包括 Kirchhoff 偏移、高斯束偏移以及控制束偏移等；波动方程类方法主要包括单程波偏移和逆时偏移。两大类方法都是以波动方程为理论基础，不同之处在于射线类偏移利用几何射线理论来计算波场的振幅以及相位信息，从而实现波场的延拓成像，而波动方程类偏移则是基于波动方程的数值解法。两大类方法具有各自的优势与不足，一般来说，波动方程类偏移具有更高的成像精度，而射线类偏移则具有更高的计算效率和灵活性。

二维拟三维速度建模：通过偏移方法试验，可以得知，本工区逆时偏移在高陡构造位置的成像效果比 Kirchhoff 叠前深度偏移、高斯束叠前深度偏移好，因此，推荐采用逆时偏移。另外，速度模型的精度同样对深度域成像效果产生重要影响，为了提高深度域速度建模精度，确保深度域剖面、速度模型的闭合，采用二维拟三维的深度域建模方法。

第一步，建立全区偏移起始面。在山地地表起伏变化较大、基岩直接出露地表，地表低降速带厚度、速度横向变化剧烈的地区，从浮动面开始偏移，其偏移成像效果最好。浮动基准面模型在不同的域有不同的表达形式，在时间域以静校正量表示，在深度域以高程值表示，其联系纽带是替换速度。统一建立全区二维测线的浮动基准面，确保相交测线的浮动面闭合。

第二步，建立时间域构造模型。建立时间域构造模型是建立层速度模型的基础，把解释人员提供的地质解释层位加载到叠前时间偏移剖面上，并对地质解释层位选择连续性好、能量强的同相轴追踪，所选的层最好是一大套地层的速度界面，或者是同一个地质时代界面的强反射。层间厚度不能太薄，层间太薄，速度变化不明显，工作量增加；层间太厚，速度变化太大，速度模型的精度降低。通过闭合点检查层位解释的闭合程度。层位解释后产生每一层的时间域构造解释线即为时间域构造模型。

通过上述方式，即可建立起能较好地反映工区地下构造形态并能较好控制地下速度变化的闭合的时间域构造模型（图 8-10），也为构建深度层速度模型打下良好的基础。

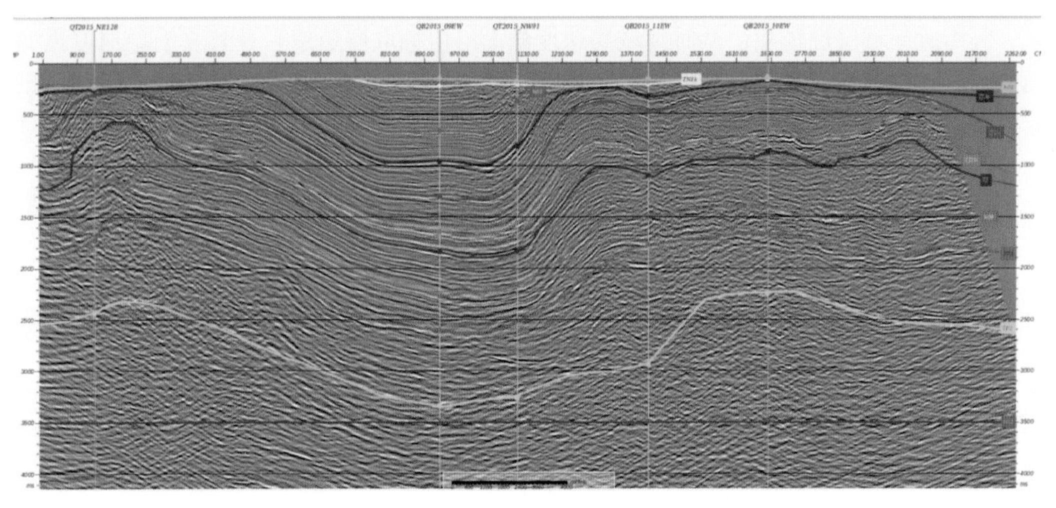

图 8-10 半岛湖重点区块测线 QB2015-07SN 时间域层位拾取

约束速度反演（constrained velocity inversion，CVI），把叠前时间偏移（pre-stack time migration，PSTM）均方根速度函数转换成时间偏移域初始层速度模型。获取层速度可以采用多种方式，其中最传统的方法就是利用 Dix 公式进行均方根速度到层速度的转换。但是这样的转换得到的是一个不稳定的、没有地质意义的层速度。如果将这种层速度用于偏移，势必会导致偏移结果的不稳定性，影响偏移归位的效果。而 CVI 采用了针对一系列垂向函数做最小平方拟合的全局解决方案，当某些速度点与周围速度点差异很大时，这部分速度点在约束反演中被当作噪声而被忽略，从而有效地解决了速度场不稳定的问题，使速度的精确性和稳定性得到控制。也就是说，CVI 把（横向或纵向的）不规则采样或稀疏的均方根速度函数转换为规则的由精细地质条件约束的瞬时层速度体。产生的瞬时层速度体受趋势速度的约束、符合地形学的速度变化规律，允许局部异常的存在，同时加快了速度的收敛和模型的建立（图 8-11）。

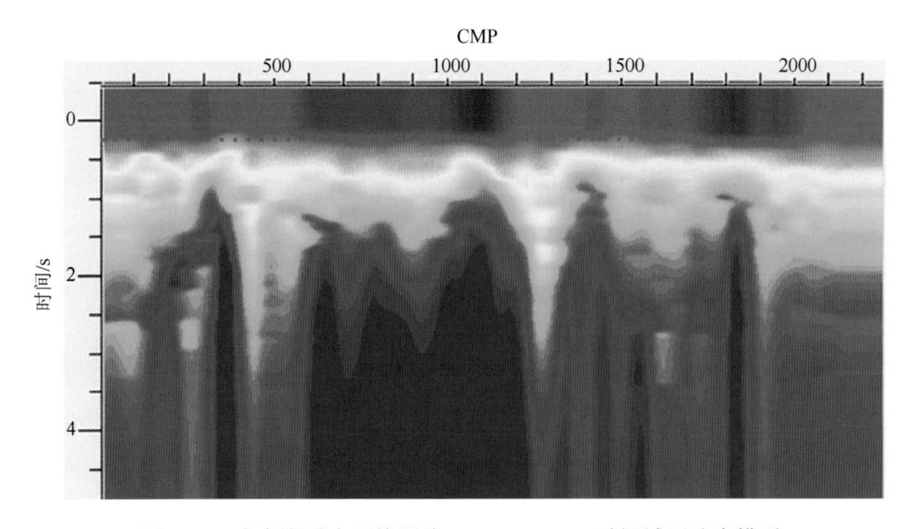


图 8-11 半岛湖重点区块测线 QB2015-07SN 时间域层速度模型

利用时间域层位模型，从时间域层速度剖面沿层抽取层速度，并建立沿层速度模型。通过沿层速度模型把时间域层位模型转换到深度域，建立深度域层位模型。利用深度域层位模型进行速度填充，建立深度域初始速度模型（图 8-12）。

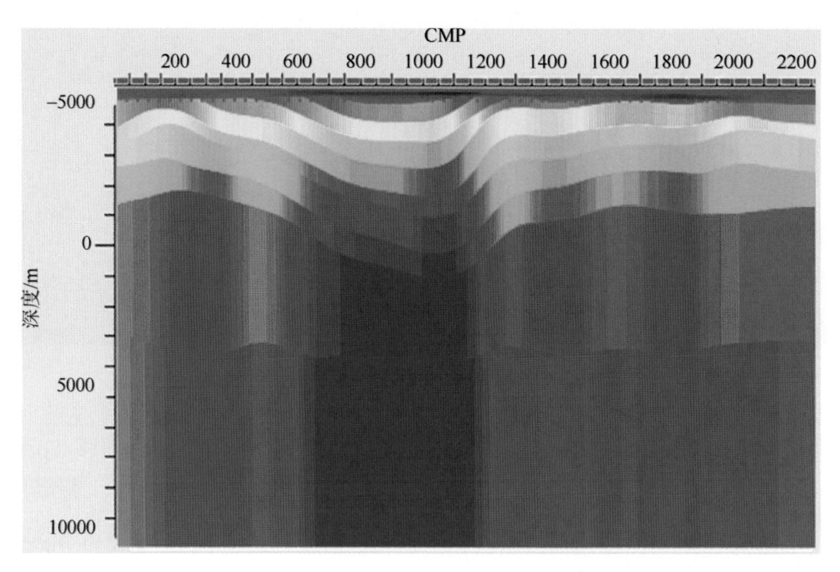


图 8-12 半岛湖重点区块测线 QB2015-07SN 深度域初始速度模型

抽取骨干线进行深度域速度模型更新迭代：本工区抽取骨干线分为三轮，第一轮抽取的骨干线在速度和成像上要能控制整个工区的构造格局，综合利用剩余延迟分析与叠前深度偏移多次迭代，提高速度模型精度（图 8-13），直到每一个共炮检距的成像结果一致为

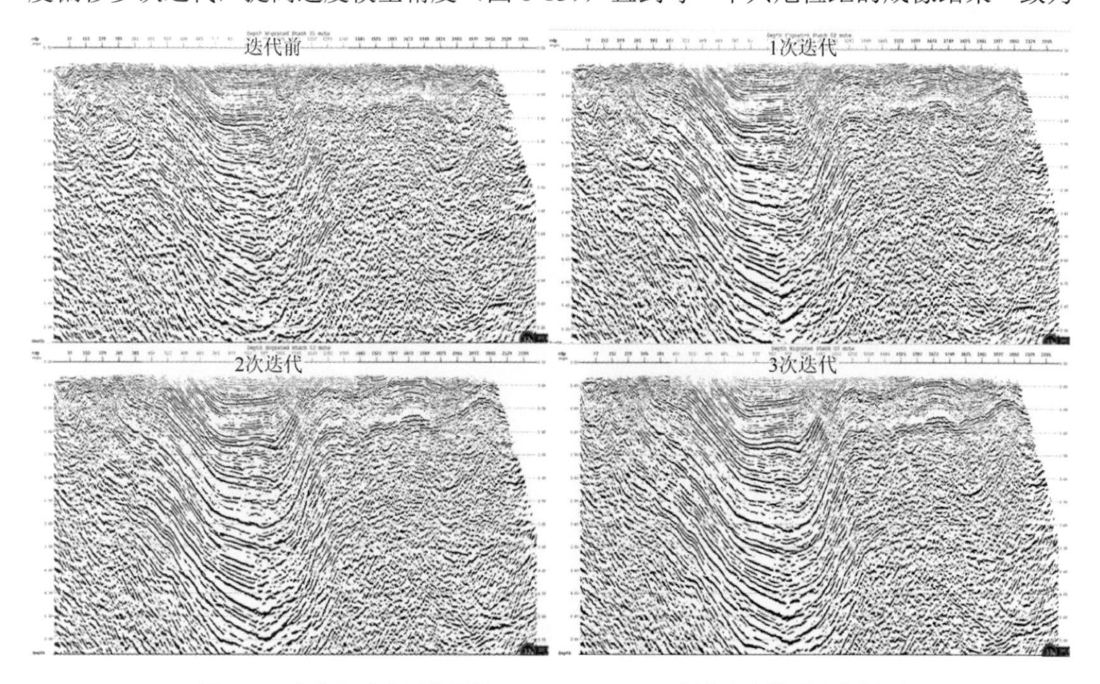


图 8-13 半岛湖重点区块测线 QB2015-07SN 深度域速度模型迭代剖面

止，使之与地下地质情况最佳吻合，同时确保第一轮骨干线速度模型闭合。第二轮骨干线的抽取原则是在第一轮骨干线的基础上进一步加密测线。对第一轮骨干线的速度模型进行网格化，从网格化后的速度模型中抽取出第二轮骨干线的速度模型，同样采用剩余延迟分析与叠前深度偏移多次迭代更新。第三轮骨干线是在第一轮骨干线、第二轮骨干线的基础上更进一步加密测线进行深度域速度更新迭代。综合利用各种技术方法，通过三轮的骨干线深度域速度不断调整、优化层速度模型，提高深度域速度建模精度。

利用羌科 1 井速度信息优化深度域速度模型：以构造模型为约束进行 CVI 约束速度反演，建立初始深度域速度模型，采用层位的速度模型反演迭代后，得到相对稳定的深度域速度模型。再用羌科 1 井速度信息对速度模型进行优化，速度模型进行优化后的叠前深度偏移剖面得到一定改善。通过不同偏移方法对比，叠前深度偏移、叠前时间偏移断层成像好，断点清晰、干脆，信噪比较高（图 8-14）。

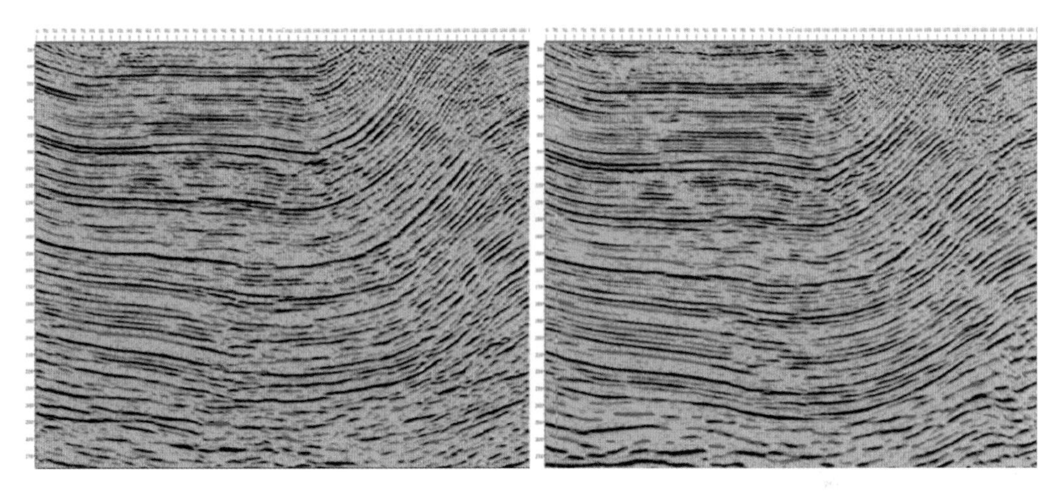

图 8-14　半岛湖重点区块测线 QB2015-07SN 叠前时间偏移（左）与叠前深度偏移（右）剖面对比

## （五）处理效果评价

在对原始资料进行认真分析的基础上，合理设计处理流程和参数试验方案，采用层析静校正、叠前/叠后噪声衰减、地表一致性处理、叠前时间偏移、叠前深度偏移等技术，最终成果剖面无论在信噪比还是分辨率方面都达到了预期目标。

### 1. 波组特征

通过针对性的叠前噪声衰减以及精细速度分析和多次剩余静校正的应用，与老剖面相比，新处理剖面信噪比较高，剖面面貌清晰，洼陷内部波组特征明显，主要目的层信噪比较高（图 8-15）。

### 2. 成像效果

由于工区资料信噪比较低，且地质构造复杂，给偏移成像带来很大困难。处理中通过

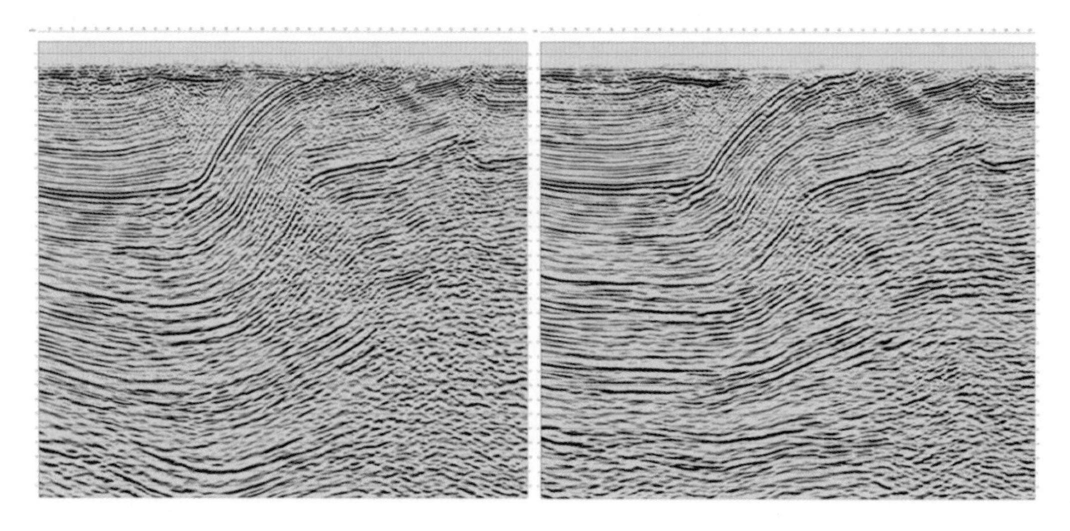

图 8-15　半岛湖重点区块测线 QB2015-06SN 2016 年处理（左）与 2017 年处理（右）叠前深度偏移剖面对比（时间域）

精细的偏移速度场的建立，实现了断层断面的准确归位，偏移剖面实现了绕射波收敛，断层断面归位准确，构造特征清楚，洼陷内部波组特征明显，叠前深度剖面对于高陡构造区域成像有进一步提升（图 8-16）。

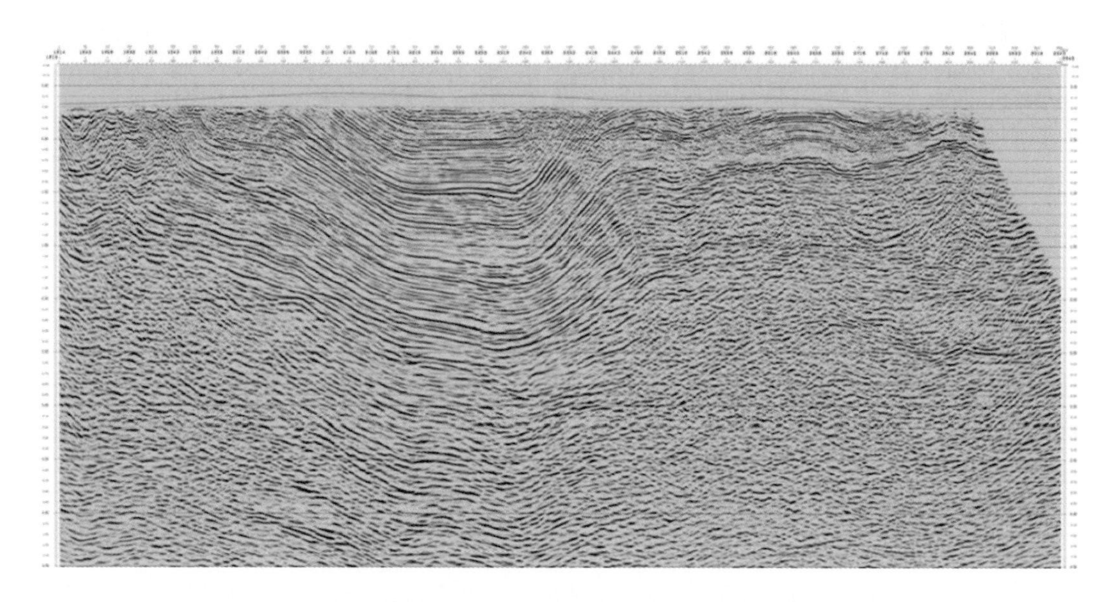

图 8-16　半岛湖重点区块测线 QB2015-07SN 叠前深度偏移剖面（时间域）

3. 交点闭合

通过全区层析反演静校正速度模型、静校正量的闭合检查以及在处理过程中速度分析调整，最终处理成果剖面闭合较好，闭合差在 5ms 以内，达到了处理要求（表 8-1）。

表 8-1　羌塘盆地半岛湖重点区块测线闭合差表　（单位：ms）

| | QB2015-03SN | QB2015-04SN | QB2015-05SN | QB2015-06SN | QB2015-07SN | QT2015-NE128 | QT2015-NE109 | QT2015-NE87 |
|---|---|---|---|---|---|---|---|---|
| QB2015-10EW | 3 | 3 | 0 | 4 | 3 | 4 | 5 | |
| QB2015-11EW | 4 | 3 | 2 | 0 | 2 | 5 | 4 | |
| QT2015-NW91 | 4 | 5 | 3 | 2 | 4 | 3 | 3 | 5 |
| QB2015-09EW | 0 | 2 | 0 | 0 | 3 | 0 | 0 | |
| QT2015-NE128 | | 4 | 5 | 3 | 0 | | | |
| QB2015-07SN | | | | | | 3 | | |
| QB2015-06SN | | | | | | 4 | | |
| QB2015-05SN | | | | | | 0 | | |
| QB2015-04SN | | | | | | 3 | | |

## 四、资料解释

### （一）资料品质评价

本节所用的半岛湖地震资料是 2011～2012 年、2015 年中石化和中国地质调查局成都地质调查中心在羌塘盆地半岛湖地区完成的 1295km 二维地震测线，重点目标区测网密度达到 3km×4km，测线基本形成控制。根据《山地地震勘探偏移剖面地质评价准则》，结合工区实际情况，按以下三类标准对半岛湖地区二维地震资料进行品质评价（图 8-17）。

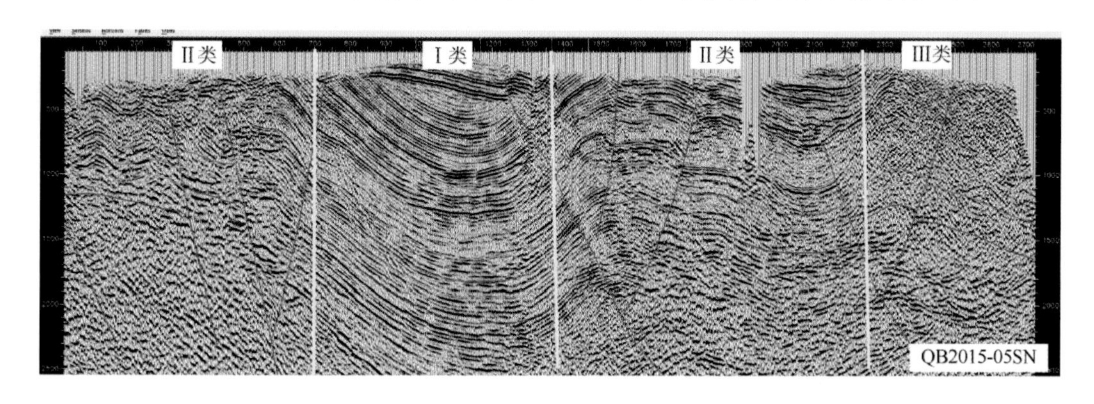


图 8-17　羌塘盆地半岛湖重点区块资料品质剖面

Ⅰ类：偏移归位合理，回转波、绕射波、断面波等得到正确收敛，断点清晰，反映的正、负向构造关系清楚；偏移剖面背景面貌干净；目的层反射齐全，地质现象反映清晰（由特殊复杂地质原因造成的除外），主要目的层成像好，同相轴连续，信噪比、分辨率能满足地质任务要求。

Ⅱ类：偏移归位合理，回转波、绕射波、断面波等得到正确收敛，断点明显，成像较好，能反映出正、负向构造关系；偏移剖面背景面貌较干净，与水平叠加剖面对照，波形特征保持较好，波组关系较清楚；主要目的层反射较齐全，成像较好，同相轴较连续，地质现象反映较清晰（由特殊复杂地质原因造成的除外），信噪比及分辨率基本满足地质任务要求。

Ⅲ类：信噪比低，反射能量弱，地质现象不清楚，波组特征不明显，难以进行可靠对比追踪。

根据评价标准，半岛湖地区侏罗系布曲组底界反射层（$TJ_2b$）Ⅰ级剖面为442.05km，Ⅰ级剖面率为22.4%；Ⅱ级剖面为507.5km，Ⅱ级剖面率为49.5%；Ⅲ级剖面为345.9km，Ⅲ级剖面率为28.1%。Ⅰ级和Ⅱ级剖面合计占71.9%，能满足构造解释和圈闭识别的要求。

## （二）层位标定

地质层位标定是地震资料解释的关键环节，其标定的准确与否直接关系构造解释的精度。依据资料进度，本次构造解释层位标定分两个阶段进行。

### 1. 无声波曲线阶段

羌科1井层位标定面临的主要难点是地层真实速度难以确定，进而影响标定的准确性。项目组通过多次研讨，并请物探专家指导，最终形成了以井-震资料匹配为核心的“岩性组合与地震波组特征匹配、关键岩性界面卡准、速度合理”的野猫井无声波资料层位标定方法（图8-18）。

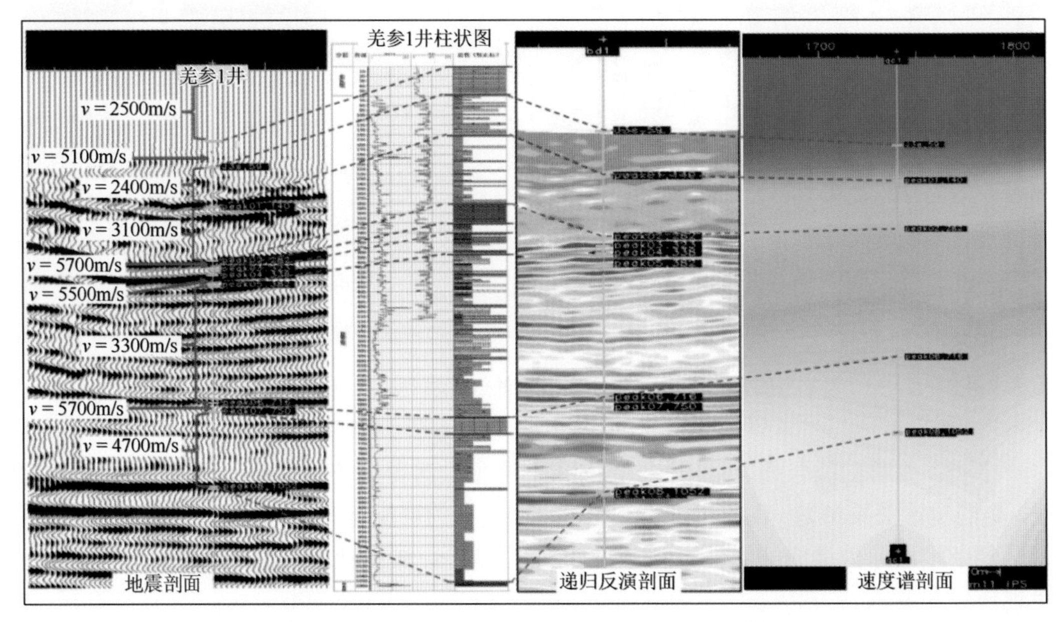


图8-18 随钻跟踪综合标定图（无声波测井资料）

在研究和初步明确了已钻层位岩性及岩性组合地震响应特征的基础上，根据收集到的羌塘盆地浅井速度资料及地震速度资料，在合理的可能速度范围内分岩性、分层段人为试探性给定速度，直到岩性组合及关键岩性界面井-震匹配合理为止。并每日根据实时钻井数据进行时深曲线及标定位置动态调整。

2. 有声波曲线阶段

有羌科1井及羌地17井声波测井资料后，及时制作了声波合成地震记录，对合成记录进行了分析研究，在确保井-震波组匹配关系良好的基础上完成了羌科1井和羌地17井层位标定（图8-19）。

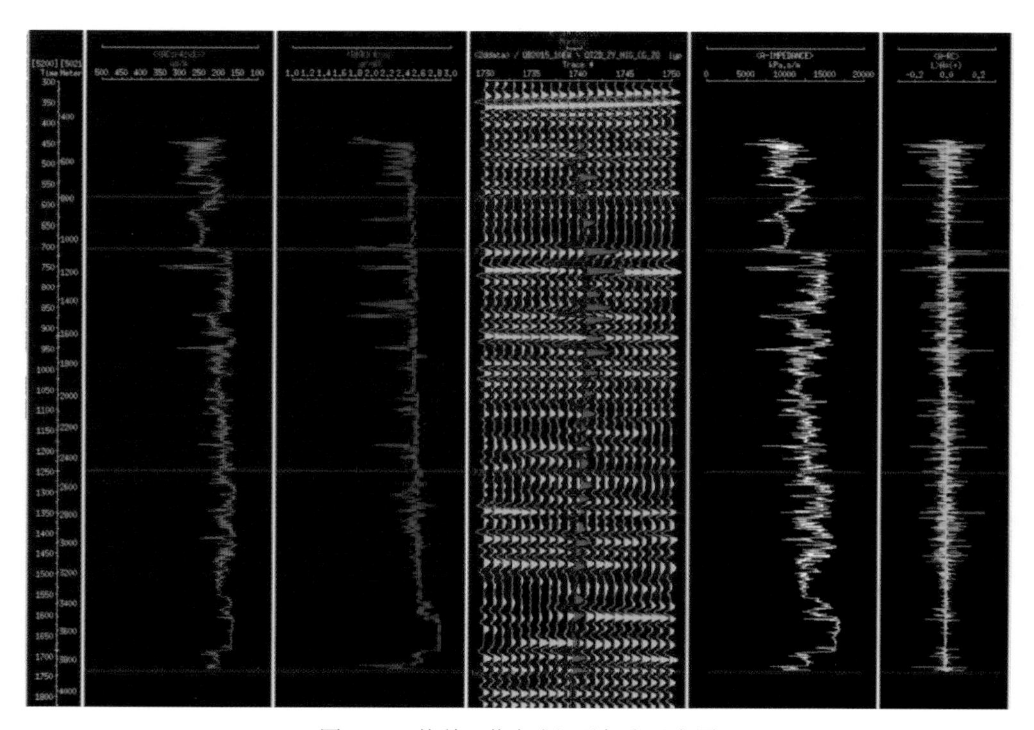

图8-19　羌科1井合成记录标定示意图

## （三）构造解释

受构造及地震资料信噪比的影响，构造解释存在多解性，因此多种信息综合解释有利于减少多解性，为构造解释提供一个更加合理的方案。本次构造解释方案的确定，首先是在理解分析以往解释成果的基础之上，进一步认真了解托纳木地区的地质、沉积规律、盆地演化、区域构造特征，仔细分析研究剖面结构、反射波组特征、地层格局及横向展布特征、断裂模式等，根据地面地质资料及合理的断层组合综合确定解释方案。

1. 解释模式

在实际的剖面对比解释过程中，针对本区地腹构造相对复杂、地震剖面上波组多或资料较差、地震资料具有多解性的特点，合理建立该区的构造模式是本次构造解释的重难点。为此对构造复杂部位进行地震、地质恢复有助于合理解释地震资料。首先追踪对比并选出地层出露及资料品质较好的剖面段，在此基础上全面展开反射波组的追踪对比解释。层位追踪对比主要采用波组及波系对比方法。由于本区属低信噪比区，偏移剖面信噪比较低、波组连续性较差，层位解释主要在偏移剖面上进行，并同时参考叠加剖面，进而确定了本区的构造解释模式（图 8-20）。

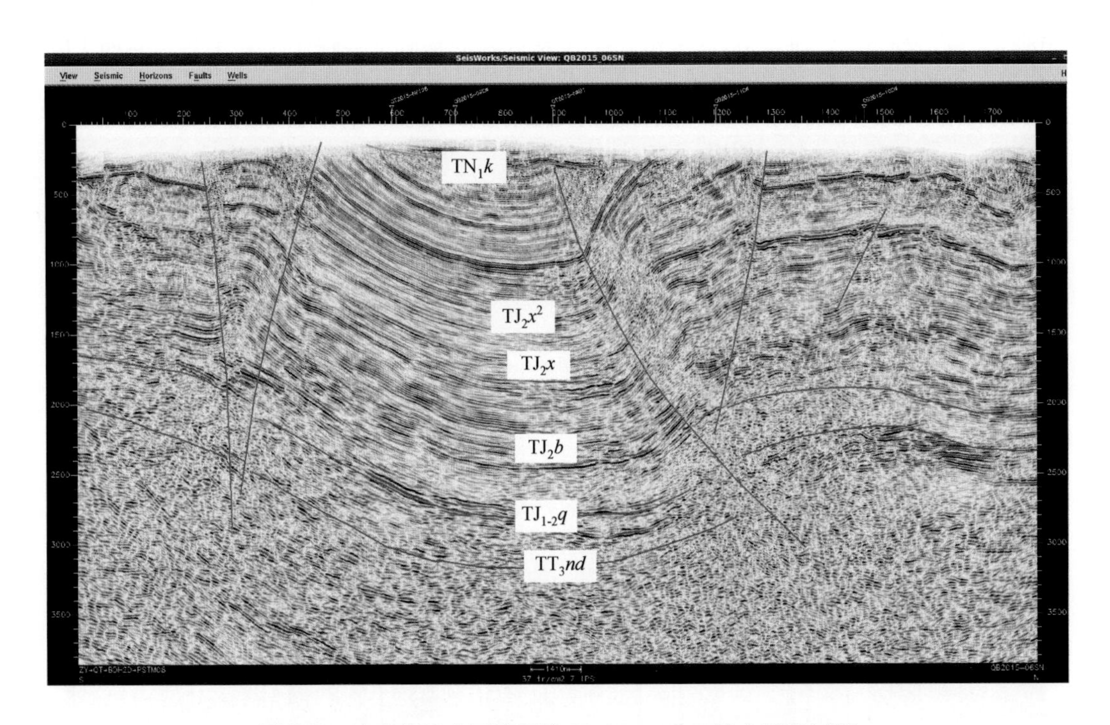


图 8-20　半岛湖重点区块测线 QB2015-06SN 综合解释剖面

2. 合理的断层解释及组合

羌塘盆地属中生代盆地，是在晚古生代褶皱基底之上发育起来的叠合盆地（黄继钧，2001；李才，2003；谭富文等，2008）。中、新生界主要发育有三叠系构造层、侏罗系-下白垩统构造层、上白垩统-新生界构造层三个构造层。勘探区横跨羌塘盆地南翼、中央隆起带。受区域构造运动的影响和制约，工区在南北向上整体上由两个局部凸起（南部凸起、北部凸起）和一个局部凹陷（中央凹陷）组成凸凹相间的构造格局（图 8-21）。

断层解释时在断裂模式指导下依据地震剖面上断面波、反射波组的错动、断开以及倾角、产状、波组特征等的变化来追踪断层。并且充分发挥 LandMark 地震资料解释系统多种灵活的显示功能，准确地识别断层位置，合理地在平面及空间上对断层进行组合，确保断层面的闭合。断层的平面、空间展布特征符合本区断裂模式及演化规律，经过细致识别，共解释小型断裂十余条，反映了该区构造运动较弱。

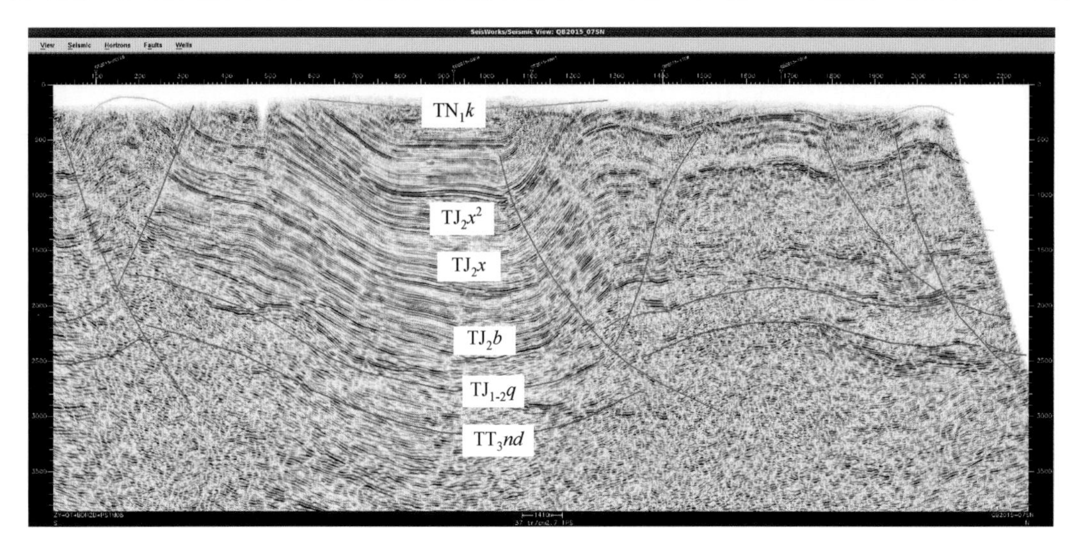


图 8-21　半岛湖重点区块测线 QB2015-07SN 综合解释剖面

# 第二节　托纳木-笙根重点区块二维地震勘探实践

## 一、概况

托纳木-笙根重点区块内于 2015 年部署的测线是根据已有地震测线位置进行加密，与原有地震测线一起构成正交测网，达到了对两个构造进行更好控制的目的。2015 年部署实施二维地震测线 12 条，满叠长度 420km，包括：Ⅰ号构造部署地震测线 5 条，Ⅲ号构造部署地震测线 4 条。但同时从以往地震剖面和复电阻率剖面分析，Ⅰ号构造中心位于北部两条正交的复电阻率法测线（橙色线条）交叉位置、Ⅲ号构造中心位于南部两条正交的复电阻率测线交叉位置，因此少数测线仍有调整的需求，以便能更好地对构造进行控制。但由于受湖泊、河流沼泽及陡峭山体等障碍物影响，具体施工测线位置经踏勘后作出调整。如 TS2015-SN5 线、TS2015-EW5 线离Ⅰ号构造位置稍远，控制力度有限，同时这两条测线穿越高大山体部位，预计资料很差，因此，申请将 TS2015-SN5 线移到 TS2009-02 线东侧，同时将 TS2015-EW3 线和 TS2015-EW4 线东端点向东侧延伸，以便对Ⅰ号构造进行更好的控制。

## 二、地震数据采集

托纳木重点区块位于羌塘盆地北拗陷、南临中央隆起带，地域跨度大，地表条件复杂，存在草原、河滩、山脉、沼泽、湖泊、冲沟等地貌。区块内结构复杂，跨越构造单元多，成像困难；沼泽区和陡坡大量分布，炮检点布设困难，变观难度大；表层条件复杂、激发效果差异大；表层一致性差、接收条件差；成井困难、震源施工组织难度大，且在野外施工过程中风动干扰强。

1. 精细表层结构调查

托纳木重点区块表层结构调查以微测井和小折射相结合的方式进行，微测井采用单井微测井的方式进行。井中激发微测井设计原则上不小于 26m（保证高速层中不少于 4 个控制点），采用井中激发地面接收的方式，激发深度设计遵循上部密、下部疏的原则，保证在地形发生变化及工区边界、测线交点必须有控制点的原则。小折射采用坑炮（深度 20～40cm），药量 0.5～1kg，采用单个检波器，24 道不等道距接收，排列采用相遇观测系统，排列长度 162m（在潜水面埋深较浅的地区可以适当缩短排列长度，保证浅层有 3 个以上的采样点）。不能追踪出高速层时，采用炮点追逐法施工，直至追踪出高速层。

2. 观测系统

采用 24 位 A/D 转换数字地震仪，采样间隔 1ms，前放增益 12dB，高截频 0.8FN，线性相位，SEG-D 格式记录，6s/8s（SN1\SN7 为 8s），监视记录初至下跳，磁带记录初至振幅为负，道间距 30m，接收线距 60m，且针对不同构造部位采用不同观测系统进行施工，I 号构造部位及其北部测线采用井炮施工，井炮施工测线共计 5 条；III号构造部位及南部测线采用震源施工，震源施工测线共计 6 条；TS2015-SN1 测线采用井炮联合施工。

3. 地震波激发系统

井震联合激发，即平坦区采用可控震源，较陡山区采用炸药震源。可控震源 3 台 1 次，70%振幅出力，6～84Hz 扫描频率，18s 扫描长度。二次方法论证结果要求 TS2015-SN1 线地质任务要兼顾深层资料，因此该线震源激发参数改为 4 台 1 次，70%振幅出力，4～72Hz 扫描频率，18s 扫描长度。井炮采用高速层下 7m 激发，最浅井深 18m，药量 18kg。

4. 地震波接收系统及参数

采用 20DX-10Hz 检波器；两串 24 个检波器，6 串 2 并；两串沿测线线性组合图形，组合基距 $L_x = 12\text{m}$，$L_y = 4\text{m}$，检波器组合中心要对准测量桩号，同一道内各检波器埋置高差小于等于 1m，为确保检波器与地面耦合良好，按“实、直、深、准、不漏电”的原则使用橡胶锤埋置检波器；河滩卵石区采用“掏坑填土、夯实埋置”方法埋置检波器。

## 三、地震数据处理

依据托纳木-笙根重点区块内地震资料特点、难点及先期对部分测线进行的试验性处理结果，在关键的处理步骤中采用不同的处理模块和参数进行处理，反复对比处理效果，从中选择最佳参数，进而确定符合本区块二维地震资料处理的流程（图 8-22）。

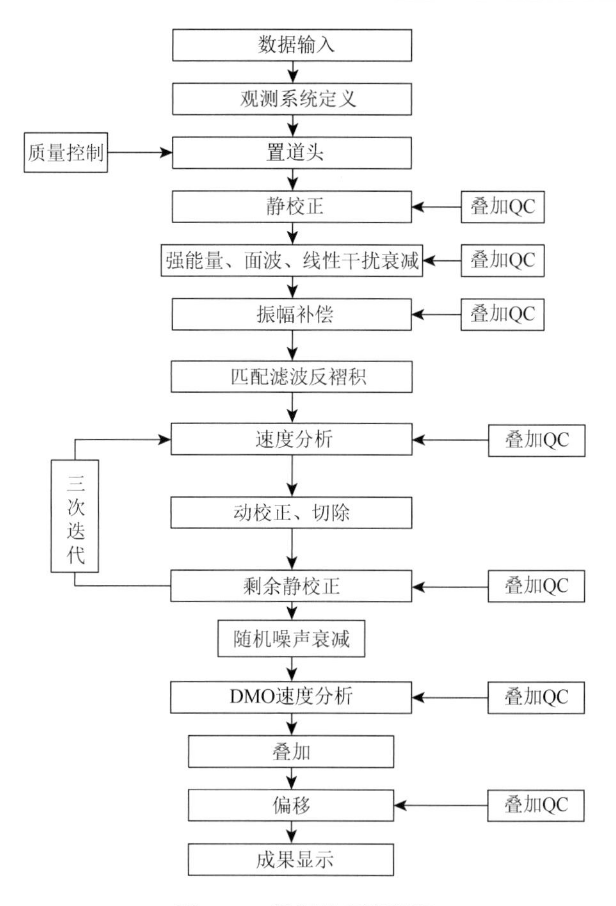


图 8-22　常规处理流程图

1. 建立准确的共反射面元属性

首先通过线性动校正检查炮检关系的正确性，在此基础上建立准确的空间属性。弯曲测线的共反射点并不全在测线上，利用处理系统的弯线处理模块定义几何信息库，求出共中心点（common middle point，CMP）的分布区域，沿着共深度点集中的位置解释一条较为光滑的 CMP 线。以此 CMP 线为基准，定义 Inline 和 Crossline 的网格大小，网格大小为 15m×180m，部分测线因变观会适当调整横向大小，以使发散的 CDP 点均匀落在各个网格内，尽可能地保证覆盖次数均匀。

2. 静校正

分析托纳木重点区块内地震资料的特点，采用了非线性层析反演静校正方法，该方法采用基于波动方程的射线追踪技术，在矩形小网格建模的基础上，采用非线性的反演算法获得表层速度模型。该方法主要包括两大步骤：利用大炮初至旅行时，建立初始速度模型，进行约束正演，用射线追踪的方法得到该初始模型的初至波；用计算的初至波和实际拾取的初至波进行比较计算地表模型的修正量，经过多次迭代最终得到较精确的近地表模型。

通过层析反演静校正方法建立的工区测线近地表模型及测线上不同位置单炮记录，从单炮记录初至形态能大致反映近地表结构：低降速层厚度小的位置，低降速层在单炮记录初至上得不到体现，而在低降速层厚度较大的位置，低降速层的速度和厚度能在单炮记录初至上体现出来。相比于高程静校正方法，层析静校正后的初至显得更为光滑，有效信号更符合双曲线特征，叠加剖面形态结构更为合理。层析反演静校正方法基本能解决该区存在的长波长静校正问题。

通过层析静校正后，基本上解决了长波长静校正问题，但依然存在一定的剩余静校正量，通过剩余静校正和速度分析的多次迭代处理可以消除资料中残余的剩余静校正量和剩余动校正量，进一步消除剩余静校正量对资料品质的影响，改善剖面的成像效果。自动剩余静校正主要解决剩余短波长问题，具体表现为反射波同相轴更加光滑，聚焦性更好。通过剩余静校正的迭代处理，叠加剖面有效波连续性增强、信噪比提高；同时速度分析的质量和精度也得到较大的提高（图 8-23）。

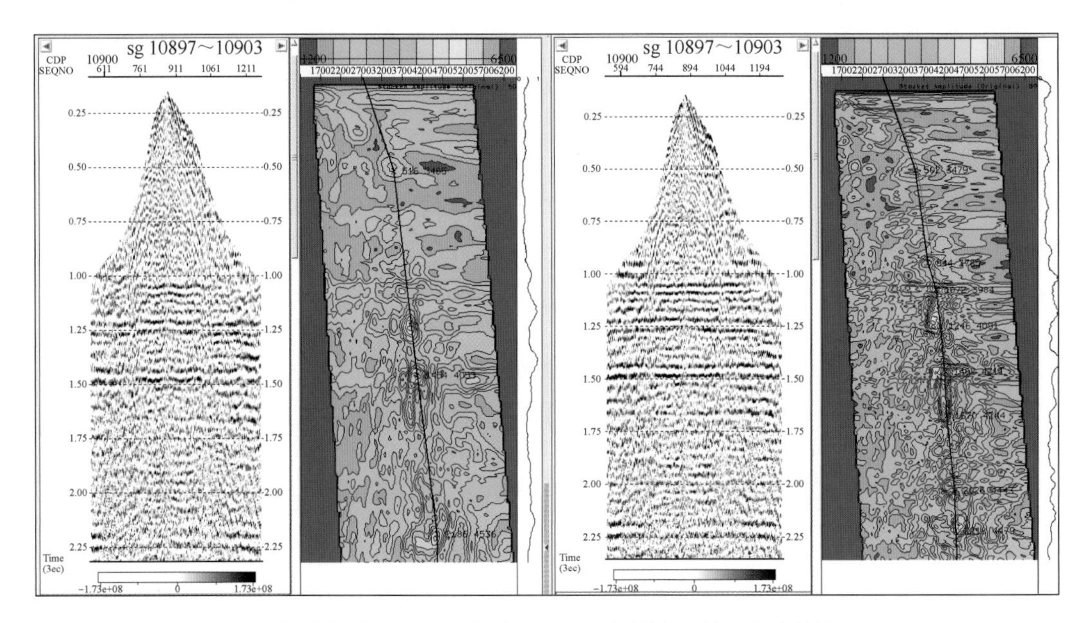


图 8-23　剩余静校正前后速度谱对比（左为静校正前，右为静校正后）

### 3. 提高信噪比处理

原始资料能量强、分布广的干扰，对叠加成像造成了极大的影响。在保证资料保真度的前提下，有效去除资料的噪声是提高资料信噪比的关键。根据资料中的面波干扰、异常强能量干扰、线性干扰等的分布规律和特征，在不损伤有效波的前提下在不同的处理阶段采用不同的去噪技术分别对不同的噪声进行压制，最大程度挖掘原始资料的潜力，提高资料的信噪比。

异常振幅干扰的压制：原始资料中异常振幅干扰发育，这种异常强能量干扰波的存在势必影响后续的振幅补偿、反褶积和偏移处理效果。因此在精细道编辑的基础上，采用分频去噪压制高能干扰的方法对其进行衰减。

自适应面波衰减：面波的特点是能量强、频率低、具有一定的分布空间和视速度。

根据面波和反射波在频率分布特征、空间分布范围、能量等方面的差异，采用自适应面波衰减技术对其进行加权压制。该处理技术只在面波区域内对面波进行压制，对区域外的资料不进行处理。通过对反射波主频的测试确定了自适应面波衰减的处理参数。通过面波压制前后的单炮记录、噪声剖面和频谱分析可以看出，采用合理的面波衰减参数既有效去除了面波，突出了有效信号的能量，又最大限度地避免了对有效波的伤害（图 8-24）。

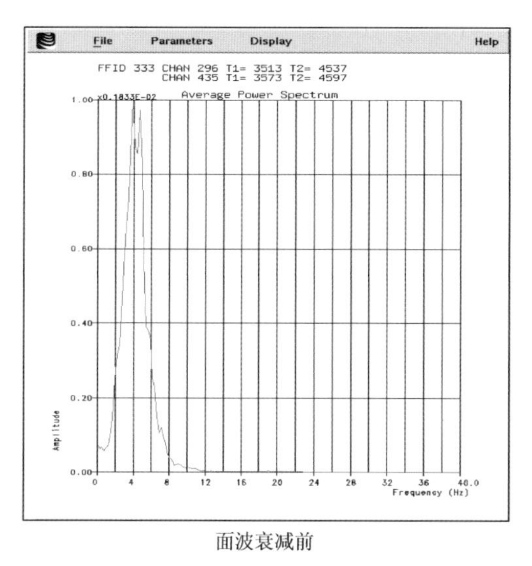


面波衰减前

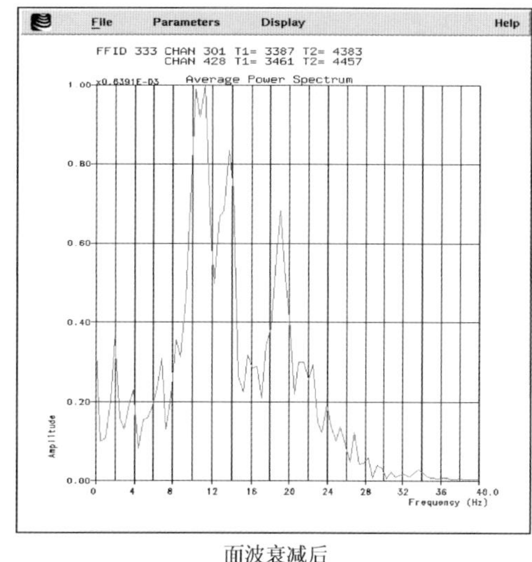


面波衰减后

图 8-24　面波滤除前后频谱分析

自适应高频噪声衰减：可控震源激发能量弱，高频噪声较为发育，尤其是深层，部分记录几乎被高频噪声掩盖，难以见到有效信号。高频噪声的特点是频率高、无规则。根据高频噪声的特点采用自适应的方法，在记录上进行多道统计，自动识别噪声并对其进行压制。通过高频噪声压制前后的单炮记录、噪声剖面可以看出，采用合理的衰减参数既有效去除了高频，突出了有效信号的能量，又最大限度地避免了对有效波的伤害（图 8-25）。

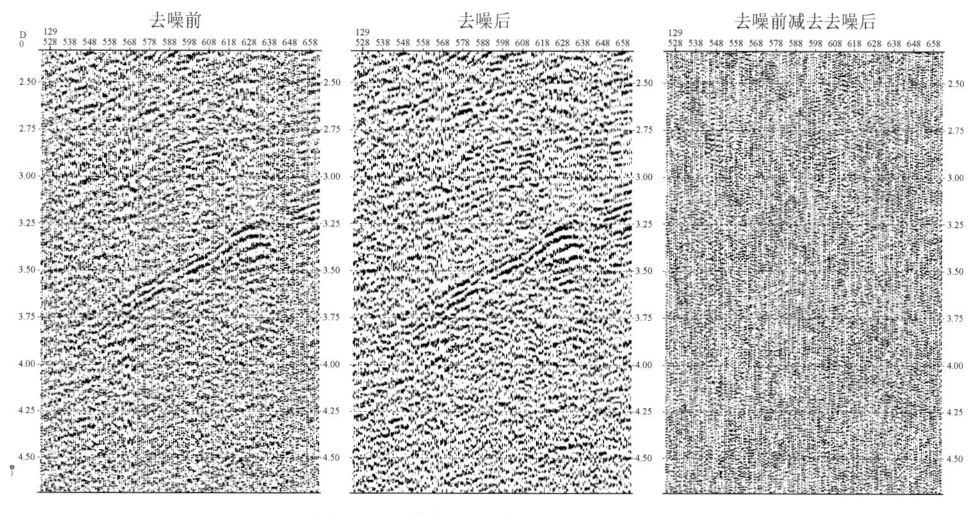


图 8-25　高频噪声衰减前后及噪声

线性干扰滤除：工区单炮记录线性干扰发育，严重影响了剖面的信噪比，根据线性干扰与有效波的视速度差异，在共炮点道集进行线性干扰的滤除。线性干扰的视速度范围较大，在确定线性干扰滤除参数时，应以不损伤有效波、最大限度提高资料信噪比为原则。经过线性干扰滤除的处理，较好地去除了线性干扰对资料的影响。

4. 一致性处理技术

通过球面扩散补偿、地表一致性振幅补偿、地表一致性反褶积消除激发、接收条件不一致造成的能量和子波不一致等，保持地震反射动力学特征一致。

振幅补偿：针对能量衰减快、深层反射能量弱，在对原始地震资料的能量进行定性、定量分析的基础上，在不同地段对补偿参数进行测试比较，根据不同地段能量衰减情况利用时变、空变的补偿因子进行能量补偿，消除地震波在传播过程中波前扩散和地层吸收产生的振幅衰减。对由于不同激发、接收条件引起的炮间、道间能量不一致的问题，必须进行地表一致性振幅校正处理，消除地表因素和采集因素不一致产生的振幅的横向差异。本方法利用统计的方法求取各炮点、各检波点及不同偏移距的地震记录的统计能量，计算各自的平均振幅，然后求出各道的振幅补偿因子加以补偿。虽然经过球面扩散和地表一致性振幅补偿，但资料仍存在一定的差异，特别是反褶积后，能量存在差异，因此后续处理还要进行道均衡处理。

震源和井炮一致性处理：为取得较好的地震资料品质，野外采集采用了井震联合施工。井炮或可控震源激发的方式采集的单炮在能量、频率和相位上存在一定差异。资料处理过程中采用能量级别一致性调整技术解决井炮和震源的振幅差异。调整前可控单炮可正常显示，但井炮在同一级别下显示异常。调整后两炮处在同一级别下均可显示清楚。由前面的分析可知，井炮资料频带较宽，且相位特征为最小相位，满足反褶积假设条件。但可控震源资料为零相位，不能直接用于反褶积处理，因此，针对两种激发方式存在的频率相位差异，采用匹配滤波的方式，使可控震源在频率相位上与井炮一致（图 8-26）。

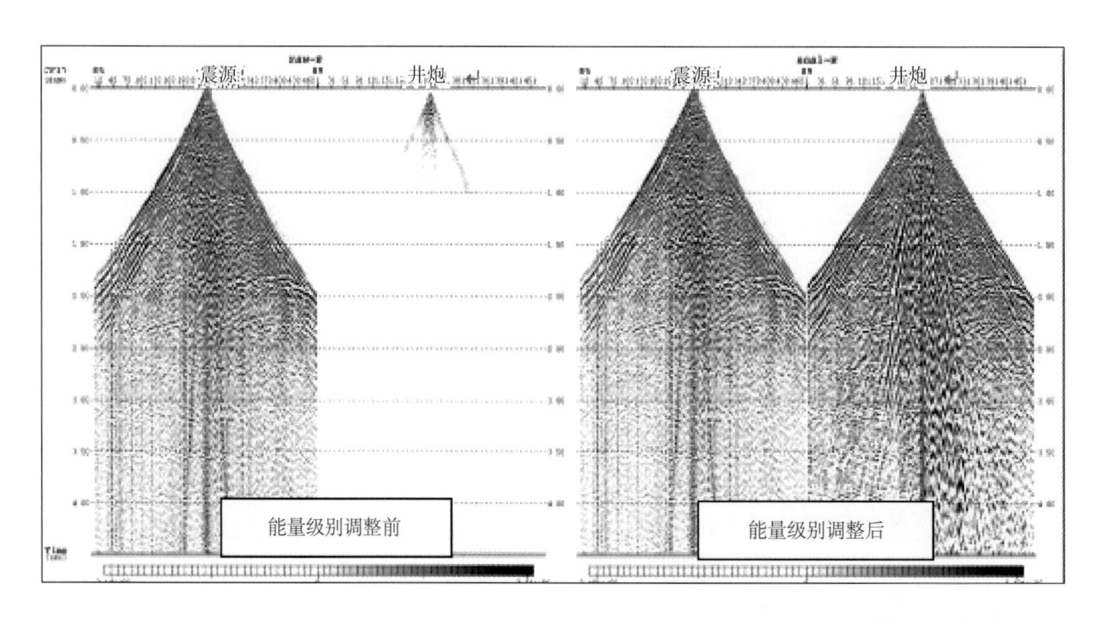

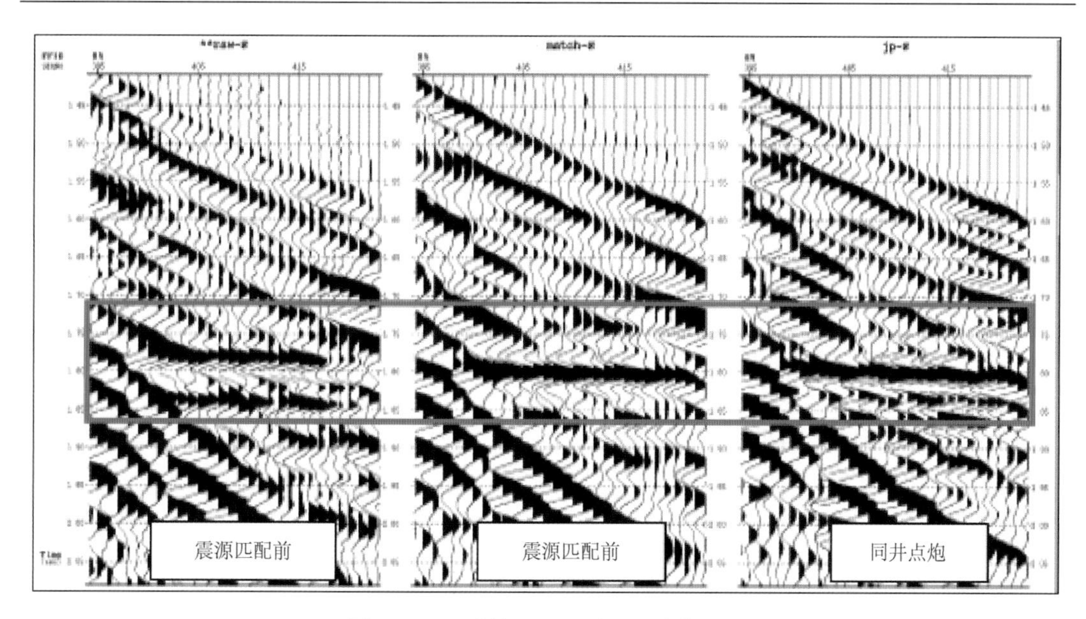


图 8-26　一致性处理后震源、井炮对比

地表一致性反褶积：本次处理主要目的是提高资料的信噪比。为了消除不同地段地震子波不均衡的现象，利用地表一致性反褶积对资料进行处理。地表一致性反褶积采用多道统计法在共炮点域、共检波点域、共偏移距域和共中心点域四个方向求取反褶积因子，能消除地表因素横向变化引起的地震子波波形畸变，实现子波一致性，为后续的分析处理奠定基础，也实现了多次采集资料的精细衔接。在对反褶积预测步长进行重点测试的基础上，在基本不降低资料信噪比的前提下进行地表一致性反褶积处理，基本消除了因激发接受条件的变化产生的子波不一致，同时保证了资料的信噪比。步长越小，分辨率越高，但信噪比会降低，反射能量变弱；步长越大，虽能保证信噪比，但分辨率降低，反褶积效果越不明显。本区资料以提高信噪比构造成像为主，因此，综合考虑，兼顾信噪比和分辨率，采用预测步长 28 进行处理（图 8-27）。

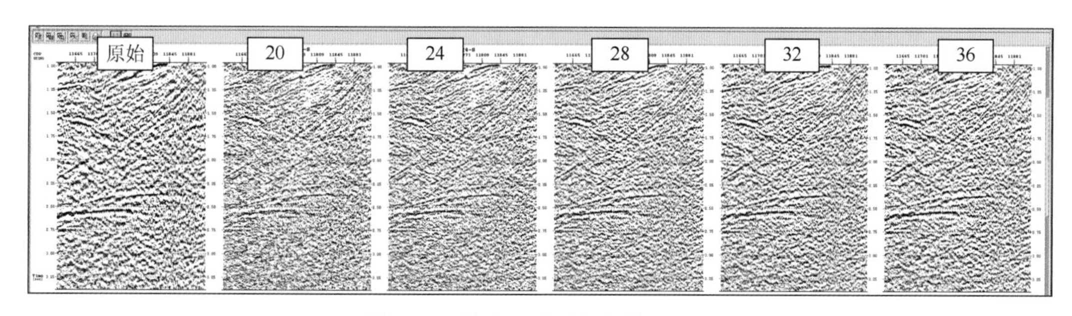


图 8-27　地表一致反褶积前后记录

5. 精细的速度分析和动校正

速度分析的精度对浅层资料的成像至关重要，而浅层速度的求取对中深层的偏移成像也有一定的影响。层析反演的速度模型是通过整条测线所有大炮初至统计求取速度场，其

降速和高速信息的走势是比较可靠的，我们可以利用层析反演的速度模型指导浅层叠加速度的求取，从而提高浅层速度分析的精度。为了保证处理精度，就必须获取精确的速度，在速度的拾取过程中，首先对各层位进行速度扫描，找到不同层位的速度范围，并结合叠加段效果反复修改速度。采用速度分析与剩余静校正的多次迭代，提高速度分析精度，在迭代过程中速度分析点逐步加密，地层高陡复杂区段，因速度横向变化剧烈，CDP 速度分析点由最初的点距 750m 逐步加密到 375m，而地层较为平缓的地方，速度横向变化通常不大，而且本工区速度对叠加效果并不十分敏感，速度点的密度一般控制在 750m。

在常规的动校处理中，计算动校正量时，略去了高次项而只计算到 2 次项。当 $X$（炮检距）较小时，此方法误差较小；但当炮检距较大时，动校正量偏小，使远排列动校正不足而出现同相轴上翘，因此采取高阶动校正，能减小远道的动校正畸变，有利于改善资料的成像效果。经过高阶动校正后的道集远道畸变较小，可以少切多保留，从而进一步提高剖面的成像质量（图 8-28）。

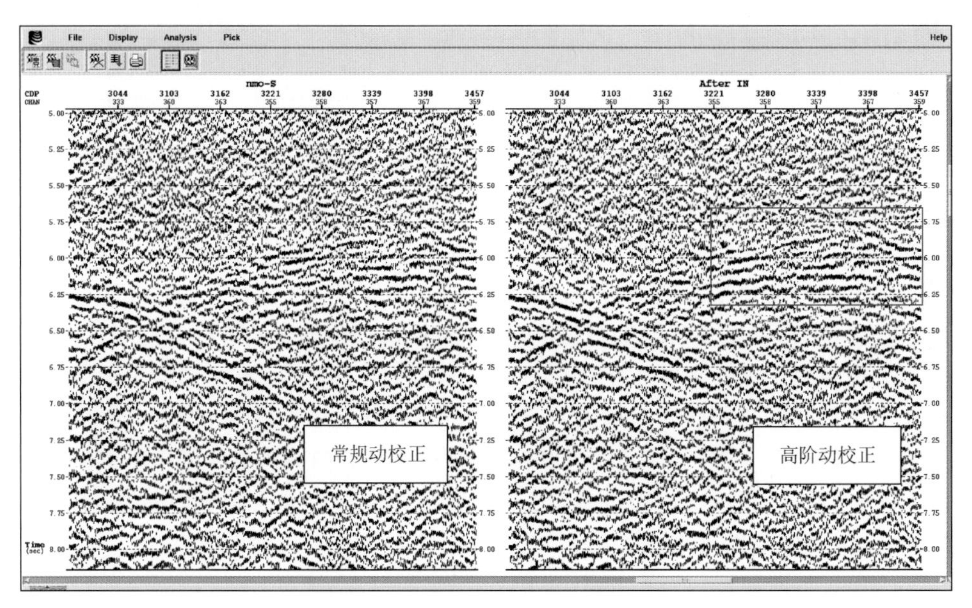


图 8-28　高阶动校正处理效果

DMO 速度分析：DMO 处理可以消除叠加速度对倾角的依赖，提高速度分析的精度和倾斜地层反射成像效果，为偏移速度模型的建立和偏移归位打下良好的基础。对常规叠加而言，速度与倾角密切相关，同一层反射越陡，叠加速度越高，对于高陡构造的断面，叠加速度含有对倾角的依赖，而 DMO 处理可以得到一个与倾角无关的速度，其速度场更适合偏移成像（图 8-29）。

6. 叠后偏移处理

偏移的目的是使倾斜反射归位到真正的地下界面位置，并使绕射波收敛，以显示地下界面的细节。从前期我们对资料的分析可知，本工区资料横向速度差异大，地下波场复杂，地层倾角较大。针对本工区资料的特点，我们采用了 Grisys 处理系统的有限差分波动方

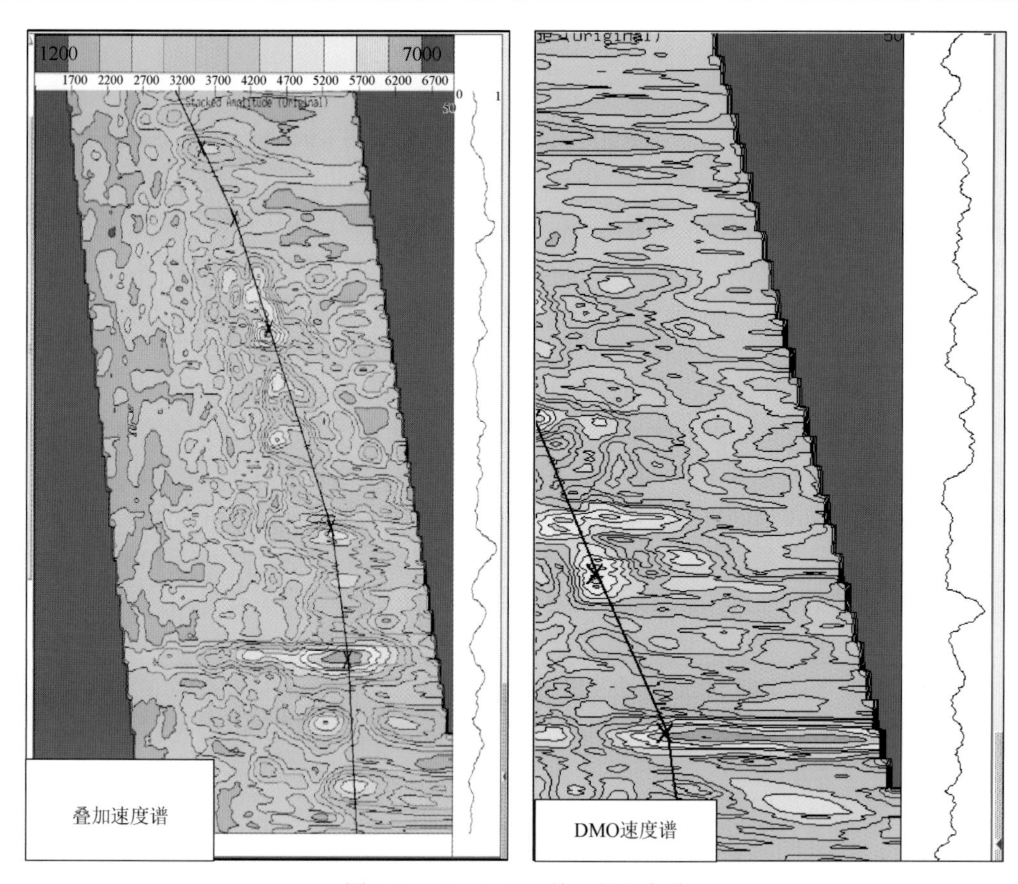


图 8-29　DMO 处理前后的速度谱

程偏移方法进行叠后时间偏移，该方法基于有限差分法，逼近单一波动方程，既能照顾速度在垂直方向上的变化，又适合本区陡倾角地层归位。偏移的正确合理性取决于偏移速度场建立情况，因此我们首先对 DMO 速度平滑得到偏移速度，然后利用速度的不同百分比进行偏移，通过偏移的效果来确定最终的速度场（图 8-30）。

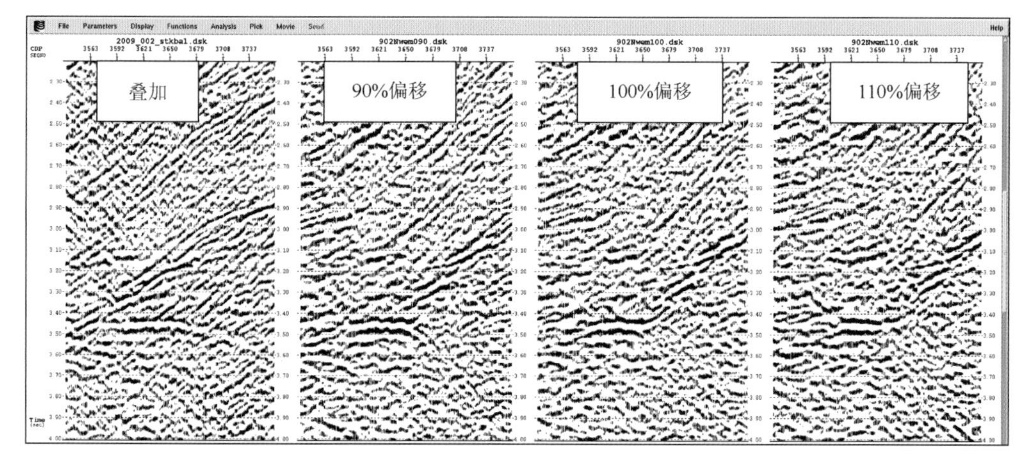


图 8-30　有限差分方法偏移前后效果对比（左为叠加，右为不同速度偏移）

7. 叠前偏移测试处理

针对本工区地质结构复杂、地层倾角大的特征，我们采用 Kirchhoff 偏移方法进行了叠前时间偏移试验。在其偏移孔径测试中，偏移孔径 4000m 剖面浅中层的反射变化不大，但深层陡倾角的成像效果差，随着偏移距的增大，高频背景开始增多；偏移孔径到 8000m 时剖面的反射开始出现划弧，边界效应开始明显。综合分析，偏移孔径 6000m 比较合适。假频参数是否合理对偏移背景有一定的影响，当去假频参数为 0 时，数据全频带偏移，噪声背景大，随着去假频参数增大，背景噪声逐渐变弱，但混波效应越来越严重；参数为 2 时背景相对干净，信噪比高，较为适中。因此，去假频参数选用 2。选用初步形成的叠前 CRP 道集，在此基础上通过垂向和横向沿层的速度分析，进行多次速度分析迭代，最终以 CRP 道集拉平为原则。由于本工区速度横向变化大，地下构造极其复杂，资料信噪比整体偏低，最后确定的偏移速度场在复杂区域与实际情况可能还存在差异。通过叠后时间偏移和叠前时间偏移处理对比分析，地质构造区域陡倾角成像有所改善。但从对比效果来看，叠前时间偏移在信噪比低、复杂的地质构造和复杂的速度变化附近，成像效果不如叠后偏移（图 8-31）。

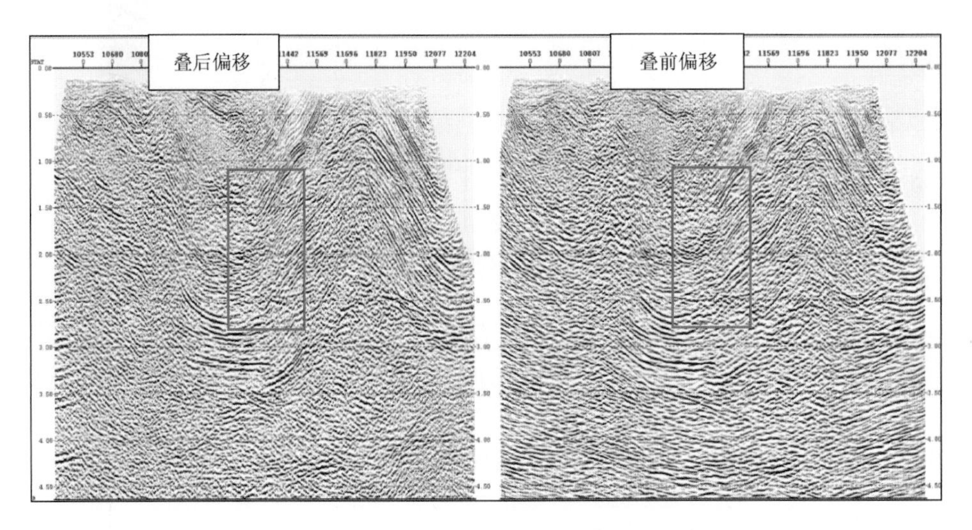


图 8-31　TS2015-SN6 测线叠前时间偏移与叠后偏移对比

## 四、资料解释

### （一）层位标定

由于本区块尚未有任何钻井方面的资料，因此不能通过 VSP 测井进行层位的标定，同时也不能通过声波合成记录进行层位标定。但基于收集资料中包含了 2009 年和 2010 年的二维测线各两条，其中 TS2010-01 CDP3450-CDP3750 剖面段资料品质好，整体信噪比高，浅、中、深层地震反射波组齐全，可依据剖面反射结构及反射波组特征进行外推，因此从 2009～2010 年的测线对层位进行引入是切实可行的。另外，注重对该区域大的构造轮廓的认识，充分利用地表露头资料和羌塘盆地区域地层厚度，结合区域地质资料、地质模式，对二维测线的地质层位进行合理的推断性标定和解释。

对于工区中部的Ⅰ号构造来说，$J_3K_1s$ 地层是地表所能见到的最老地层，多处出露地表，将该层出露部位的地质界线标定到地震剖面上对应位置，则可在地震剖面上标定出 $K_1x$ 底界反射（即侏罗系的顶 TK）代表的地质层位，可利用标定结果，完成对所有测线侏罗系的顶（TK）的对比解释。鉴于解释收集到 2010 年地震勘探测线 2010-01 线，将解释的标定剖面进行对比分析，该段测线信噪比均较好，波组特征清晰，相位特征大致相似，浅、中、深层有效反射在两条线上都能够较好的追踪，可通过地层引入法加入前期解释成果中水平叠加剖面的 $TJ_2x$、$TT_3$、TT、TP 地层。也可通过主要反射层波形特征进行地震剖面追踪与对比（图 8-32）。

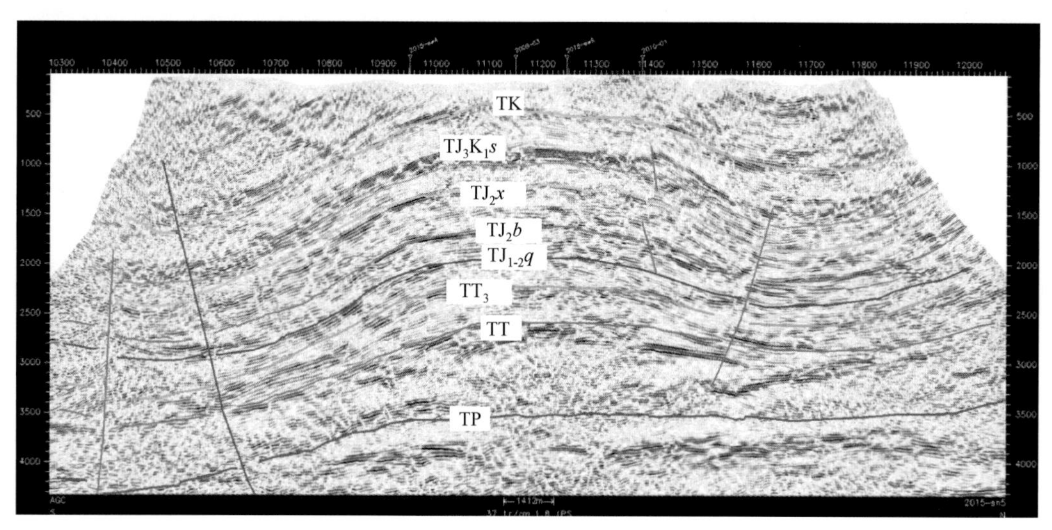


图 8-32 主要反射层波形特征剖面

## （二）剖面对比与解释

通过对标定出的白垩系底界（TK）、上侏罗统索瓦组底界（$TJ_3K_1s$）、中侏罗统夏里组底界（$TJ_2x$）、中侏罗统布曲底界（$TJ_2b$）、中下侏罗统雀莫错组底界（$TJ_{1-2}q$）、三叠上统底界（$TT_3$）、三叠系底界（TT）和二叠系底界（TP）等八个地震地质层位的波组相位特征认识，以叠加剖面为基础，根据区内各反射层波形特征和波组关系，结合已有的地面地质资料及以往地震资料成果对该区构造展布格局的认识，正确区分各类异常波，对有效波进行连续对比追踪，采用强相位、波组、波系、相邻剖面的相似性对全区剖面进行追踪对比，对反射同相轴出现半个相位的错断、分叉、合并等现象均做了精细解释，并充分利用主测线与联络测线的交接对各反射层时间进行了闭合检查，从而保证各层相位的一致性。

偏移剖面的对比建立在水平叠加时间剖面对比解释方案的基础上，充分利用偏移剖面各种波归位的优势，加深对复杂构造反射及成像较差的断下盘的认识，两套剖面互相参照、反复认识，保证偏移剖面所解释的地质现象与水平叠加时间剖面所反映的地质现象一致。深度剖面的对比解释严格按照偏移剖面的对比解释方案，同时注意了断点位置、断层产状及纵横向延伸的一致性，确保时深转换剖面解释的现象与偏移剖面一致。

在实际的剖面对比解释过程中，针对本区地腹构造相对复杂，地震剖面上波组多或资料较差，地震资料具有多解性的特点，合理建立该区的构造模式是本次构造解释的重难点。为此对构造复杂部位进行地震、地质恢复有助于合理解释地震资料。首先追踪对比并选出地层出露及资料品质较好的剖面段，在此基础上全面展开反射波组的追踪对比解释，层位追踪对比主要采用波组及波系对比方法；由于本区属低信噪比区，偏移剖面信噪比较低、波组连续性较差，层位解释主要在偏移剖面上进行，并同时参考叠加剖面，进而确定了本区的构造解释模式（图 8-33）。

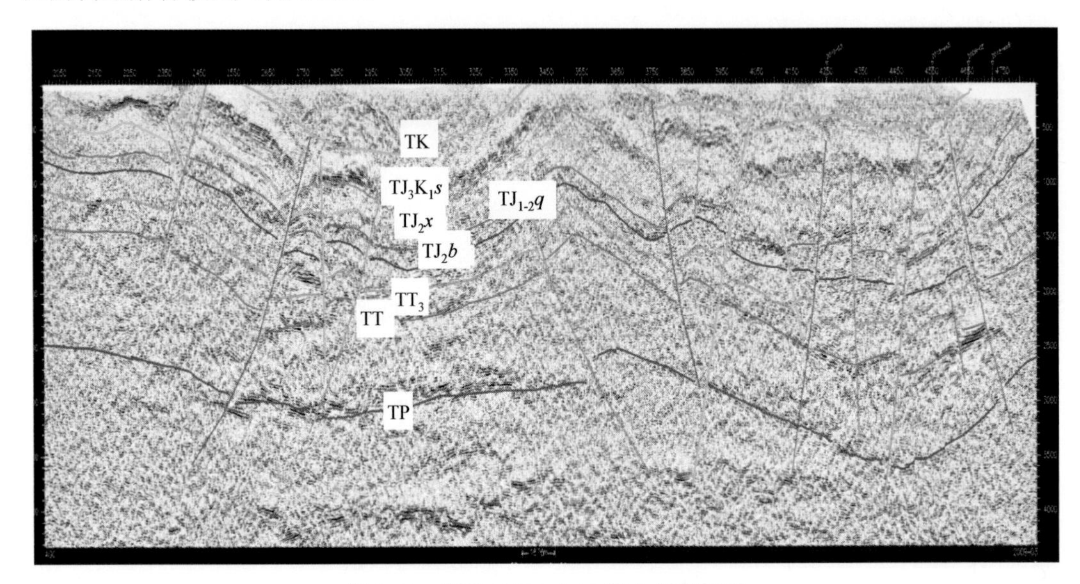


图 8-33　测线 TS2009-03 综合解释剖面

羌塘盆地属中生代盆地，是在晚古生代褶皱基底之上发育起来的叠合盆地（黄继钧，2001；李才，2003；谭富文等，2008）。中、新生界主要发育有三叠系构造层、侏罗系-下白垩统构造层、上白垩统-新生界构造层三个构造层。勘探区横跨羌塘盆地南翼、中央隆起带。受区域构造运动的影响和制约，工区中部在南北向上整体由两个局部凸起（南部凸起、北部凸起）和一个局部凹陷（中央凹陷）组成凸凹相间的构造格局。断层解释时在断裂模式指导下依据地震剖面上断面波、反射波组的错动、断开以及倾角、产状、波组特征等的变化来追踪断层。充分发挥 LandMark 地震资料解释系统多种灵活的显示功能，准确地识别断层位置，合理地在平面及空间上对断层进行组合，确保断层面的闭合，断层的平面、空间展布特征符合本区断裂模式及演化规律，经过细致识别，共解释小型断裂十余条，反映了该区构造运动较弱（图 8-34）。

### （三）成果编图

考虑到区块内南部和北部仅有一条南北向测线，无东西向的联络线，无法对工区南部和北部地层进行控制，因此本次等 $t_0$ 构造图与构造图的编制范围仅限于中部区域。由于区内没有钻井资料，因此速度体的建立主要利用速度谱资料进行。速度体的建立以 LandMark 软件为主，本次速度体建立以叠后偏移速度为基础，转换成瞬时速度，之后经时深关系与层位时间深度关系共同校正得到较为准确的速度体，最终转换成平均速度。进行速度体建立之前，首先对 16 条测线的速度谱进行分析，结合层位的对比解释情况，大致了解各条测线中各控制层的速度分布规律；然后根据各层的速度变化规律，如在工区中存在个别速度异常点，修改使其与附近速度点趋势一致，以提高速度建模精度，获得相对客观的速度信息。修改完毕进行速度转换，转换时利用层位趋势进行约束，通过 Dix 公式转换，得到最终速度体。针对工区标定的白垩系底界（TK），上侏罗统索瓦组底界（$TJ_3K_1s$）、中侏罗统夏里组底界（$TJ_2x$）、中侏罗统布曲底界（$TJ_2b$）、中下侏罗统雀莫错底界（$TJ_{1\text{-}2}q$）、三叠上统底界（$TT_3$）、三叠系底界（TT）和二叠系底界（TP）层位，采用 500m 的网格间距进行网格化，以 50ms 的时间间距进行编制等 $t_0$ 构造图，并在此基础上进行平滑，体现幅度较小的构造。

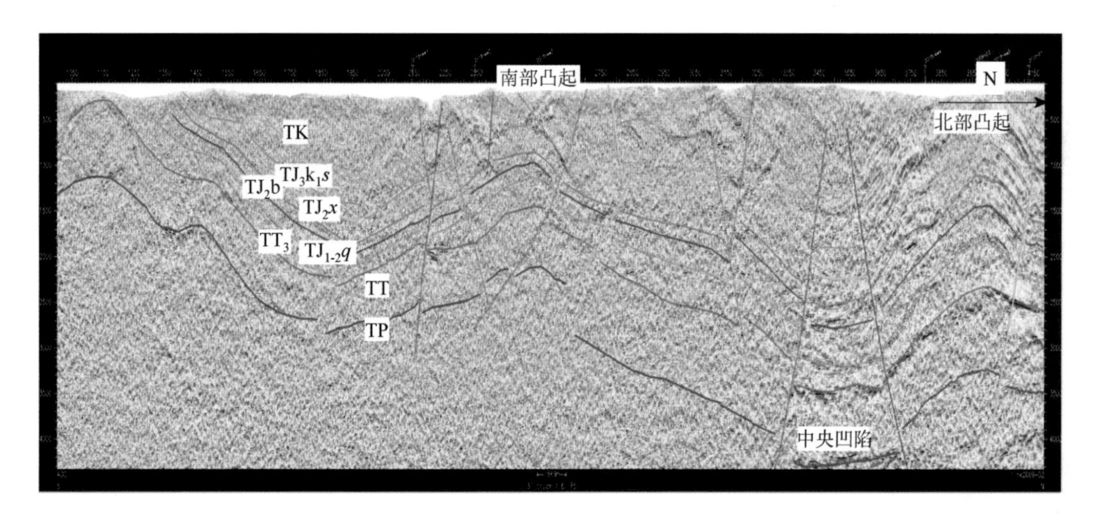


图 8-34　测线 TS2009-02 综合解释剖面

# 第三节　隆鄂尼-玛曲重点区块二维地震勘探实践

## 一、概况

为获取南羌塘拗陷高品质二维地震勘探资料，中国地质调查局成都地质调查中心于 2015 年在隆鄂尼-玛曲重点区块开展二维地震数据采集攻关的基础上，完成了二维地震测量 480.30km，其中隆鄂尼-昂达而错区块布设测线 5 条（133.125km）、鄂斯玛区块布设测线 7 条（245.175km）、玛曲区块布设测线 4 条（102km）。通过对这 16 条地震测线的处理与解释，获取精细处理叠加剖面、叠后时间偏移剖面、叠前时间偏移剖面，以及相关解释成果图件。通过关键技术应用及参数优选，得到了品质较好的成果剖面；解释方案与露头吻合较好，构造解释方案符合地质学规律。

## 二、地震数据采集

隆鄂尼-玛曲重点区块以丘陵地貌为主，海拔一般为4800～5500m，东北部地势最高，北部多冲沟和河流，南部多丘陵，地形整体呈四周高、中间低的盆状格局，地形起伏较大，区内河滩发育，沼泽较多，个别地方有基岩出露地表，出露地层岩性复杂多变，包括灰岩、白云岩、泥页岩、砂岩以及第四系砂砾石等，造成面波、折射波、次生干扰波等干扰发育，原始单炮记录信噪比低。且由于冻土层的存在，冻土层对激发能量屏蔽，导致激发条件变差，激发能量衰减过快。由于表层冻土层地层速度很高，能够屏蔽掉大部分的地震激发下传能量，使得透射过该层的地震波能量弱，地面接收到目的层的能量反射信号极弱。同时，该区表层发育的岩溶孔洞的地层速度很低，与围岩相比岩溶孔洞成为较强的地质非均质体，造成绕射波、多次波发育，地震波场更加复杂，影响地震剖面的成像效果。

受多期的构造运动影响，这个构造型残留盆地内断层发育，地层褶皱严重。从野外采集得到的单炮记录可知，由于地下构造非常复杂，单炮上看不到明显有效反射，即使在单炮上虽然能够看到有效反射，而剖面上不一定能叠加成像，这给资料处理带来了困难，影响叠加效果。地表出露的地层倾角都比较大，有的地层倾角高达70°以上，由于多期次的构造运动，使得地层产状变化较快，地层速度横向变化剧烈，地表出露地层及地层埋深差异大，地震波场杂乱，剖面聚焦成像困难。侏罗系灰岩、白云岩目的层波阻抗差异小，反射能量弱，特别是目的层的波阻抗差异小，地震反射信号弱，信噪比低，地震成像困难。

### 1. 精细表层结构调查

隆鄂尼和玛曲工区采用小折射的方式进行表层结构调查，鄂斯玛工区由于地形复杂，采用小折射和微测井相结合的方式进行表层结构调查。小折射采用重锤钻机、坑炮激发（坑深0.3m、最大不超过0.5m）；药量0.5～2kg（在初至清晰的情况下尽量采用小药量）。单个检波器，24道不等间距接收，采用小道距、小排列、双边密相遇观测系统，提高近地表2～50m的速度和厚度参数调查精度。微测井设计井深保证在高速层不少于4个控制点，采用井中激发、地面接收的方式施工。

在技术上微测井要求井口对准桩号，井下激发点位置必须准确，井口与各地面接收点之间无高差（在同一水平面上）。小折射排列长度以追踪到高速层为准，要求所获原始记录初至起跳干脆、清晰、读数准确，解释合理；小折射排列为一条直线，尽量沿着测线方向摆放，排列内高差控制到2m范围内，为了控制排列内高差，部分地段可以斜交或垂直测线施工；激发点和检波器埋置坑遵循“宁浅勿深”，耦合效果必须达到施工要求。

### 2. 观测系统及参数

2015年二维地震勘探施工过程中，针对不同构造部位和地形情况采用不同的观测系统施工，隆鄂尼工区除了L2015-07测线试验段外全部采用低频可控震源施工；玛曲全区采用大吨位可控震源施工；鄂斯玛工区采用井震联合施工方式。采用Sercel-428XL仪器采集，记录长度 6s、采样间隔 1ms、记录格式 SEG-D、前放增益 12dB。

3. 震源激发系统及参数

根据该区以往老剖面圈定构造目标区域的具体范围，分线投影落实南北测线 E2015-(01、02、03、04、05)，强化目标区域，对该区域内震源施工段（3S2L480T/30m 炮道距）对应的 S2 线炮点距由 30m 加密为 15m，井炮施工段构造顶部采用 960 次覆盖（2S2L480T/30m 炮道距），非构造顶部采用 480 次覆盖（2S2L480T/60m 炮道距）。

4. 采集系统及参数

本重点区块全部使用高灵敏度的 30DX-10Hz 检波器接收，具体接收因素如表 8-2 所示。

**表 8-2 隆鄂尼-鄂斯玛工区接收因素**

| 检波器型号 | 检波器个数/个 | 连接方式 | 组合图形 | 检波器串数/串 | $\Delta_x$/m | $\Delta_y$/m | $L_x$/m | $L_y$/m | 备注 |
|---|---|---|---|---|---|---|---|---|---|
| 30DX-10Hz | 20 | 并联 | “一”字形 | 2 | 0 | 3 | 0 | 27 | L2015-07 试验段 R1 |
| 30DX-10Hz | 20 | 并联 | “X”字形 | 2 | 0.7 | 0.7 | 6.4 | 6.4 | L2015-07 试验段 R2 |
| 30DX-10Hz | 10 | 并联 | “口”字形 | 1 | 4 | 4 | 8 | 12 | L2015-07 试验段 R3、M2015-02R2 |
| 30DX-10Hz | 20 | 并联 | “一”字形 | 2 | 0 | 2 | 0 | 38 | 其余生产测线 |

## 三、地震数据处理

本区块地震资料具有测线分散、低降带速横向变化大、表层结构复杂、静校正问题突出、干扰波严重等特征，线性干扰和异常振幅对目的层成像不利；存在震源和炸药两种激发类型，子波一致性差，频率特征、能量差异大；不同构造单元目的层埋藏深度不一致，构造横向变化快，速度准确拾取困难，叠加、叠前偏移成像难度大等。因此，通过开展处理试验（图 8-35），制定地震数据处理流程及处理参数（表 8-3），以期获取真实的地腹信息。

地震数据处理试验包括：试验不同静校正方法，选择最适合本区的静校正方法，在此基础上采用多种剩余静校正方法与速度分析反复迭代方式，解决静校正问题；强化叠前去噪处理，在保护低频信息的前提下，重点是对线性干扰、异常振幅的压制，逐步提高资料的信噪比；做好一致性处理，消除纵横向能量差异，优选反褶积参数，改善波组特征，在保证信噪比的前提下适当提高分辨率；进行精细速度分析、做好速度分析与切除等基础工作，提高成像质量。

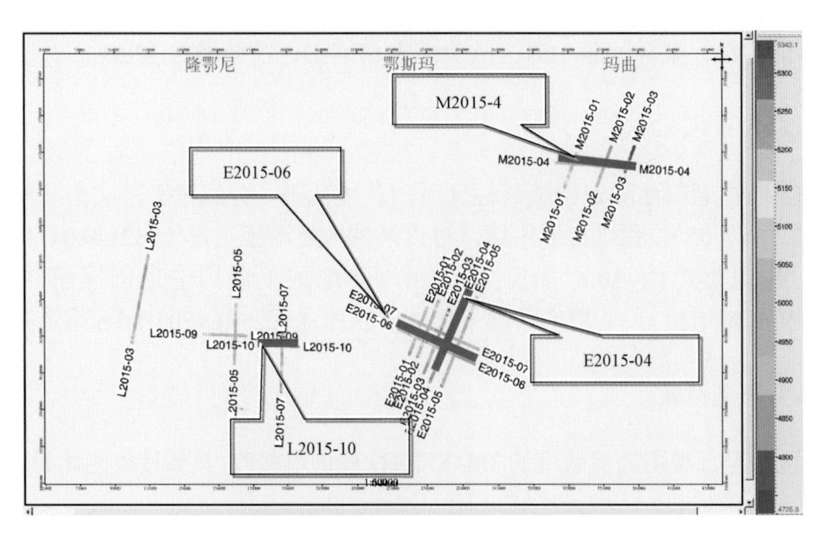


图 8-35　隆鄂尼-鄂斯玛区块试验线

**表 8-3　隆鄂尼-鄂斯玛工区处理参数**

| 序号 | 处理内容 | 采用方法 | 主要试验参数 | 监控分析图件 |
|---|---|---|---|---|
| 1 | 解编及预处理 | 线性动校正 | — | 覆盖次数图、最大最小炮检距平面图、单炮、初叠加剖面 |
| 2 | 基准面静校正 | 高程静校正<br>折射波静校正<br>层析静校正 | 基准面高程<br>替换速度<br>炮检距范围 | 校正量平面图、近地表结构图、应用校正量前后单炮、共炮检距初至、叠加剖面 |
| 3 | 噪声压制 | 面波压制 | 自适应高频衰减、频率 | 去噪前后单炮、道集、剖面及噪声、频谱 |
| | | 线性干扰压制 | 线性干扰波速度 | |
| | | 异常振幅压制 | 分频去噪模块，频带、门槛值 | |
| | | 多次波压制 | 时差、速度 | |
| 4 | 振幅补偿 | 球面扩散振幅补偿 | 补偿系数、区域速度 | 振幅补偿前后单炮、剖面、时间切片 |
| | | 地表一致性振幅补偿 | 时窗 | |
| 5 | 地表一致性反褶积 | 地表一致性反褶积 | 时窗　1个，2个 | 单炮、剖面、频谱、自相关 |
| | | | 预测步长　12～32，4ms | |
| | | | 因子长度　180ms，200ms | |
| 6 | 剩余静校正 | 地表一致性反射波剩余静校正速度迭代 | 相关拾取时窗：<br>先大后小；时移量：12～24ms，4ms | 道集、叠加剖面、剩余静校正量平面图 |
| 7 | 模拟退火剩余静校正 | 地表一致性剩余静校正 | 整时窗，<br>时移量小于 2ms | 道集、剖面、频谱 |
| 8 | 子波整形 | 子波整形 | 消除不同激发类型和采集仪器导致的资料间频率、相位差异 | 道集、叠加剖面 |
| 9 | 反褶积 | 预测反褶积 | 因子长度；<br>时窗：1、2 个；<br>预测步长：4～28，4ms | 道集、剖面、频谱、自相关、井震吻合情况 |

续表

| 序号 | 处理内容 | 采用方法 | 主要试验参数 | 监控分析图件 |
|---|---|---|---|---|
| A-1 | 共反射面元 | 共反射面元 | 道数，半径 | — |
| B-1<br>B-2 | 叠后时间偏移 | 叠后时间偏移 | 最终速度密度：60%，70%，80%，90%，100%，110%，120% | 速度场、剖面、CRP 道集、井震吻合情况 |
| A-4<br>B-3 | 滤波增益 | 时变滤波及均方根增益 | 时变参数及滤波参数<br>RMS 增益时窗大小 | 最终成果、时间切片 |

## （一）静校正处理

综合分析高程静校正、野外静校正、层析静校正和拟三维层析静校正效果，经过对比分析选用野外静校正低频，保证全区闭合，对比分析高程、拟三维层析静校正和野外静校正，分别取每种方法优点，综合解决高频成像。

基准面静校正：室内初至拾取，由室内初至拾取得到的初至特点，采用变频率菲涅尔带（体）层析反演的基准面静校正方法，该方法相对传统射线层析静校正具有自身突出优势。

速度模型反演网格为 15m×15m×15m，换算方法为 Inline 或 Crossline 点号×15，即可与前面观测系统中测线位置近似对应上，这种算法能够最终收敛误差，误差很小（图 8-36）。叠加效果见图 8-37 所示。

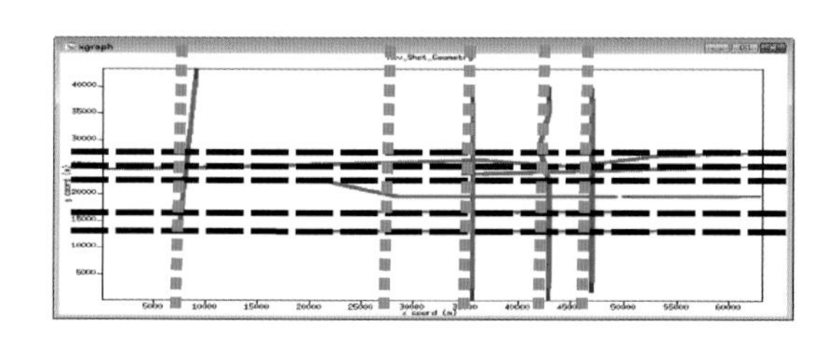

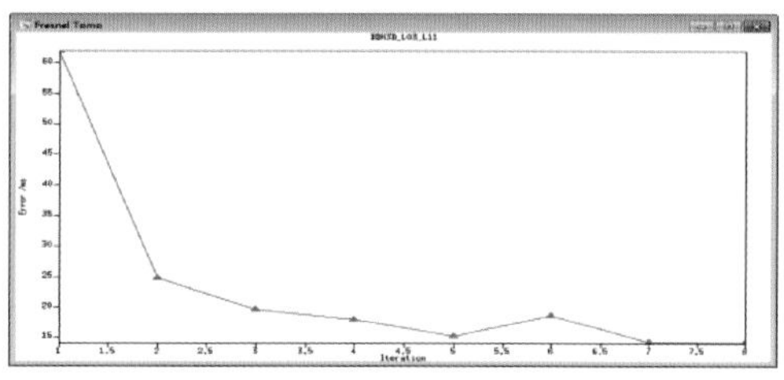

图 8-36　换算方法

剩余静校正：通过速度分析与剩余静校正迭代，逐步解决高频静校正问题，提高资料成像品质。采用反射波剩余静校正、模拟退火剩余静校正，进一步解决高频静校正问题。

在应用了综合静校正量后，基本上解决了影响构造形态的低频分量和全区较大的静校正问题。在此基础上，我们采用地表一致性剩余静校正与速度分析的多次迭代，解决全区的剩余静校正问题。反射波剩余静校正方法大多数采用相关法求取静校正量，模型道数据的质量直接影响求取的静校正时差。

在反射波剩余静校正处理中重点对最大时移量、时窗、模型道的优化等参数进行反复试验，保证处理效果。整个处理过程中剩余静校正和速度分析共进行了 4 次迭代：在地表一致性反褶积后进行 2 次速度分析与剩余静校正，从而为后续偏移提供可靠的数据；在预测反褶积后进行了 2 次速度分析与剩余静校正迭代。

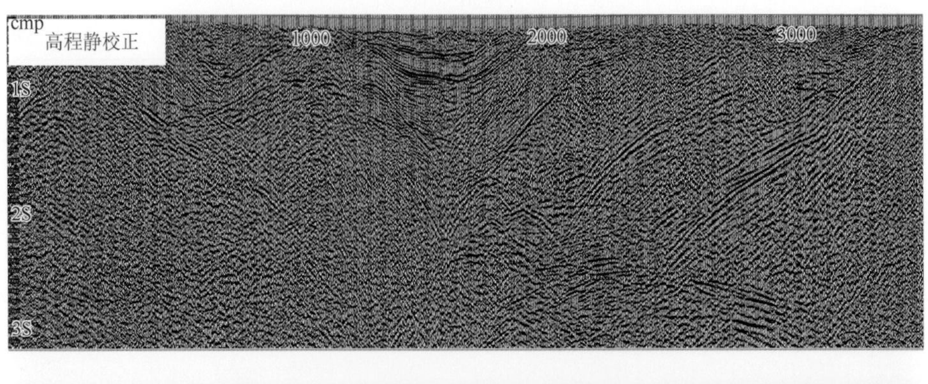


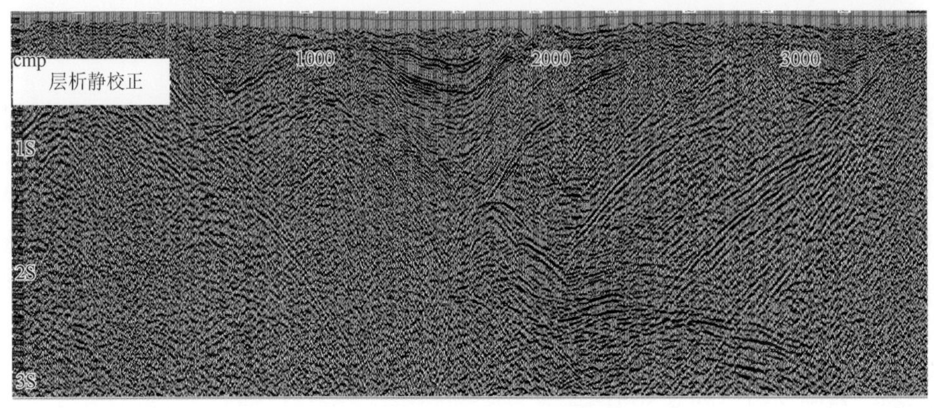


图 8-37　羌塘盆地 E2015-07 测线叠加剖面

自动剩余静校正方法属于反射波静校正方法，它的基本原理是假设炮点和检波点的剩余时差只与地表结构有关，而与波的传播路径无关。在这一假设之下经过初步静校正和动校正以后的地震道的剩余时差 $T_{ijh}$，可以表示成五个分量的和：

$$T_{ijh}=S_i+R_i+G_{kh}+M_{kh}X_{ij}^2+D_{kh}Y_{ij} \tag{8-1}$$

式中，$i$ 为炮点号；$j$ 为检波点号；$h$ 为反射层号；$k$ 为 CMP 号；$S_i$、$R_j$ 为分别表示第 $i$ 号炮点和第 $j$ 号检波点的剩余静校正量，它只与其地面的位置有关；$G_{kh}$ 为构造项，它表示反射 $h$ 层上，第 $k$ 个 CMP 点相对于第一个 CMP 点由地层的起伏而产生的双程垂直旅行时差；$M_{kh}$ 为剩余动校正量算子；$M_{kh}X_{ij}^2$ 为相应的剩余静校正量；$D_{kh}$ 为横向倾角算子；$Y_{ij}$ 为 CMP 点横向偏离测线的距离；$D_{kh}Y_{ij}$ 为由于第 $k$ 个 CMP 点位置横向偏离测线所产生的时差。

显而易见，这五个分量中，第一个和第二分量对于一个地震道来说，不随反射时间的变化而变化，它是要求取的炮点和检波点剩余静校正量；其他三个分量，一般情况下是随反射时间变化而变化的。

整个实现过程包括三步：第一步是拾取地震道的剩余时差 $T_{ijh}$；第二步是对剩余时差 $T_{ijh}$ 进行分解，求出 $S_i$ 和 $R_j$ 两个分量；第三步是把这两个分量应用到相应的道上。

剩余静校正方法大多数采用相关法求取静校正量。处理过程中，我们采用分频迭代剩余静校正方法，它是根据数据的优势频带的变化，采用不同频宽的模型道，这就保证了剩余静校正的质量，从而改善成像效果。同时对模型数据道进行提高信噪比处理，优化模型道，通过速度分析与静校正的多次迭代，使静校正问题得到比较好的解决。

速度与静校正问题相辅相成，精确的速度有利于静校正问题的解决，同时静校正的解决有利于获得高精度的速度，而高精度的速度是成像的关键，因此速度分析尤为重要。

在速度分析中针对数据特点，通过试验，优化速度谱参数，提高速度谱的质量。为了拾取精度较高的速度，解释速度时通过多种手段相结合，逐步加密速度分析点，第一次速度谱分析密度为1000m，第二次速度分析以后加密到500m，并与周围速度分析线对比分析，建立合理的速度场。

具体做法：依靠速度谱强能量团，参照CSUM道集、变速扫描及交互叠加，进行速度谱解释，从而得到准确的速度；考察纵横测线的等速平面图和速度时间切片，最终使速度解释更加合理。采用常速扫描与变速扫描相结合的方式，确定叠加速度场，同时，注意与地质解释人员配合，保证叠加速度场的合理。

反射波地表一致性剩余静校正方法大多数采用相关法求取静校正量，模型道数据质量直接影响求取的静校正时差。由于该区目的层资料信噪比低，使得剩余静校正参数选择比较困难。在反射波剩余静校正处理中重点对最大时移量、时窗、模型道的优化等参数进行反复试验，保证处理效果。

处理中还采用速度分析与剩余静校正迭代方法，因为叠加速度越准确，求取的静校正时差越精确；反过来，静校正问题解决得好，叠加速度也会更准确，在速度分析与剩余静校正迭代过程，使得静校正精度逐步提高。通过与速度分析的多次迭代，可以逐步得到更加精确的剩余静校正量，提高静校正精度，使CMP道集同相叠加能量更强，提高资料信噪比。通过对比剩余静校正迭代前、后的叠加剖面，可以看到，目的层段同相轴连续性加强，信噪比明显提高，有效反射明显（图8-38）。

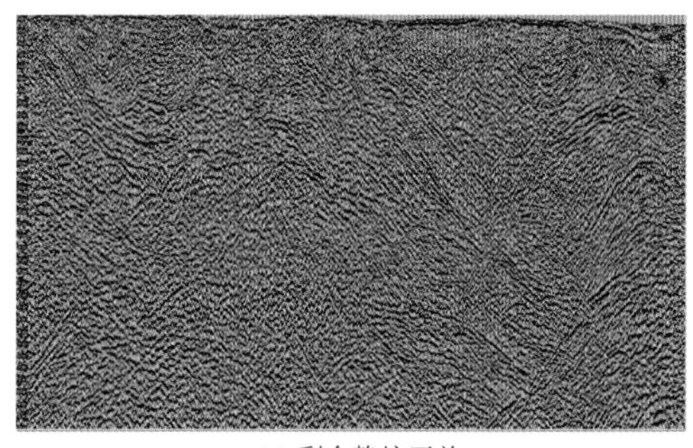
(a) 剩余静校正前

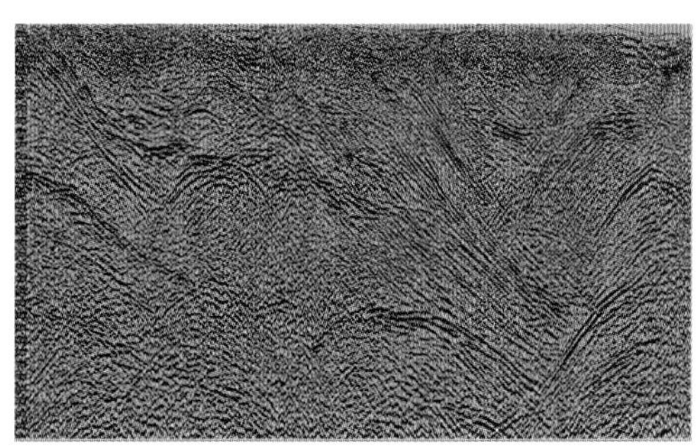
(b) 剩余静校正后

图8-38 羌塘盆地M2015-04测线叠加剖面

## （二）噪声压制

如何提高资料信噪比是本次资料处理的又一重要环节，必须从叠前去噪入手，才能从根本上提高信噪比。通过对原始资料分析，本工区地表条件复杂，激发、接收条件差别较大，主要干扰波为废道、面波、异常振幅、高频噪声等，针对不同工区需要进行针对性去噪，遵循先强后弱、先易后难、先相干后随机的多域、多步、分阶段原则（图 8-39），包括：用自动统计剔除法去坏炮、坏道，主要是对各区块的不正常炮、道进行自动统计剔除。针对本区的面波，采用自适应面波压制的模块来压制和削弱面波对地震资料品质的影响。该模块利用时频分析的方法，根据面波和反射波在频率分布特征、空间分布范围、能量等方面的差异，首先检测出面波在时间和空间上的分布范围，再根据面波的固有特征对确定的面波进行第二次分析，以确定面波能量的频率分布特征，并根据这种特征对其进行加权压制。该方法采用了逐道压制的方式，能够适应变化的线性噪声，有效避免 f-k 法与 τ-p 法只压制规则线性噪声的弱点，并且压制后的数据避免了产生“蚯蚓化”的现象。异常振幅干扰是野外施工过程中外界环境的变化造成的，虽然野值在记录中占很少部分，但为保证在反褶积处理中求取可靠的反褶积因子，所以运用地表一致性原理进行异常振幅压制处理。该方法是在人工剔除野外废炮、坏道工作完成之后应用的，在地表一致性假设条件下进行自动压制野值，使有效信号不被破坏，又使野值得到有效压制。针对高频强干扰噪声的特点，通过频率扫描和频谱分析等手段，根据试验结果，使用加权系数滤波技术进行压制。针对工区内的局部多次波采用拉东变换及内切除进行压制。

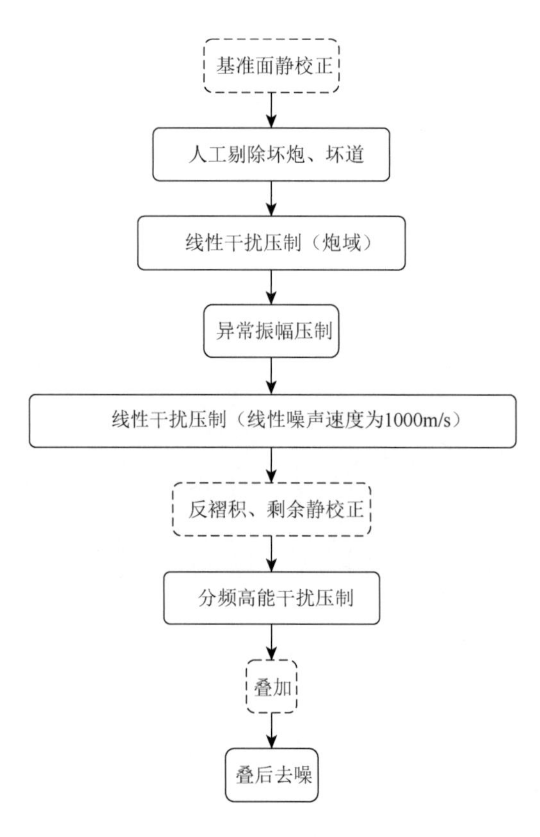


图 8-39　去噪流程图

运用地表一致性原理进行异常振幅压制处理的基本原理包括三步。第一步，在给定的时窗内，对每个样点的振幅值进行统计测定。计算方法有均方根振幅、平均绝对振幅、最大绝对振幅、优势频率振幅。前两种方法适合压制强振幅噪声脉冲，后两种方法适合压制孤立野值。第二步，基于地表一致性和地下一致性的假设，通过 Gauss-Seidel 迭代算法，将统计量分解成为炮点、接收点、炮检距和构造项分量。第三步，在所给定的时窗，通过给出振幅的修改限制值，即最大的振幅改正值来完成异常振幅的压制和干扰波的衰减。压制系数过大容易伤到有效反射信号，压制系数过低，噪声压制太少，起不到压制噪声的目的。

通过对比测线单炮迭代去噪前后单炮、叠加剖面及去掉的噪声，通过去噪单炮效果可以看出每一步去噪效果明显，参数合理，噪声得到很好压制（图 8-40）。

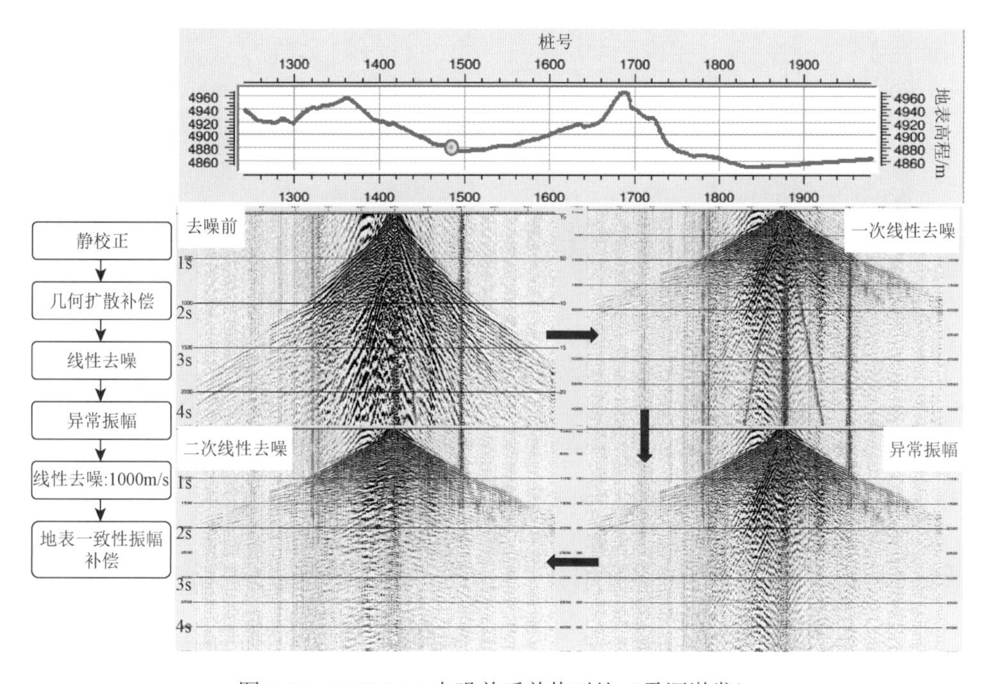


图 8-40　L2015-10 去噪前后单炮对比（震源激发）

在本次的去噪中，使用了多种去噪方法。同时，不同工区采用不同去噪方法，每种方法在使用上也考虑到资料本身的参数和特点进行对应的调整。经过一系列针对性叠前去噪处理措施，在不破坏数据相对振幅关系的前提下使数据信噪比尽可能得到提高（图 8-41），为后续处理打下了坚实基础。

## （三）一致性处理

地表一致性处理技术在资料处理中非常重要，不同的激发、接收条件导致原始数据在子波振幅、频率、相位等方面存在一定的变化，地表一致性处理是消除这些差异最好的手段。它包括地表一致性振幅补偿技术、地表一致性反褶积技术和地表一致性剩余静校正处理技术等。激发和接收条件的不一致性对地震记录的影响很大，主要是对地震记录能量的影响。地震波的振幅补偿应是流程中首先需要考虑的问题，做好地表一致性振幅补偿是储层预测的基础。地表一致性振幅补偿处理过程，包括振幅拾取、地表一致性振幅分解、振幅补偿。

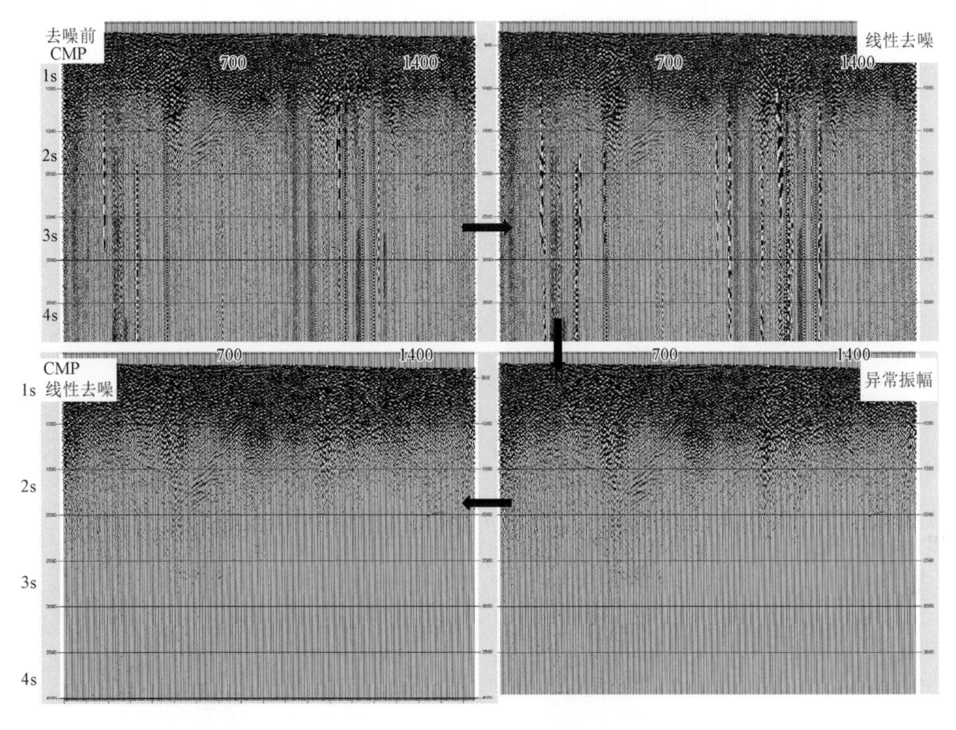


图 8-41　羌塘盆地 L2015-10 去噪前后剖面对比（震源激发）

振幅拾取：采用均方根振幅或绝对值平均振幅判别准则对某一时窗内的振幅进行统计平均，以作为该时窗内的拾取振幅。

均方根振幅准则：

$$P=\left[\frac{1}{N}\sum_{j=t}^{t+N}a^2(j)\right]^{\frac{1}{2}} \tag{8-2}$$

绝对值平均振幅准则：

$$P=\frac{1}{N}\sum_{j=t}^{t+N}|a(j)| \tag{8-3}$$

式中，$P$ 为计算的振幅值；$a$ 为时窗内的振幅；$j$ 为某一时间采样点；$N$ 为时间采样个数。

地表一致性振幅分解：使用高斯-赛德尔算法对计算的振幅值 $P$ 进行分解，分别求取振幅的炮点分量、检波点分量、CMP 分量及炮检距分量。

假定：第 $j$ 个炮点，第 $i$ 个检波点的地震道在所给定的时窗内，其振幅值 $P_{ij}$ 等于 $i$ 炮点振幅分量 $S_j$、检波点振幅分量 $R_i$、CMP 分量 $G_m$ 及炮检距振幅分量 $M_n$ 褶积。

$$P_{ij}(t)=S_i(t)*R_i(t)*G_m(t)*M_n(t) \tag{8-4}$$

将上式变换到频率域，则有：

$$P_{ij}(f)=S_j(f)\cdot R_i(f)\cdot G_m(f)\cdot M_n(f) \tag{8-5}$$

再将上式两边取对数可得到：

$$\log P_{ij}(f)=\log S_j(f)+\log R_i(f)+\log G_m(f)+\log M_n(f) \tag{8-6}$$

$$E=\sum_{ij}\sum_{h}[\log P_{ij}(f)-(\log S_j(f)+\log R_i(f)+\log G_m(f)+\log M_n(f))]^2 \tag{8-7}$$

依据最小方差判别准则，使输入的振幅值与求取的振幅值（$P_{ij}$）有最小的方差。

振幅补偿：求得四个振幅分量，即 $S_j$、$R_i$、$G_m$、$M_n$，将 $S_j$、$R_i$ 分量应用于数据中，即可完成炮点域、检波点域、CMP 域、炮检距域的振幅均衡，从而补偿因地表条件不一致所造成的能量差异。

在本次的处理中采用球面扩散补偿技术和地表一致性振幅补偿技术串联的流程消除纵向和横向变化造成的能量差异。应用球面扩散补偿技术补偿地震波在传播过程中，波前能量随着地震波传播距离的增加而衰减，造成的纵向上能量的差异，使浅、中、深层能量得到均衡。应用地表一致性振幅补偿技术，补偿地震波在传播过程中由于激发和接收条件的不一致性引起的振幅能量差异。通过测线振幅一致性处理前后剖面显示，从补偿前后的单炮和叠加剖面上可以看出纵横方向地震波振幅能量得到很好恢复（图 8-42）。

串联反褶积处理：表层条件对地震波的影响可以认为是一种滤波作用，它不仅仅造成时间上的延迟，还对波的振幅特性和相位特性有影响。在这种情况下，我们就必须对这种滤波作用进行反滤波。通常认为，地表同一位置的滤波作用与地震波的入射角无关，无论是浅、中、深层反射，其滤波作用均相同。因此，我们把这种反滤波方法称为地表一致性反褶积。由于地表不一致因素引起的子波波形的变化，经地表一致性反褶积处理后，可以使地震波的波形趋于一致。地表一致性反褶积的实施分为谱分析、地表一致性谱分解、反褶积算子设计、反褶积算子应用等步骤。

地表一致性反褶积是为消除激发与接收条件地表不一致性引起的子波变化而设计的。这里我们应用的地表一致性反褶积实现方法称为谱分解法，它是在频域内分解对数谱，求各炮点位置、检波点位置、中心点位置以及与炮检距有关的反因子，通过分别与数据道进行褶积的方法来实现。

处理过程中根据处理要求选择合理分析时窗、因子长度及预测距离，并结合测井资料确定最佳反褶积参数。

由于地表地震条件及地下地质条件的复杂性，导致地震子波横向上的不一致性，而地表一致性反褶积可以很好地解决该问题，它抗干扰能力强，对子波振幅具有较好的调整作用，但对子波的压缩程度有限。而预测反褶积的特点是对子波的压缩能力强，但反褶积算子的稳定性差。结合二者的优势，本次处理采用了在地表一致性反褶积后进行预测反褶积的串联反褶积处理方案，同时在叠后处理时针对浅层采用叠后调谐反褶积的方法进一步适度提高分辨率。地表一致性反褶积在地表一致性处理技术中已做了详细介绍，不再赘述，这里着重介绍预测反褶积的原理及使用。

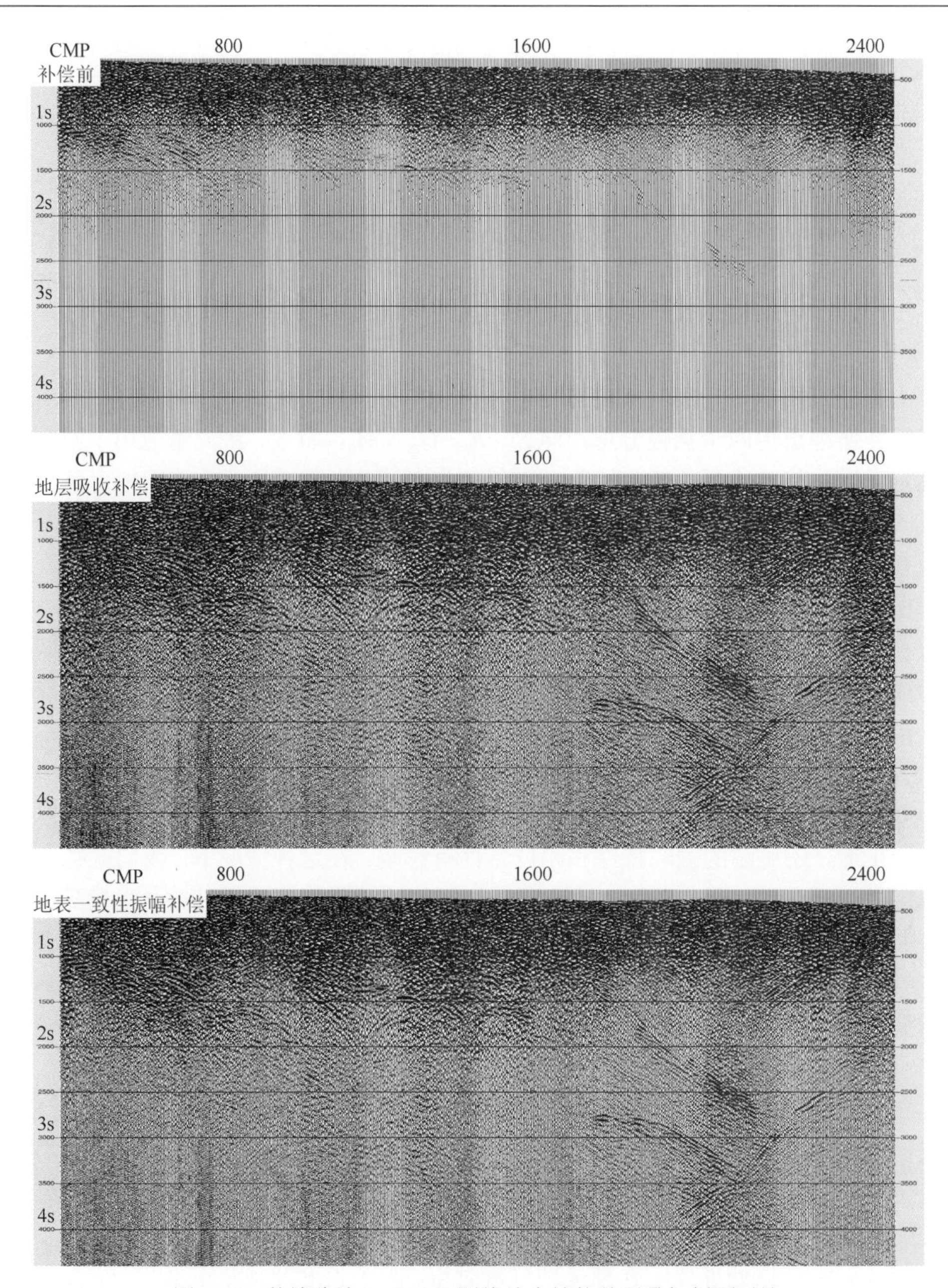


图 8-42　羌塘盆地 M2015-4 测线综合补偿前后叠加剖面对比

预测反褶积通常用来提高数据的分辨率和消除多次波，反褶积预测距离的选择将直接影响反褶积的效果，而分辨率的提高又要求以不损害数据的信噪比作为衡量标准。处理中我们通过反褶积前后的自相关曲线、频谱分析和试验线的叠加剖面以及井资料标定等手段来确定使用参数。在批量处理过程中，选取有代表性的试验线，对分析及应用时窗进行了分析论证。

反褶积是压缩地震子波、提高分辨率的手段，是资料处理中的重要环节之一。而反褶积方法很多，不同方法及参数的选择，直接影响资料的信噪比和分辨率。本区块由于地表条件、激发接收条件的变化使得地震资料的地震子波变化较大，原始资料干扰波严重，信噪比很低，因此，针对本区块反褶积处理方法与参数的选取原则是以提高子波一致性为主，在保证资料信噪比的前提下，再尽可能提高资料分辨率。

本区块采用了地表一致性反褶积和预测反褶积串联使用的方法，首先应用地表一致性反褶积技术，消除地表差异对地震子波的影响，从而增强地震子波横向稳定性。在此基础上，进行第一次速度分析和地表一致性剩余静校正以提高资料的信噪比。然后，再应用预测反褶积处理技术，对地震子波做进一步的压缩，以提高资料的纵向分辨率。反褶积后的资料分辨率得到了一定的提高，频谱拓宽，子波一致性增强。

施工时存在可控震源和炸药两种激发类型，应进行整形处理保证全区资料一致性。首先进行可控震源资料小相位化处理，同时炸药资料（少数）向可控震源资料（多数）整形，保证全区资料统一闭合。通过试验线反褶积前、地表一致性反褶积后、预测反褶积后的叠加剖面、频谱、炮统计自相关对比见图 8-43 所示。

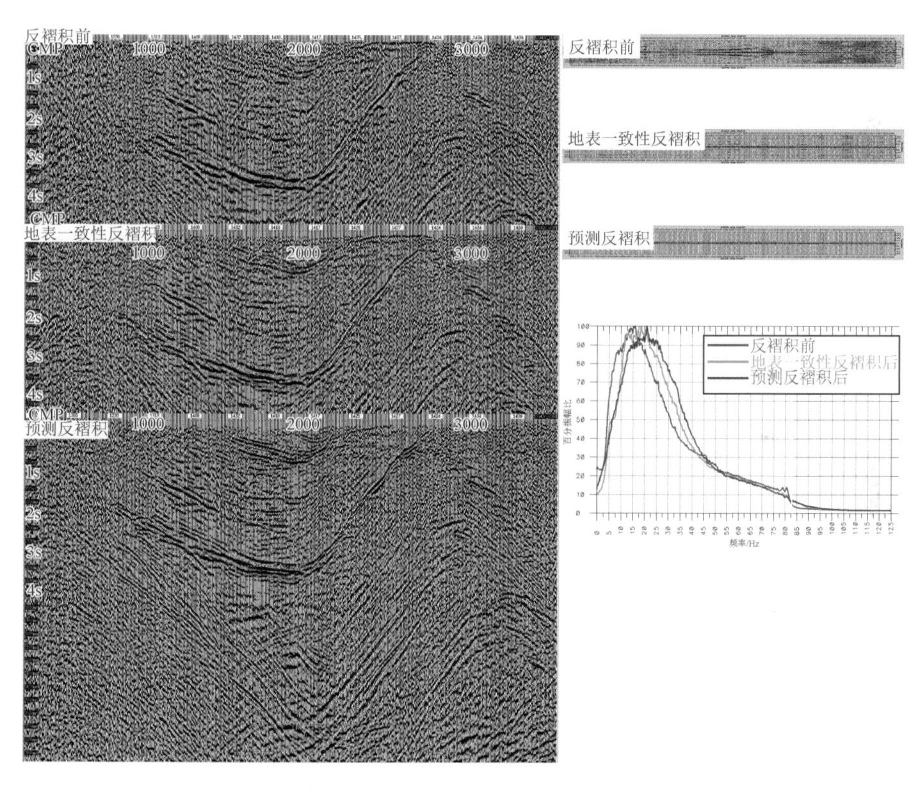


图 8-43　羌塘盆地 E2015-04 测线反褶积前后对比示意图

通过剖面可以看出地震剖面成像效果明显，频带拓宽，子波一致性提高。在提高分辨率方面主要由反褶积步骤中的预测反褶积完成，从预测反褶积前后的叠加剖面、炮域自相关函数以及反褶积前后的频谱可以看出：分辨率得到提高，频谱得到有效拓宽。针对炸药、可控震源混合采集的数据，进行了整形处理，可以看出整形后剖面波组特征得到明显改善（图 8-44）。

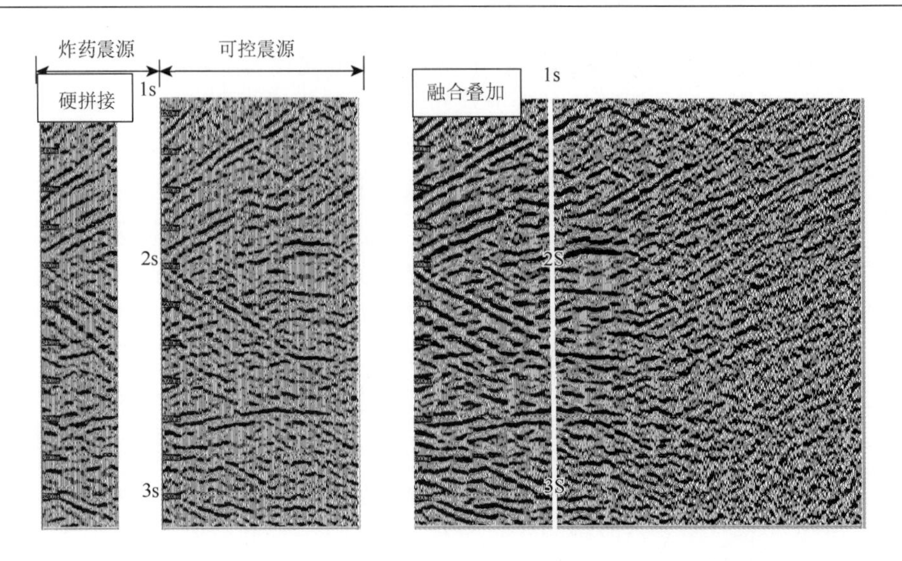


图 8-44　羌塘盆地 E2015-04 测线子波整形后拼接剖面对比图

## （四）精细速度分析与切除技术

速度分析与切除是处理中最基本也是最重要的工作，只有合理与最佳的叠加速度才能保证有效反射同相叠加成像。尤其是对于构造复杂、低信噪比地区资料，精细速度分析与切除工作显得尤为重要，是改善资料成像关键处理步骤之一。

精细速度分析：反射波时距曲线的推导是以观测面为水平面、传播介质是水平层状均匀介质为假设前提的，由于本地区地表条件复杂，时距曲线形状也十分复杂，远远不是理想的双曲线，所以该区资料的速度分析工作，难点集中表现在目的层资料信噪比低，速度谱上没有可靠的能量显示，速度谱上同一时间段上有多个能量团同时存在，从单个速度点上很难判断速度真实趋势。这些特点，给速度分析解释造成了极大的困难。在速度分析中针对资料速度特点，通过试验，优化速度谱参数，提高速度谱的质量。

在数据处理时，重新进行：优化速度谱参数以确保得到高质量的速度谱；常速扫描确定速度范围、变化规律；变速扫描分析确定局部构造的成像速度；通过加密速度点，控制横向的速度趋势；通过分炮检距叠加、优选炮检距、精细调整切除参数等工作。另外，在目的层资料信噪比较低区域，速度谱质量差，叠加速度难以准确拾取时，采用常速扫描与变速扫描相结合的方式，确定叠加速度场。针对剖面上成像质量差的速度点附近段进行常速、变速扫描，由常速扫描可以确定该段的主要成像范围，在此基础上再进行变速扫描微调，从而确定最佳的成像速度。通过常速、变速扫描提高速度拾取趋势控制，速度调整前后剖面成像质量有所提高（图 8-45）。

精细切除技术：由于野外施工时为了避开一些障碍物，存在变观炮点，因此动校正时初至波的拉伸也不一致，为了有效地切除动校正拉伸，提高浅层资料的信噪比，处理过程中应根据噪声和有效信号的分布规律，采用空变切除参数达到最佳的成像效果。

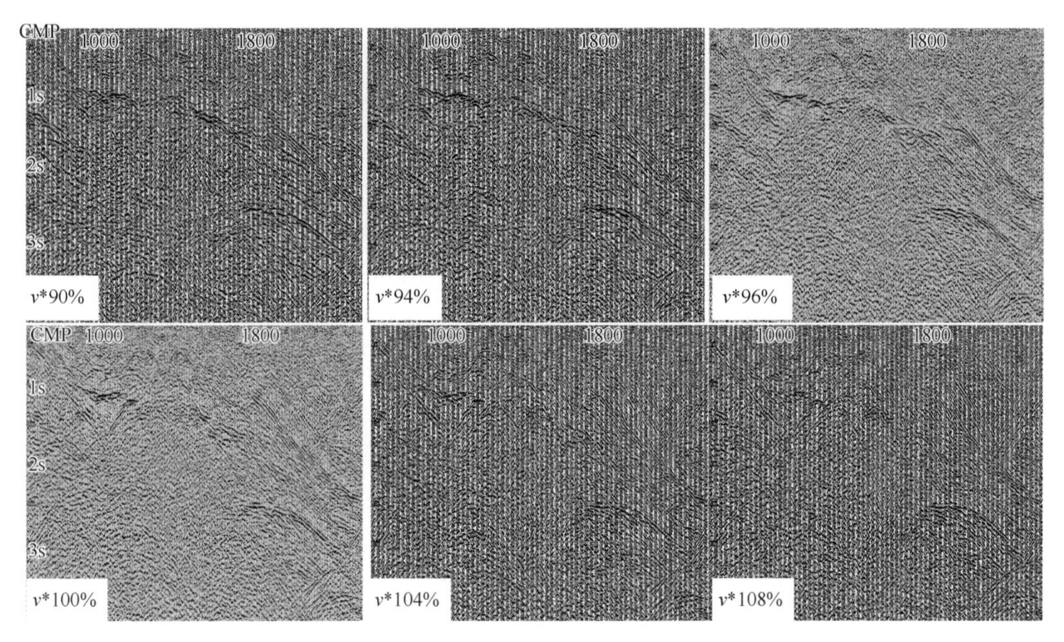


图 8-45　羌塘盆地 M2015-04 测线变速扫描对比图

## （五）共反射面元处理

共反射面元（common reflection surface，CRS）叠加方法的理论基础是几何地震学，同时考虑反射层的局部特征和第一菲涅耳带的全部反射。它用反射面来替代对地下反射点的描述，并用多个参数来描述来自这一反射面的旅行时。共反射面元叠加的思路是借助于相近共反射点道集之间的相似性，在相应的相干区域内依据相邻 CMP 数据所生成的超 CMP 道集，凭借其覆盖次数自身所具有的压制噪声功能，可大幅度地提高地震资料信噪比。DMO 速度场为叠前偏移提供了一个很好的初始模型（图 8-46）。

## （六）宽、弯线调整

由于工区地表条件比较复杂，为了得到有效波的资料，野外分别采用宽弯线、弯线、宽折线的方式进行野外施工，这给室内处理带来了很大的困难。所以，在处理中针对具体测线分别采用三维处理方式进行预处理定义，采用三维资料处理技术；或按照二维处理方式进行预处理定义，使用不同的弯线调整参数进行弯线调整后再合并数据。针对三种复杂的观测系统，精细定义，保证 CMP 面元位置正确，为得到好的叠加效果打下坚实基础。

## （七）叠后时间偏移

地震勘探的终极目标是落实地下构造形态，偏移归位是实现这一目标最为关键的环节。目前叠后时间偏移有很多方法，虽然每一种方法都有各自的特点，但总体说来，所有叠后时间偏移方法都要求速度横向不能剧烈变化，否则，叠后时间偏移将很难给出精确的偏移结果。由于工区地下构造复杂，偏移归位是本次数据处理的难点之一。

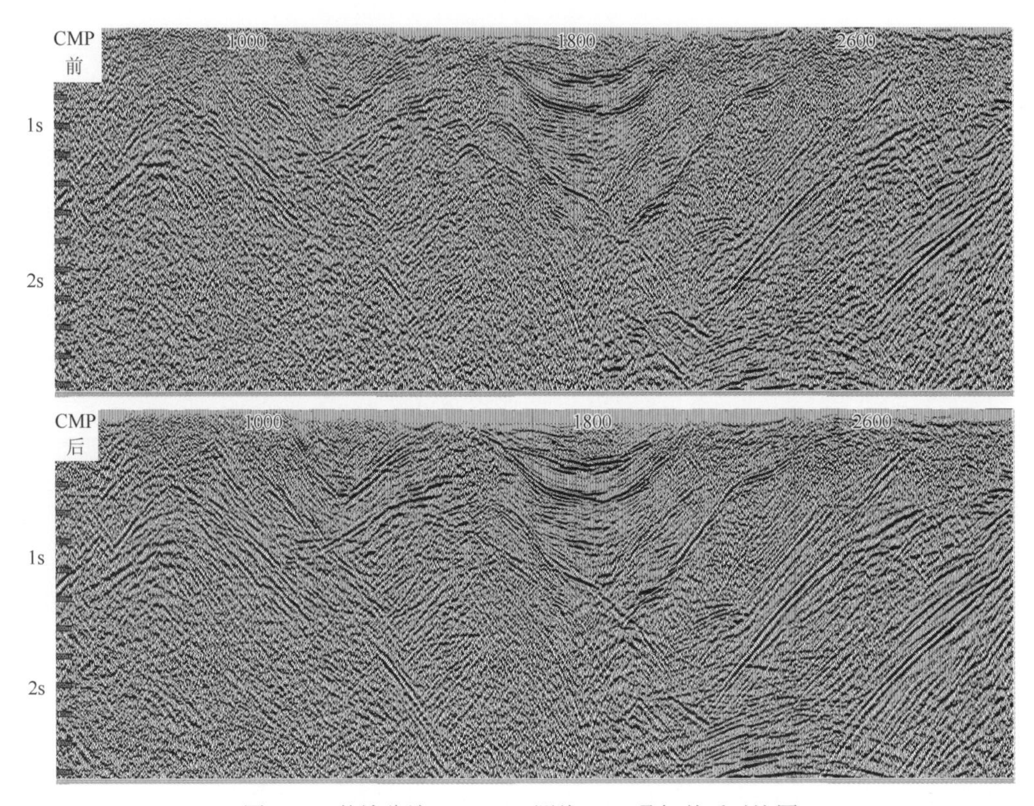


图 8-46　羌塘盆地 E2015-07 测线 CRS 叠加前后对比图

通过叠后偏移速度场变速扫描的偏移结果，图 8-47 中 100%表示初始偏移速度，在此基础上分别乘以 60%、70%、80%、90%、110%来确定偏移速度范围，再进一步调整偏移速度场，使偏移归位更为合理。叠加剖面与叠后偏移剖面对比，波组特征清晰，偏移归位合理，构造成像清楚（图 8-48）。

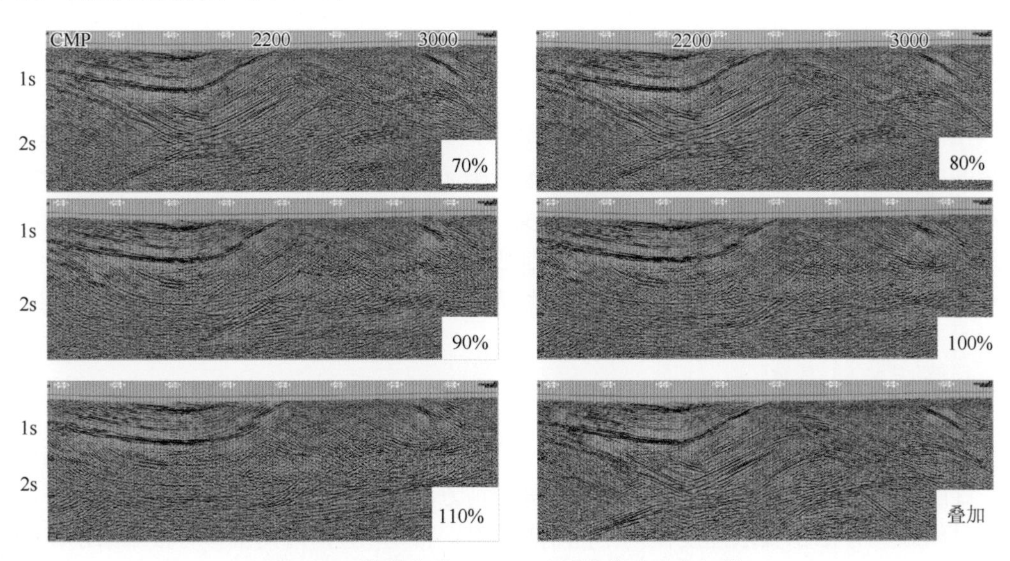


图 8-47　羌塘盆地 E2015-04 测线偏移速度扫描

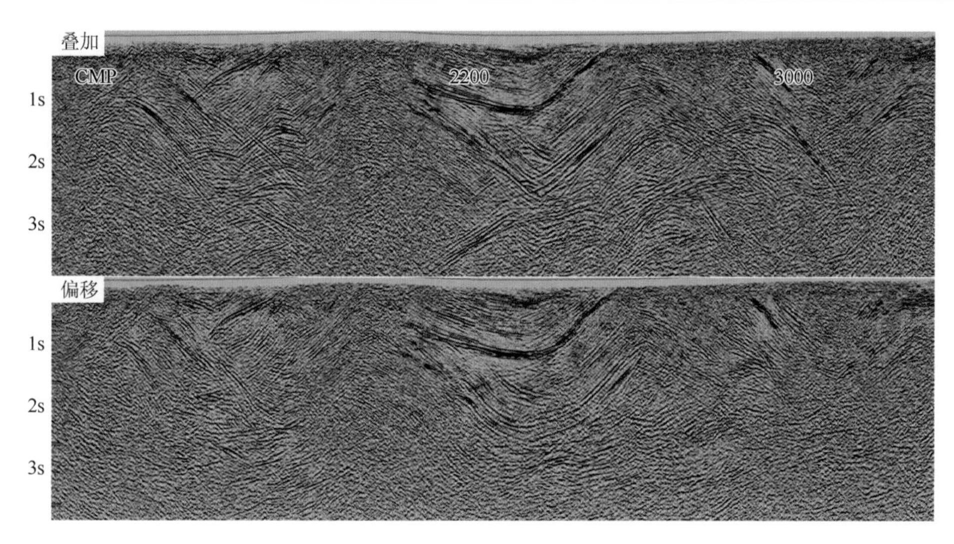


图 8-48　羌塘盆地 E2015-04 测线最终叠加及叠后偏移剖面

## （八）叠前时间偏移

与叠后时间偏移相比，叠前时间偏移能更好地解决复杂断块偏移成像问题。叠前时间偏移主要是通过速度分析迭代的方法优化均方根速度场，使得最终的速度场能最大限度地逼近地下介质的速度，从而使 CRP 道集全部拉平。进行叠前时间偏移目的是使绕射归位、断裂清晰。

通过不同偏移孔径的剖面对比，优选偏移参数，进而获得更好成像，如试验线叠前时间偏移速度场与叠加剖面（图 8-49），通过速度场可以看出，叠前时间偏移速度场形态与偏移剖面一致，最终偏移速度场合理。

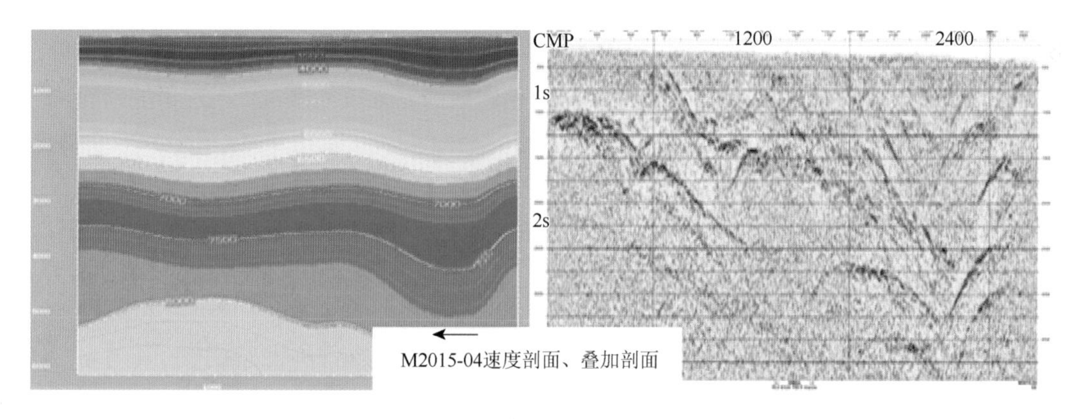


图 8-49　试验线叠前时间偏移速度场

通过应用一系列配套的叠前处理技术之后，得到了比较好的叠前偏移输入数据，空间上能量比较均衡，噪声也得到了比较好的压制，叠后时间偏移与叠前时间偏移对比，叠前时间偏移绕射波得到很好的收敛，断点、面清晰，偏移归位合理（图 8-50）。

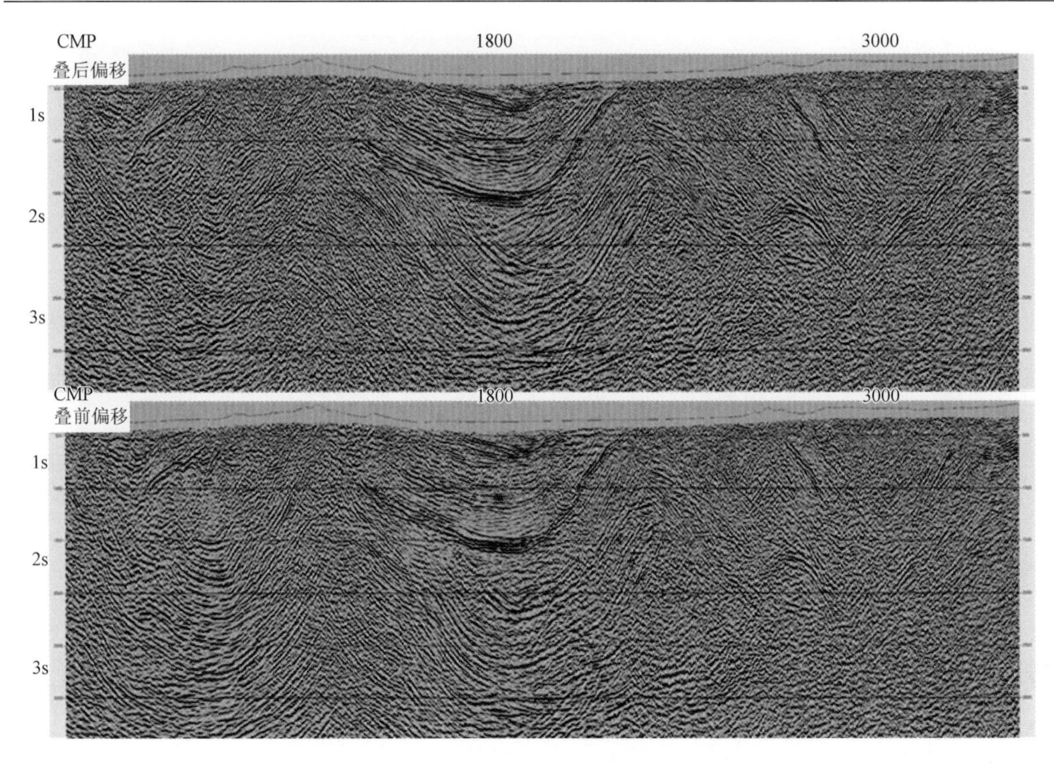


图 8-50　羌塘盆地 E2015-04 测线偏移对比剖面

虽然隆鄂尼-玛曲重点区块横向和纵向的跨度都比较大，但通过本次的精细处理，都取得了比较好的叠加和偏移剖面。隆鄂尼-鄂斯玛-玛曲工区东西向跨度大，包含三个小工区：西边的隆鄂尼工区信噪比较低，地层以陡产状地层为主；鄂斯玛工区存在一定信噪比，但横向变化大；玛曲工区的测线比较稀，信噪比相对较高、构造复杂。采用高覆盖的宽线或宽弯线采集，从处理后的结果看，高覆盖的采集有利于得到高品质的地震资料，在出露区随着覆盖次数的增加，资料品质提升显著，采用高覆盖的宽线或宽弯线采集，能得到较好的叠加和叠后偏移剖面，低信噪比区域及信噪比横向差异较大区域，不利于叠前时间偏移成像。

## 四、资料解释

本次处理解释地震测线共 16 条，合计 480km。纵观本次处理解释的 16 条水平叠加、叠后偏移时间剖面，鄂斯玛、玛曲区块纵向上获得了侏罗系索瓦组至三叠系底界的反射。其中，$TJ_3s$、$TJ_2x$、$TJ_2b$、$TJ_{1\text{-}2}q$ 等反射层的反射能量强、连续性好、相对易于追踪对比；TT、TP 反射层的反射能量弱，反射品质相对较差，追踪对比相对困难。横向上位于凹陷区及地表褶皱强度较低区域所获得的资料品质较好，反射波能量强、特征明显，易于连续追踪对比解释，各目的层反射可满足构造解释的要求；构造褶皱强度较大、断裂发育及地表出露地层较老区域所获得的地震资料品质明显变差，反射波连续性变差，波组特征不明显，难于连续追踪对比解释，仅能参照相邻测线推测解释。隆鄂尼区块纵向上获得了侏罗系索瓦组至三叠系底界的反射，除部分测线（$TJ_3s$、$TJ_2x$、$TJ_2b$、$TJ_{1\text{-}2}q$）等反射层的反射能量强、连续性好、相对易于追踪对比，大部分测线主要目的层段反射层的反射能量弱，反射品质相对较差，追踪对比相对困难。总体来说，一级剖面能满足精细查清构造关系变化的解释要求，二级剖面其资料品质仅能达到基本查清构造关系变化的解释要求。

## （一）地质“戴帽”标定

地质“戴帽”标定地震反射层的方法广泛运用于四川、新疆等高陡复杂构造区域。采用地质“戴帽”方法，将地面地质层位的顶底位置、出露断点位置及地层产状等要素标注于地震剖面地形线对应的 CDP 处，然后利用露头剖面上的地质界线对地震剖面上的反射层的对应情况进行标定。应用该方法标定的结果能够比较直观地展示地面与地下构造和层位的对应关系。在地震资料品质较差及地表露头区域，“戴帽”能起到指导地震解释工作的作用。对于研究区来说，三叠系上段地层是地表所能见到的最老地层，侏罗系地层多处出露地表，将地表出露部位的地质界线标定到地震剖面上对应位置，则可在地震剖面上标定出出露地层的底界反射所相当的地质层位（图 8-51）。利用标定结果，完成所有测线地质露头所对应的地层的地震对比解释。

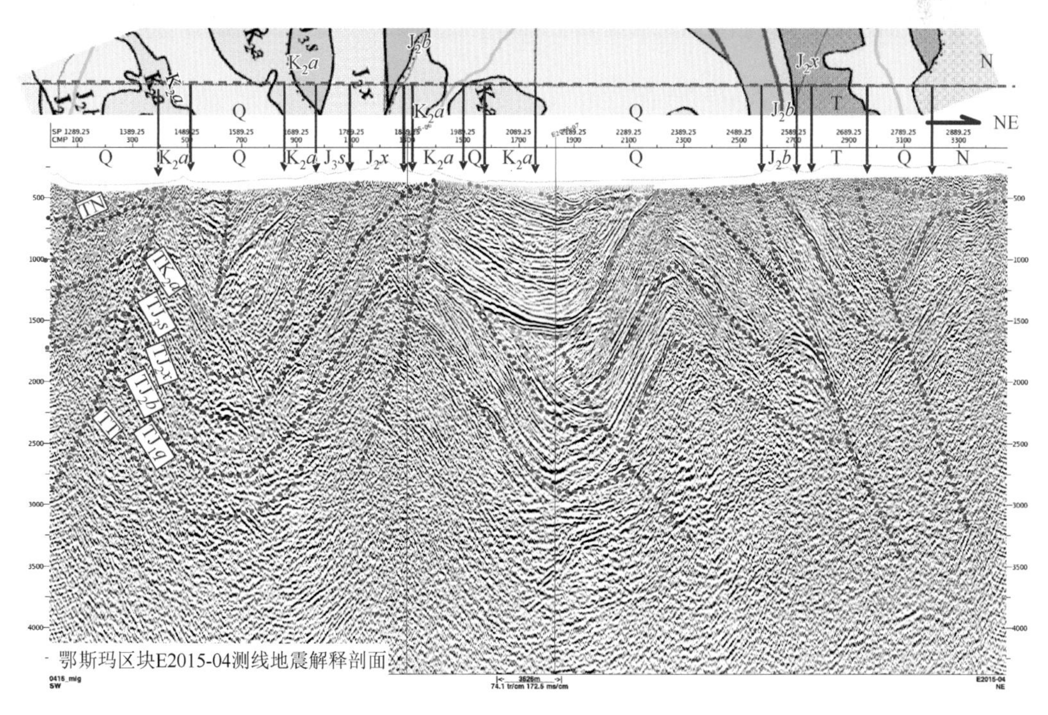


图 8-51 羌塘盆地鄂斯玛区块二维地震地质露头与地震剖面对比图

## （二）速度反算确定深层层位

依靠地质“戴帽”可以确定出露地表各层在地震剖面上所相当的地质层位，但对于地腹内部各层位，地质“戴帽”标定的方法是不能指导其标定的。因此，在地质“戴帽”的基础上，考虑进一步采用速度反算的方法来确定。

前人通过大量地面地质调查总结出区域地层特征，各反射层间的大致厚度是确定的，根据叠加速度剖面（图 8-52）对各层的速度进行分析。

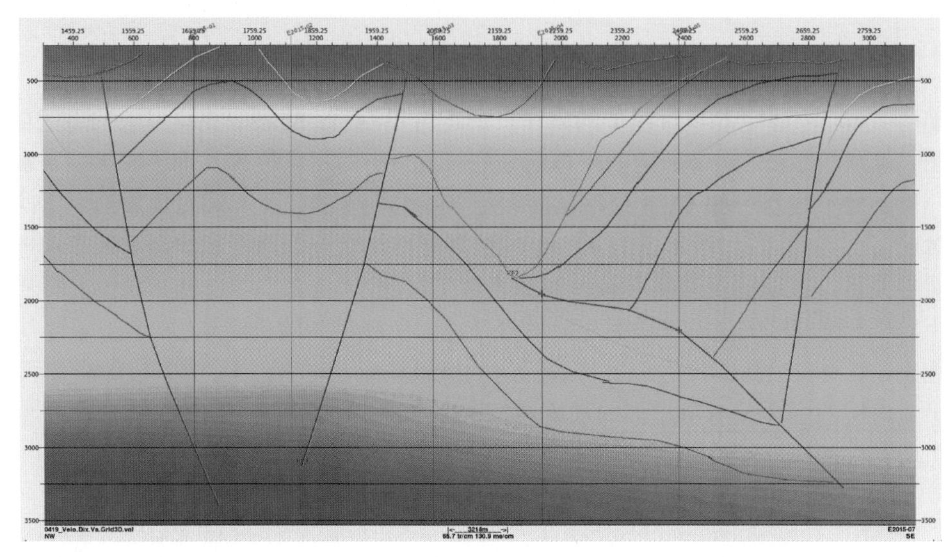

图 8-52　羌塘盆地鄂斯玛区块 E2015-07 测线地震速度剖面

根据各层的层速度与各层之间的厚度，可以反算出各层之间的大致的反射时间间隔。结合通过地质“戴帽”标定确定的索瓦组底界反射在地震剖面上所相当的地质层位，可以大致确定下伏各层在地震剖面上相对应的地质层位。以 QB2015-07SN 测线叠后时间偏移剖面为例（图 8-53），根据速度反算，夏里组距索瓦组反射时间大约为 0.282s，结合波形特征，确定了其大概位置，同样的方法，确定了布曲组及侏罗系底界雀莫错组大致的反射位置。

需要特别指出的是，根据速度反算，三叠系底界距离雀莫错组底界的反射时间间隔大概为 0.820s，但在实际的剖面对比中，选择了距离布曲组底界往下大致 0.6s 位置的一套波组特征，为三叠系底界，这是因为从研究区测线的剖面观察分析认为，该套波组基本是所有测线中能够成像的最深的反射特征，考虑到结晶基底成像比较困难的实际情况，因此选取了该套波组特征，为三叠系底界的反射。根据速度反算，二叠系底界距离三叠系底界的反射时间间隔大概为 0.228s，但在实际的剖面对比中，选择了距离三叠系底界往下大致 0.5s 位置的一套波组特征为二叠系底界，这是因为从研究区测线的剖面观察分析认为，该套波组基本是所有测线中结晶基底能够成像的最深的反射特征，其下地层均为杂乱反射，因此选取了该套波组特征为二叠系底界的反射。

### （三）构造成图

精确的层位标定是保证构造解释结果真实可靠的关键，精细的构造解释是落实构造形态的基础，准确的速度分析是落实构造形态的保证。

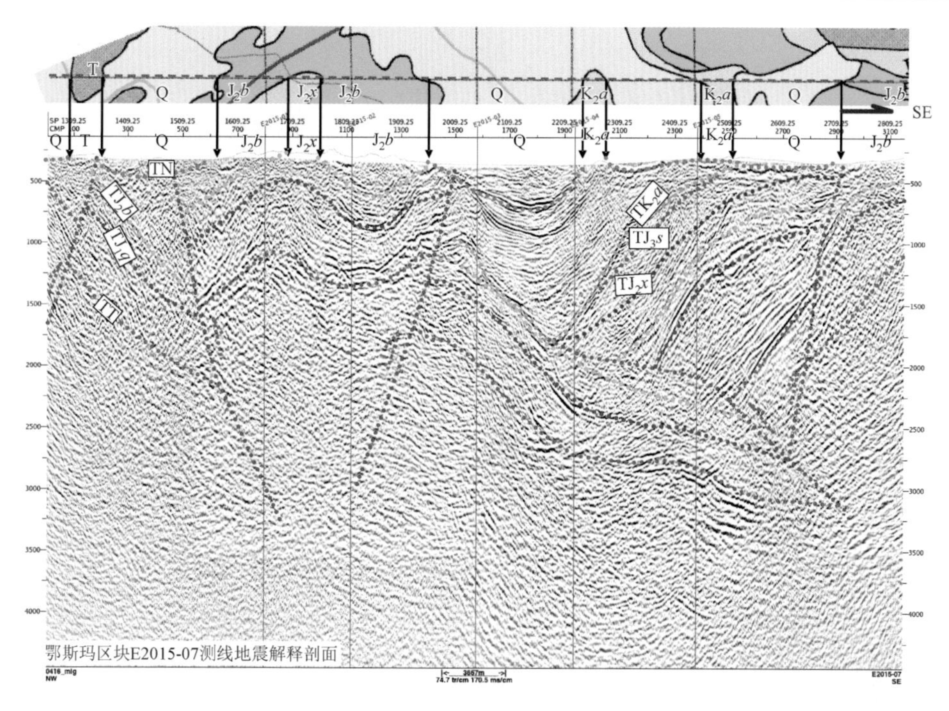


图 8-53 羌塘盆地鄂斯玛区块 E2015-07 测线地震解释剖面

对于构造成图来说，最好的速度模型应该是应用地震速度场经过测井速度（或 VSP 测井速度）校正后得到的平均速度场。因此，叠前时间偏移的偏移归位速度场是二维变速成图准确与否的基础，由于区内没有钻井资料，因此平均速度场的建立主要利用速度谱资料进行。

GeoEast 解释软件提供了变速成图的工具，输入叠前时间偏移的均方根速度场，编辑异常速度点剔除局部异常速度，建立均方根速度体。根据解释的时间模型，应用 Dix 公式计算各层的层速度，然后进行层速度平滑，以层位面作为断面进行多维空间网格化，建立层速度场，再根据层速度场提取转换出平均速度，建立最终的平均速度场。由于研究区没有测井资料，因此速度场没有经过测井速度校正，得到的最终平滑的平均速度体在运用的过程中根据地表出露地层情况进行校正。

该速度场是建立在处理统一面上的平均速度场，根据 GeoEast 解释软件提供的时深转换功能，直接把解释层位转换为深度域的层位，该深度域的层位减去处理统一面 5500m 再乘以–1，即代表该层位的构造深度，平面网格成图，即得到各层的构造图。

本次成图根据测线的分布及地质任务的要求，分为玛曲、鄂斯玛、隆鄂尼三个成图区域分别进行成图(图 8-54)，另有隆鄂尼 L2015-03 测线和 TS2015-01 测线的南段独立存在，与其他测线没有交点，因此不参与成图。

由于各个区块地层出露剥蚀情况不同，因此成图的层系也有所不同。本次构造解释完成了新生界底界、白垩系雪山组底界、侏罗系索瓦组底界、夏里组底界、布曲组底界、曲色组（雀莫错组）底界和三叠系底界、二叠系底界共 8 层地震反射同相轴的对比追踪，但有的层位在平面上零星分布，成图受限，隆鄂尼区块平面成图层系最少，因此仅编制布曲组底界、曲色组底界和三叠系底界共 3 层地震反射层构造图（图 8-55）。

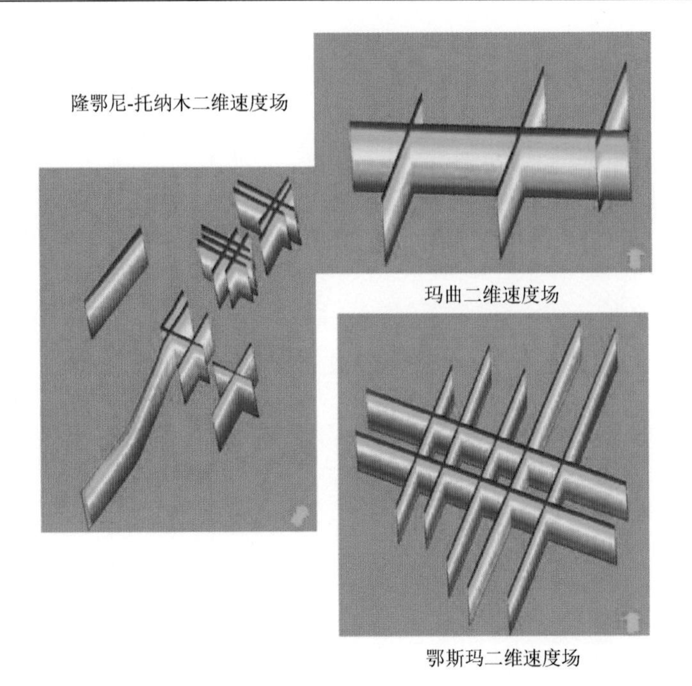


图 8-54　羌塘盆地隆鄂尼-鄂斯玛区块二维地震速度场

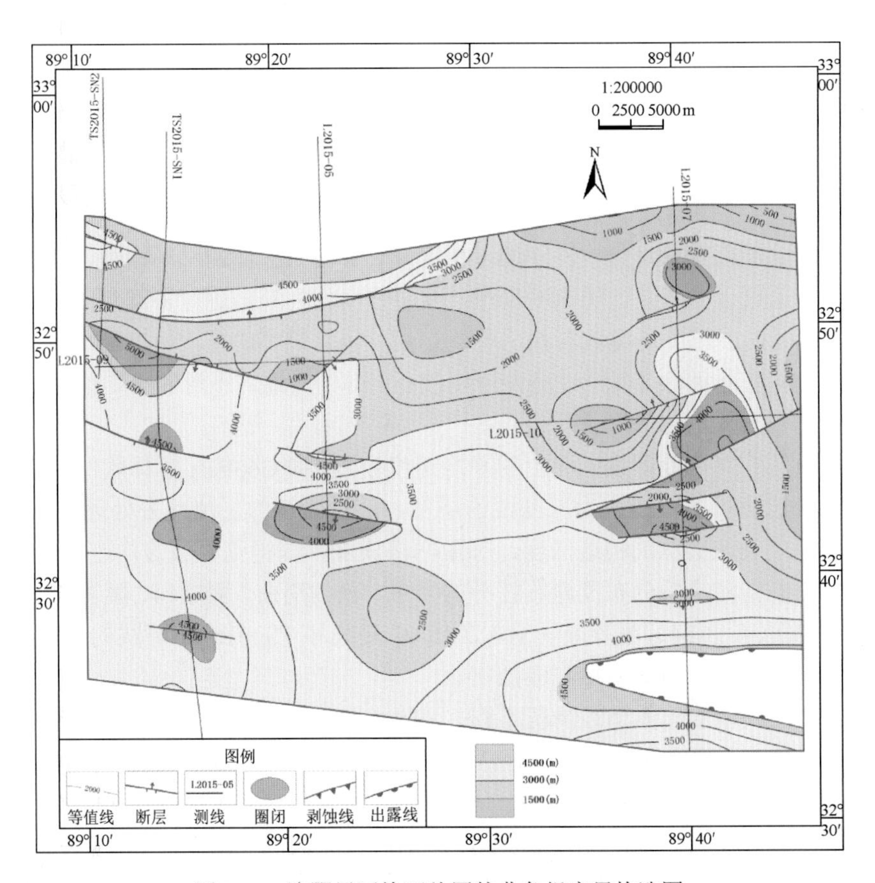


图 8-55　隆鄂尼区块下侏罗统曲色组底界构造图

# 第九章　羌塘盆地有利目标优选

自2015年在羌塘盆地实现二维地震数据采集突破以后，先后有中石化勘探分公司、中石油东方地球物理公司研究院对二维地震数据开展了处理与解释工作，在此基础上，优选半岛湖6号构造开展井位论证，部署实施羌科1井钻井工程，获取完整的北羌塘拗陷腹地地质、测井信息，依据羌科1井测井资料，对半岛湖地区开展地质-地震资料联合反演及有利构造优选。由于托纳木-笙根重点区块、隆鄂尼-玛曲重点区块暂无钻井约束，因此，本章主要介绍半岛湖重点区块最新研究成果，及其余两个重点区块基于2015年采集到的高品质地震数据研究成果，优选羌塘盆地有利目标。

## 第一节　半岛湖区块有利目标

### 一、单井地震标定

用羌科1井（500～4696m）测井声波资料制作合成地震记录进行标定［图9-1（c）］。依据羌科1井钻遇地层的岩性组合特征及测井资料，较纯的厚层泥岩在常规地震剖面上表现为空白反射、内部存在微弱断续同相轴，反演剖面表现为低阻抗、分布连续稳定；纯碳酸盐岩段表现为平行-亚平行中强振幅波组特征，如果碳酸盐岩中发育优质储层，则会出现变振幅-杂乱反射、反演剖面上表现为高阻抗中的相对低阻抗；碎屑岩层段表现为变振幅、中低频、弱连续、前积-丘形-杂乱反射；碎屑岩与碳酸盐互层的层段对应地震剖面的平行-亚平行中强振幅的波组［图9-1（a）（b）］。

### 二、地震资料特殊处理

#### （一）岩石物理及地震响应特征分析

##### 1. 地层速度分析

羌科1井从上至下钻遇中侏罗统夏里组、中侏罗统布曲组、雀莫错组、那底岗日组（未穿），分别进行二开及三开电测，二开电测深度为2011m，三开电测深度为3878m，为了后续的井震及岩性标定、叠后反演等工作的开展，对二开及三开电测曲线进行拼接、校正等工作，按照从上至下的原则，选取2012m为拼接点，以该拼接点对常规曲线进行拼接处理。从已获得的电测声波曲线以及区域其他钻井电测曲线来看，不同的岩性其速度差异较大，总体上碳酸盐岩速度大于碎屑岩，在雀莫错组见到的特殊岩性体膏岩速度也较大，略小于碳酸盐岩，但大于碎屑岩。其中，碎屑岩速度与埋深关系较大，与埋深呈现一定正相关关系，但碳酸盐岩与一些特殊岩性体速度较为稳定（图9-2）。

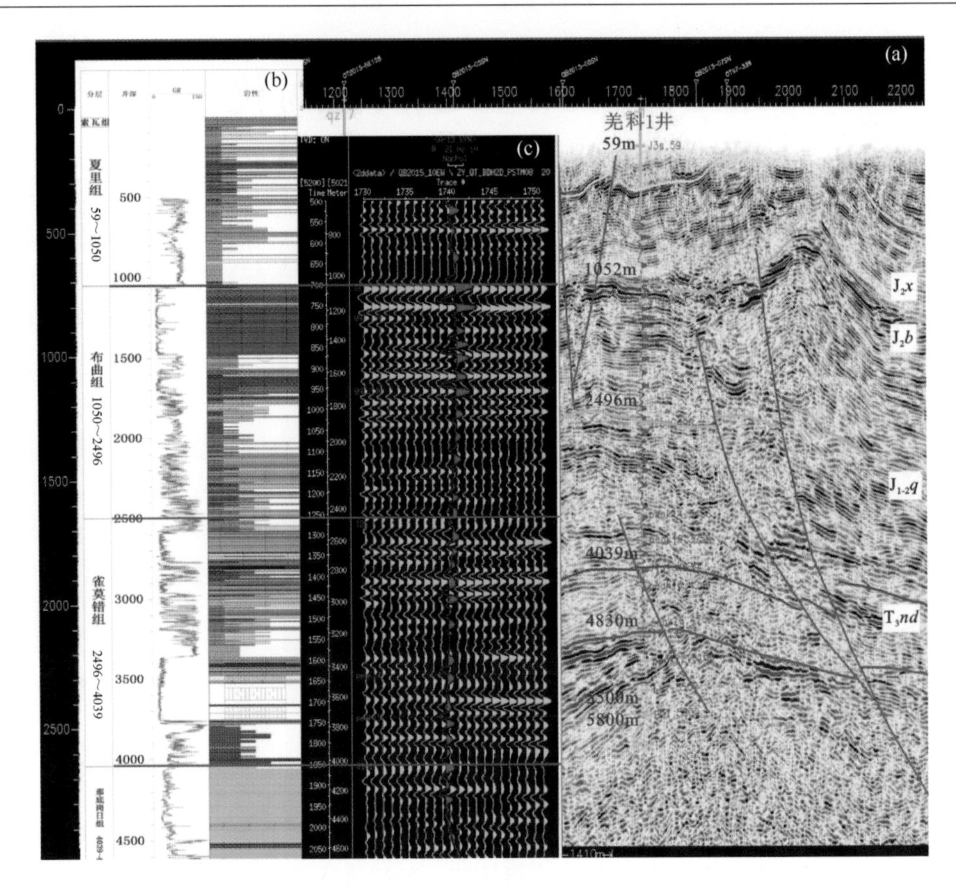


图 9-1　羌科 1 井声波合成记录及不同地层反射特征示意图

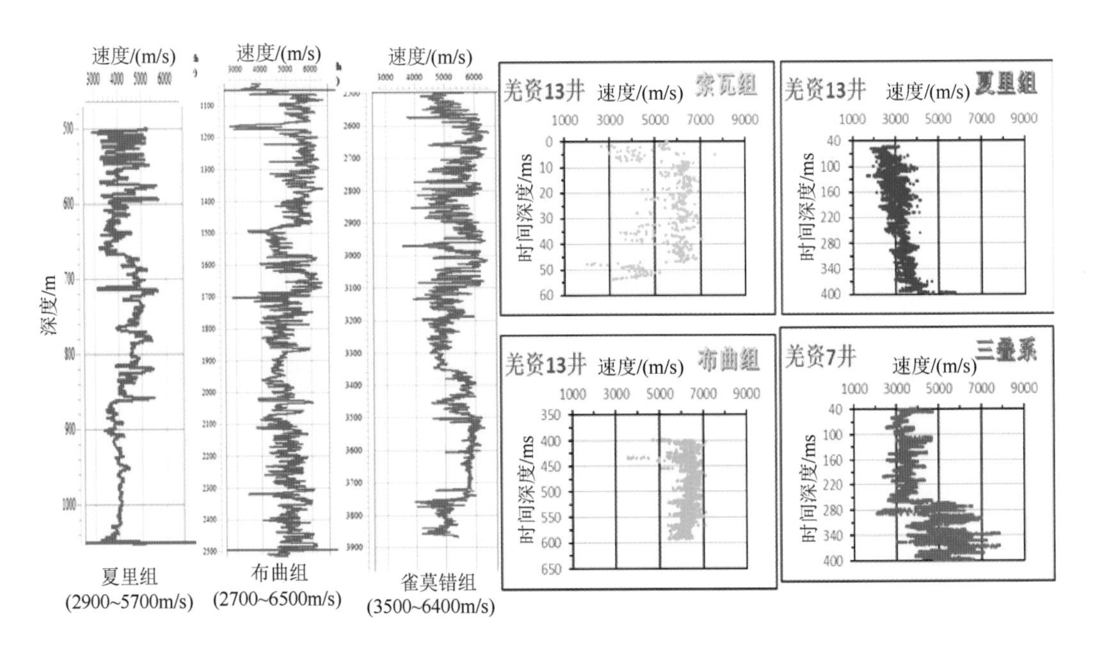


图 9-2　羌科 1 井速度分析

2. 井震标定分析

利用羌科 1 井与过羌科 1 井二维测线 QB2015-10EW 开展井震标定，通过分析，该井存在两套比较明显的标志层，第一套标志层为夏里组与下覆布曲组的分界面，布曲组地层具有相对高的波阻抗特征，因此夏里组与布曲组分界面为强的正反射系数，地震反射特征为强波峰反射；第二套标志层为中下侏罗统雀莫错组下部膏岩层与下覆泥岩段的分界面，该分界面为强负反射系数，地震反射为波谷反射特征（图 9-3）。按照该时深关系，提取过井地震子波，地震子波形态稳定，旁瓣较少，同时过井实际地震资料与合成记录相关系数达到 70%以上。同时，从子波波形上判断，处理成果地震数据体为零相位地震数据体，这对于后续岩性解释具有一定的优势。

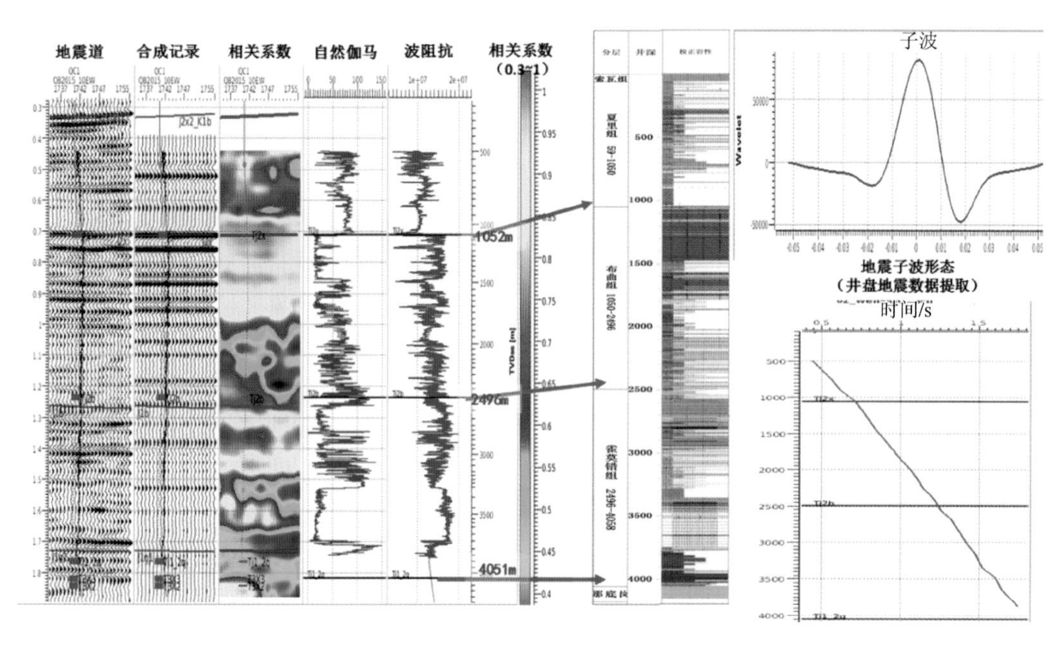


图 9-3　羌科 1 井井震标定、井旁地震资料波形及时深关系示意图

3. 岩石物理分析及地震响应规律分析

根据野外露头及区域地质资料认识，羌塘盆地北部坳陷中生界三叠统—侏罗统地层主要为一套滨、浅海相沉积的碳酸盐岩和碎屑岩地层，具有碳酸盐岩和碎屑岩交替发育的特点。羌科 1 井已钻遇的地层特征也证实了该特征，因此根据不同岩性分层段开展岩石物理分析及地震响应规律总结分析。

（1）夏里组：从羌科 1 井已钻地层来看，夏里组地层总厚度为 993m，录井岩性及电测曲线上，夏里组地层具有明显的“两泥夹一灰”三分特征：上部碎屑岩以泥岩为主，夹灰岩及粉砂岩；中部以灰岩、泥灰岩为主，夹碎屑岩；下部以泥岩为主，自然伽马为高幅。从地球物理参数（速度、波阻抗）直方图上来看，整体上灰岩具有高速、高阻特征，碎屑岩速度及阻抗稍低，其中泥岩速度与阻抗值域最低，细砂岩及粉砂岩速度与灰岩有一定的重合。整体上速度与波阻抗两个地球物理参数能较好区分出泥岩及砂岩和灰质砂岩两种岩性，其速度阈值为4500m/s，波阻抗阈值为$1.10752\times10^7$(m/s)·(kg/m$^3$)。

从过羌科1井地震剖面上来看（图9-4），夏里组上部碎屑岩段表现为中低频、弱振幅及中连续地震反射结构；夏里组中部碳酸盐与碎屑岩互层为平行-亚平行、中-强振幅地震反射结构；下部泥岩集中段为弱振幅、中连续地震反射结构。

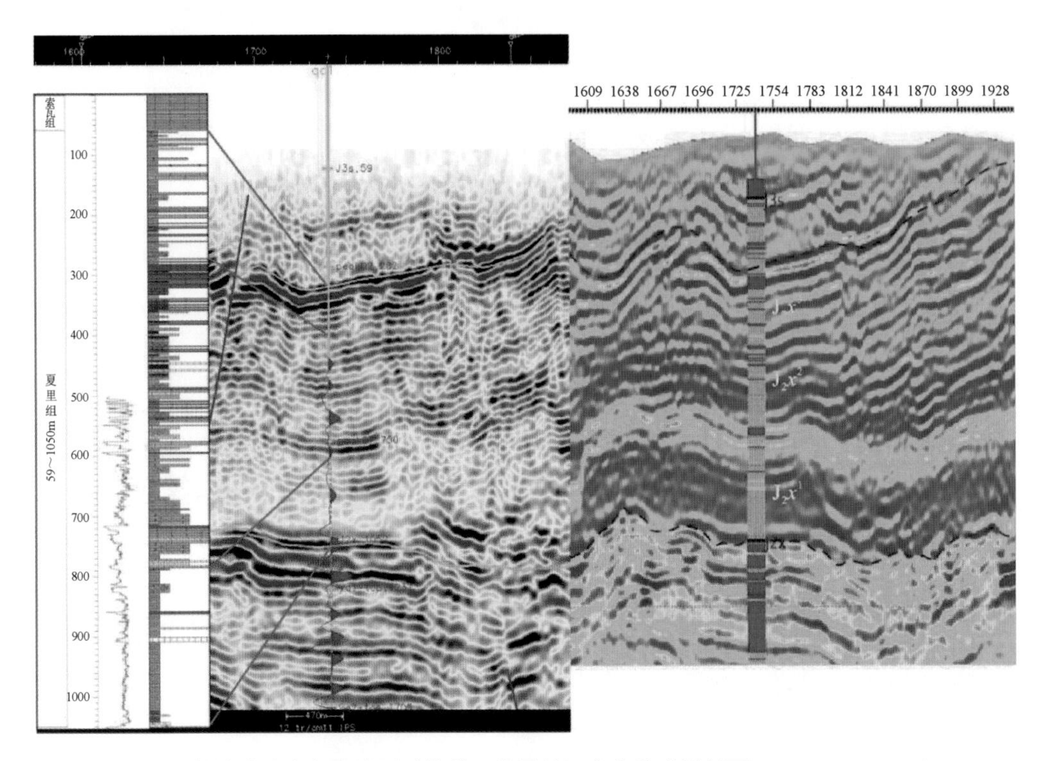


图9-4　羌塘盆地半岛湖地区过羌科1井叠前深度偏移成果剖面（QT2015-10EW）

（2）布曲组：从羌科1井钻遇地层来看，布曲组地层总厚度为1444m，录井岩性及电测曲线上具有明显的三分特征：上部为灰岩段；中部为碳酸盐岩夹薄层碎屑岩；下部为白垩层。从地球物理参数直方统计图上可以看出：碎屑岩整体上具有低速、低阻抗特征；碳酸盐岩具有高速、高阻特征；白垩层具有中速、中波阻抗特征。从过羌科1井地震剖面上看（图9-5），布曲组上部灰岩段整体为中强振幅，具有平行-亚平行反射结构；中部的泥岩段表现为弱振幅、连续性差的地震反射结构；下部白垩层为中-弱振幅、中连续地震反射结构。其中，布曲组顶部灰岩与夏里组底部泥岩存在较大的地球物理差异，因此布曲组与夏里组分界面为一强波峰同相轴，为区域的标志层。

（3）雀莫错组：从羌科1井已钻地层来看，雀莫错组地层厚度为1555m，纵向上其岩性组合为以厚层膏岩、泥岩、灰岩为主夹薄层泥岩。从录井岩性及电测曲线上看，纵向上岩性特征与野外露头剖面具有一定的差异性，雀莫错组地层具有明显的二分特征：上部为碳酸盐岩夹薄层碎屑岩；下部以膏岩为主。从地球物理参数直方统计图上来看，碎屑岩表现为低速、低阻抗特征，膏岩表现为高速、高阻特征，但与碳酸盐岩地球物理系数差异较小。

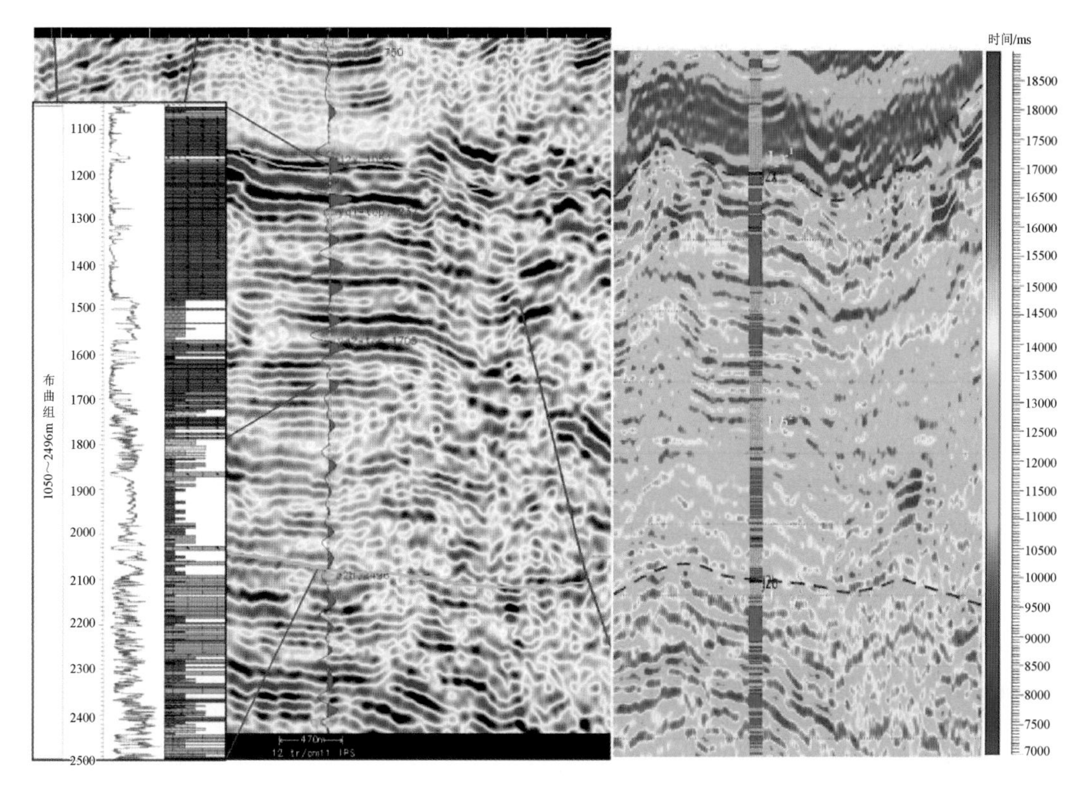


图 9-5　羌塘盆地半岛湖地区过羌科 1 井叠前深度偏移成果剖面（QT2015-10EW）

从过羌科 1 井地震剖面上来看（图 9-6），雀莫错组上部主要为中-强振幅、平行-亚平

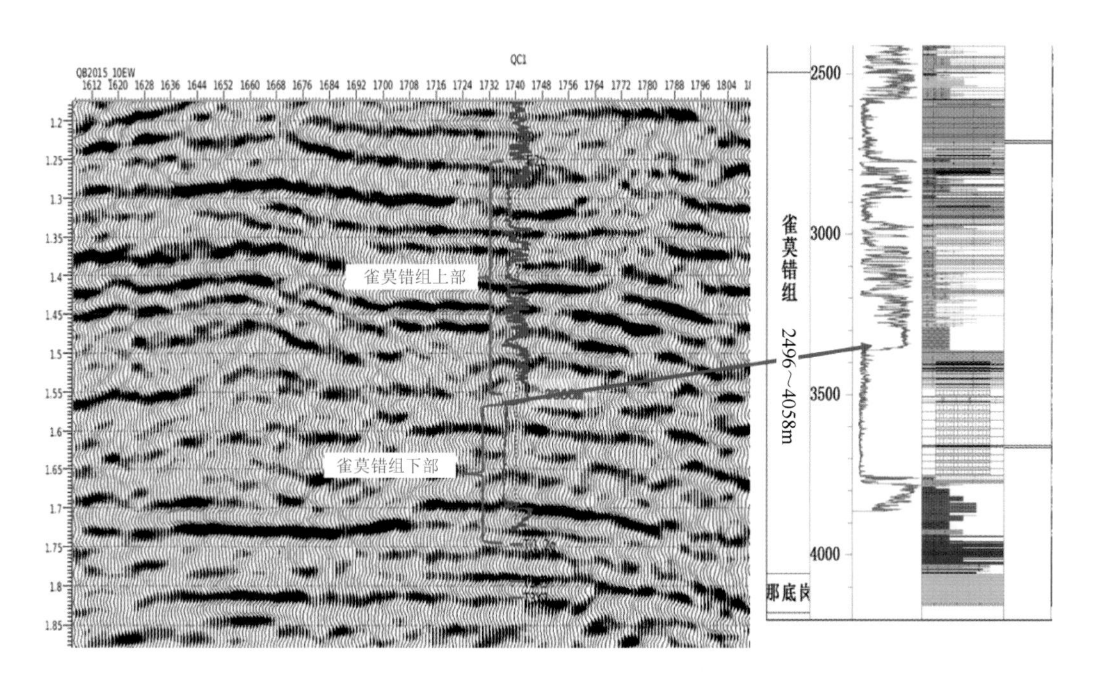


图 9-6　羌塘盆地半岛湖地区过羌科 1（QC1）井叠前深度偏移成果剖面（QT2015-10EW）

行地震反射结构，下部膏岩层内部为中-弱振幅，杂乱反射结构，膏岩层顶部为弱反射界面，底部为强反射界面。其中膏岩层顶部与灰岩接触，地球物理参数差异较小，顶部为弱波峰同相轴，底部与泥岩接触，地球物理参数差异较大，膏岩层底部为强波谷同相轴。

（4）三叠系：由于羌科 1 井目前未钻穿那底岗日组地层，参考区域地质资料，巴贡组以碎屑岩为主，波里拉组以灰岩为主。碎屑岩划分为上、下两段，上部推测为砂岩集中发育段（地球物理特征表现为相对高阻抗特征），下部以泥岩为主（地球物理特征表现为相对低阻抗特征）。

从过井剖面来看，顶部那底岗日组火山岩（图 9-7）为中-低频、中振幅、杂乱反射结构，整体表现为强振幅-中连续反射结构，目前羌科 1 井钻至 4535m，那底岗日组地层未穿，通过地震反射结构特征推测，那底岗日组底界预测深度为 4785m。

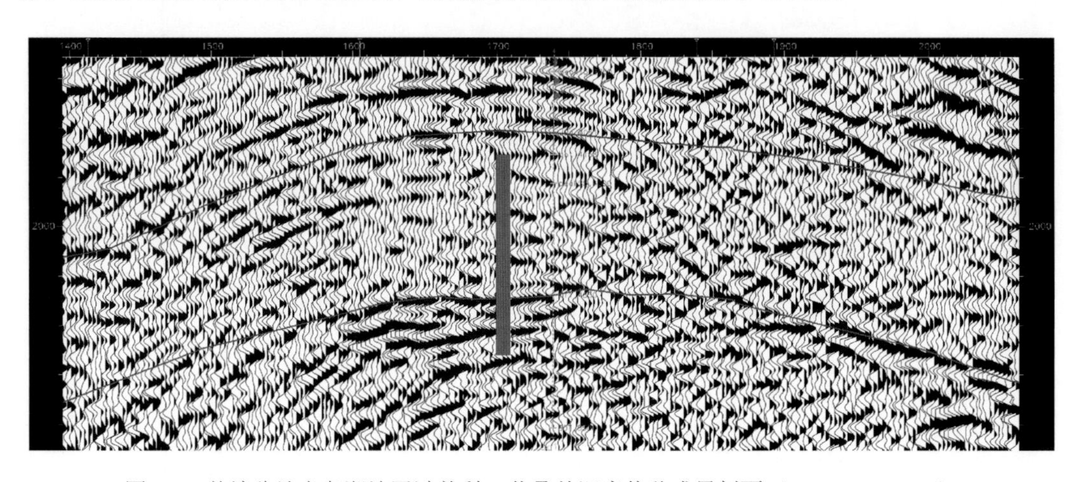

图 9-7 羌塘盆地半岛湖地区过羌科 1 井叠前深度偏移成果剖面（QT2015_10EW）

## （二）叠后属性分析

从羌科 1 井已钻遇地层及石油地质特征来看，中侏罗统夏里组砂岩及砂岩、灰岩是潜在的储集层、中侏罗统夏里组底部泥岩段具有一定的生烃潜力，且亦可作为下部储层的区域盖层，同时中侏罗统雀莫错组底部巨厚的膏岩层是下伏储集空间良好的盖层，因此针对以上地质目标体，开展地震识别研究。

叠后属性分析关键是要选择对研究目标地质体敏感的地震属性，根据前文岩石物理分析及地震响应分析结果，纵波速度与纵波阻抗对岩性具有一定的区分度，即对岩性敏感的地球物理参数为纵波阻抗及纵波速度。其中，纵波阻抗属性可以通过叠后波阻抗反演技术手段获取，而目前相对比较精确、可靠的纵波速度的获取方式是叠前同时反演技术。

从地震响应特征上来看，瞬时振幅等“三瞬属性”在不同岩性上可能具有相同的特征，如对于中侏罗统夏里组砂岩段和泥岩段，均为中-弱振幅特征。从对比剖面上来看，纵波阻抗属性相对于“三瞬属性”剖面上，纵向上分辨率更高，横向上也较为连续。提取过羌科 1 井“三瞬属性”地震道可以看出，虽然夏里组泥岩段表现为低频、弱振幅及杂乱特征，但纵向上分辨尺度较小（图 9-8）。基于此，在叠后属性分析过程中，主要采用纵波波阻抗属性进行地质体识别。

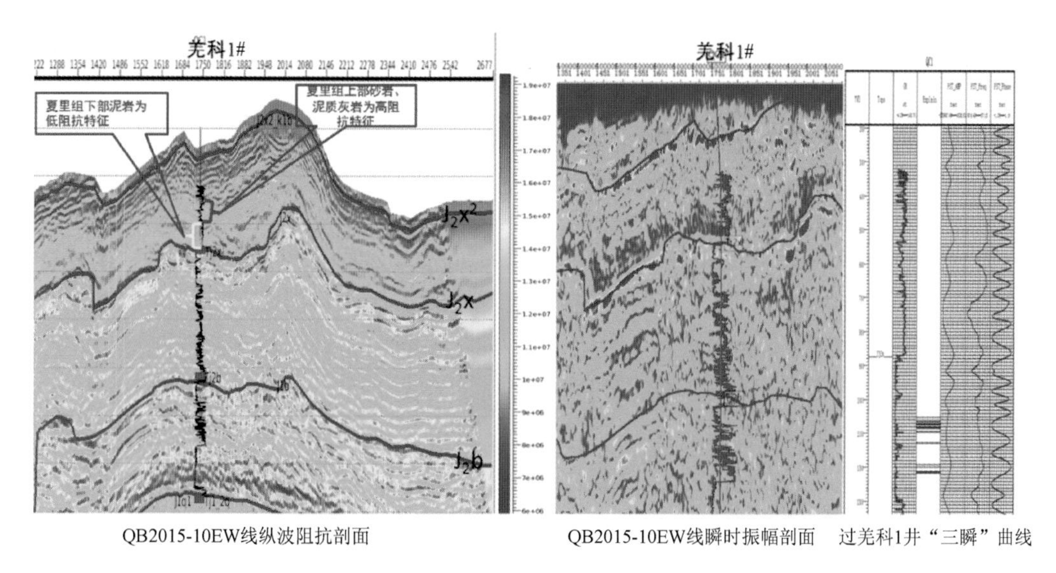


QB2015-10EW线纵波阻抗剖面　QB2015-10EW线瞬时振幅剖面　过羌科1井“三瞬”曲线

图 9-8　羌塘盆地半岛湖地区波阻抗属性及“瞬时振幅”属性对比分析示意图

叠后反演技术是获得纵波阻抗属性比较准确的方法，目前常用的叠后反演方法有积分法、递归反演、基于模型反演及稀疏脉冲反演方法中积分法和递归反演方法只能获得相对波阻抗属性，而基于模型反演技术对地质模型的依赖程度较高，且纵向和横向分辨率与地震分辨尺度相似，相对而言稀疏脉冲叠后反演方法对地质模型依赖度小，且能有效地补充地震缺失的低频，高频也有所提升，因此基于稀疏脉冲的反演方法具有高分辨率特点，基于此，针对目标地质体，本项目采用基于稀疏脉冲反演方法获得波阻抗属性体。

基于稀疏脉冲反演方法关键点主要包括井震一致性标定、低频地质模型构建以及反演参数调试。对于低频趋势地质模型，常用的方法是依据井震标定结果，并以构造解释层位数据为层序构架，利用测井波阻抗曲线进行内插外推（图 9-9）。

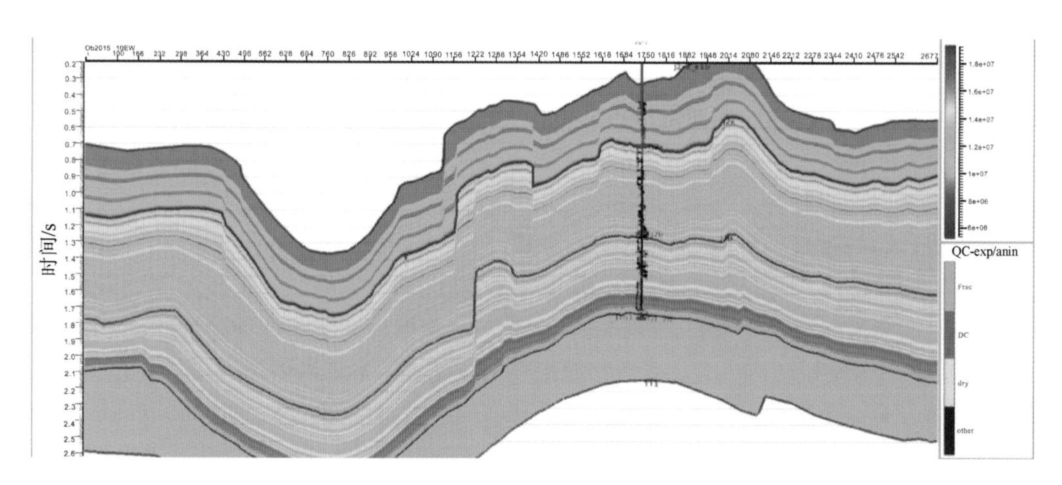


图 9-9　羌塘盆地半岛湖地区低频趋势地质模型（QT2015-10EW）

基于上述低频地质模型，通过调整井和地震反演参数，获得地震反演剖面，该反演时窗为索瓦里组底至三叠系巴贡组底界，从反演剖面来看，反演结果与井吻合程度较高，如侏罗系的夏里组的泥岩集中段表现为低阻抗特征，中部和上部砂岩、灰岩集中段表现为高阻抗特征。

虽然反演剖面与井吻合度较高，但从整个剖面上来看，纵向上分辨率还略显不足，如对于三叠系而言，整体表现为中-高波阻抗特征，但由于上覆存在更高波阻抗的雀莫错组膏岩层，它对下伏地层有一定的屏蔽作用。此外，侏罗-三叠系地层声学特征变化比较频繁，因此纵向上波阻抗也会变化频繁。为了解决不同层系波阻抗变化频繁问题，需要对反演时窗进行调整，针对不同层系采用不同的反演参数。如针对夏里组泥岩段和砂岩、灰岩段地质目标体，选用的反演时窗为夏里组（图 9-10）；针对雀莫错组膏岩段目标体，选用反演时窗为布曲组底界至雀莫错组底界。

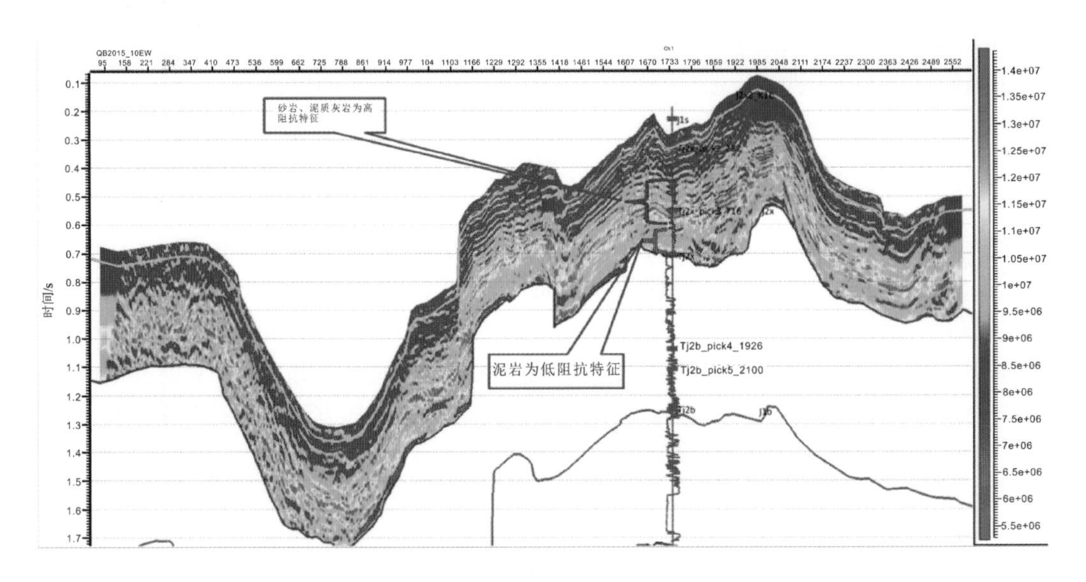


图 9-10　羌塘盆地半岛湖地区波阻抗反演剖面（QT2015-10EW）（反演时窗：夏里组顶-夏里组底）

此外，从低频模型剖面来看，内部缺失低频控制信息，原因是羌科 1 井目前还未进行电测，为了提高内部反演成果质量，通过设定人工趋势辅助低频地质模型的建立，通过对比发现，加入低频趋势模型后，内部地层接触关系、纵向及横向分辨能力都有较大幅度提升（图 9-11）。

基于纵波阻抗属性体，选用分析时窗，提取时窗内均方根波阻抗值，以均方根波阻抗值表征不同岩性体平面上的分布特征（图 9-12）。从图中可以看出：夏里组泥岩段表现为低阻抗特征，全区泥岩较为发育，横向较为稳定；夏里组砂岩集中段整体表现为高阻抗特征，羌科 1 井砂岩储层较为发育，推测物源来自东南方向；雀莫错组膏岩段为高阻抗特征，工区内普遍发育，厚度大；下部三叠系储层的良好盖层、上三叠统巴贡组砂岩整体表现为高阻抗特征，推测羌科 1 井处不发育巴贡组砂岩，火成岩直接与波里拉组灰岩接触。羌科 1 井附近发育三角洲前缘砂岩，物源以北为主，推测西部存在物源区。

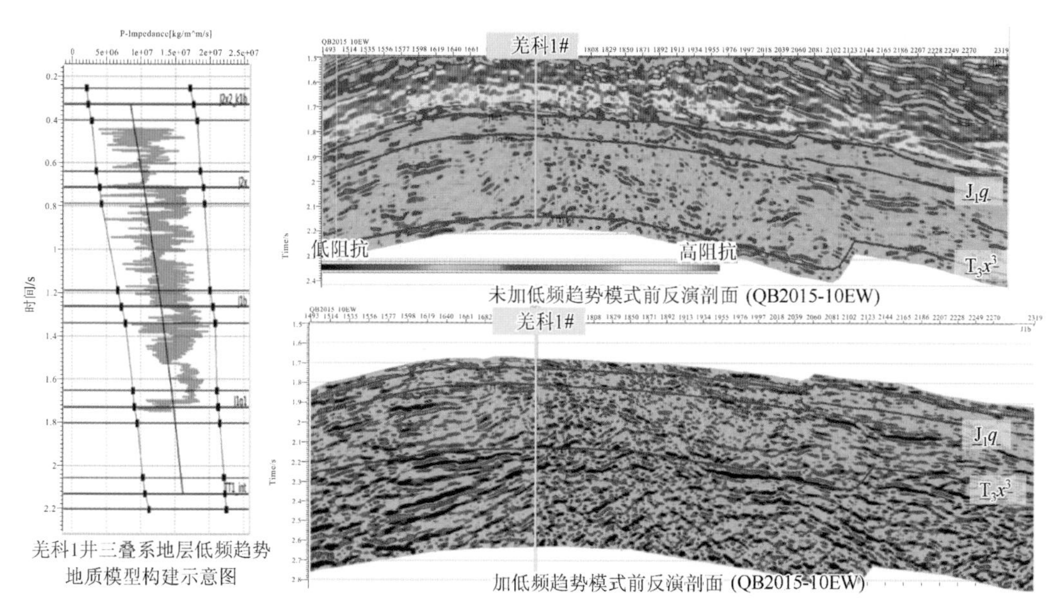


图 9-11　羌塘盆地半岛湖地区三叠系低频趋势模型构建及反演剖面对比图

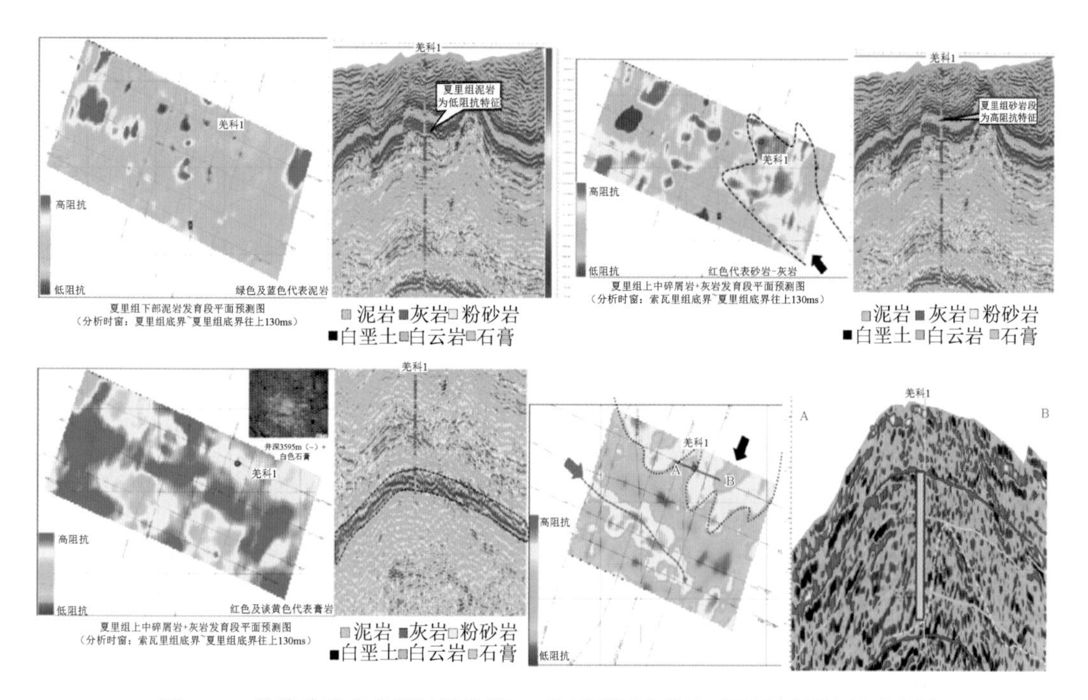


图 9-12　羌塘盆地半岛湖地区侏罗-三叠系不同地质体平面及剖面特征示意图

## （三）叠前属性分析

由于常规地震资料解释常利用叠后偏移成果数据，对叠前道集关注较少，但由于叠前道集蕴含丰富的信息，可以利用叠前道集体对流体、岩性进行描述。同时利用叠前道集开展储层流体预测，对道集提出了较高的要求，通过对工区道集进行分析发现，道集信噪比低，近、远道时间，子波不一致，远道振幅畸变以及近道与远道能量弱等。因此在前期常规处理基础上，针对叠前反演需求，针对 CRP 道集资料存在随机噪声、剩余时差以及近、远道振幅频率不一致等问题，开展道集优化处理。

针对叠前道集中的随机噪声，利用噪声剔除法衰减随机噪声、异常振幅及线性干扰。其基本思路是用一个高通滤波器与混有脉冲干扰的一维记录道褶积来识别脉冲干扰，然后将识别出来的脉冲干扰从记录中剔除，达到剔噪目的。

针对叠前道集远道道集不平的问题，在叠前道集上，采用反射轴自动追踪的方法，自动拾取相对时间偏移量，最终实现无速度时的剩余动校处理。

针对道集中频率不匹配问题，首先对道集进行基于 Gabor 变换的时频分析，然后以近偏移距道集或小角度作为标准道，补偿远偏移距道集高频能量，远道集的频谱带宽取决于标准道的带宽，通过该方法，较好解决了远偏移距由于动校正而产生的拉伸现象，充分保持了大角度信息，在提高道集的连续性及信噪比同时，又不破坏远近偏移的振幅关系，保持 AVO 现象。

针对近道及远道振幅弱或振幅异常问题，基于 AVO 特征，按照抛物线形式的信号特点，对地震数据按照一定的剔除百分比进行剔除-拟合，且只对目标道地震数据进行补偿校正，同时保留未处理道的有效信息，同时针对近道存在多次波情况，通过引入加权误差函数，优先剔除小炮检距处的大误差点，以达到对目标道真振幅恢复的目的。该思路基于 AVO 特征进行振幅补偿，严格遵守了振幅随炮检距变化的关系，具有较高的保真度。

通过对比过羌科 1 井优化前后道集，优化处理后，道集信噪比得到大幅度提升，远偏移与近偏移距能量差异较好，剩余时差控制在 1 个采样点之内。通过对比优化处理后的道集与羌科 1 井正演的道集，以及夏里组底界 AVO 特征可以发现，CRP 道集优化处理后，AVO 特征曲线呈现抛物线形态，与正演道集形态类似。

利用处理拾取的均方根速度以及转换后的层速度，对优化后道集进行入射角分析（图 9-13），发现无论是浅层的夏里组还是中层的，地震最大的入射角大于 45°，因此具备开展叠前同时反演的资料基础。

基于此，将叠前道集按照入射角进行叠加，按照 0～15°、15°～30°、30°～45°三个角度进行叠加试验，从全叠加与部分叠加对比分析来看，整体上各个角度叠加数据体能量趋于一致，频率带宽一致，这也证实了该划分方案的正确性（图 9-14）。

利用部分叠加数据体，反演技术方法对策与叠后稀疏脉冲反演类似，分层段，三叠系地层叠前反演趋势地质模型采用硬约束等方法。需要说明的是，虽然道集进行了优化处理，但通过道集质量来看，在大偏移距上地震能量依然比较弱，造成这种能量弱的原因并非真实的 AVO 特征，可能是地震数据采集所造成的。因此通过叠前反演想获得较为准确的横波速度及纵横波速度比相对比较困难，同时实际角度达到了 45°，但是实际可用地震数据覆盖次数较少，即实际角度达不到 45°，在这种情况下，获得较为精确的密度体也不太可能。

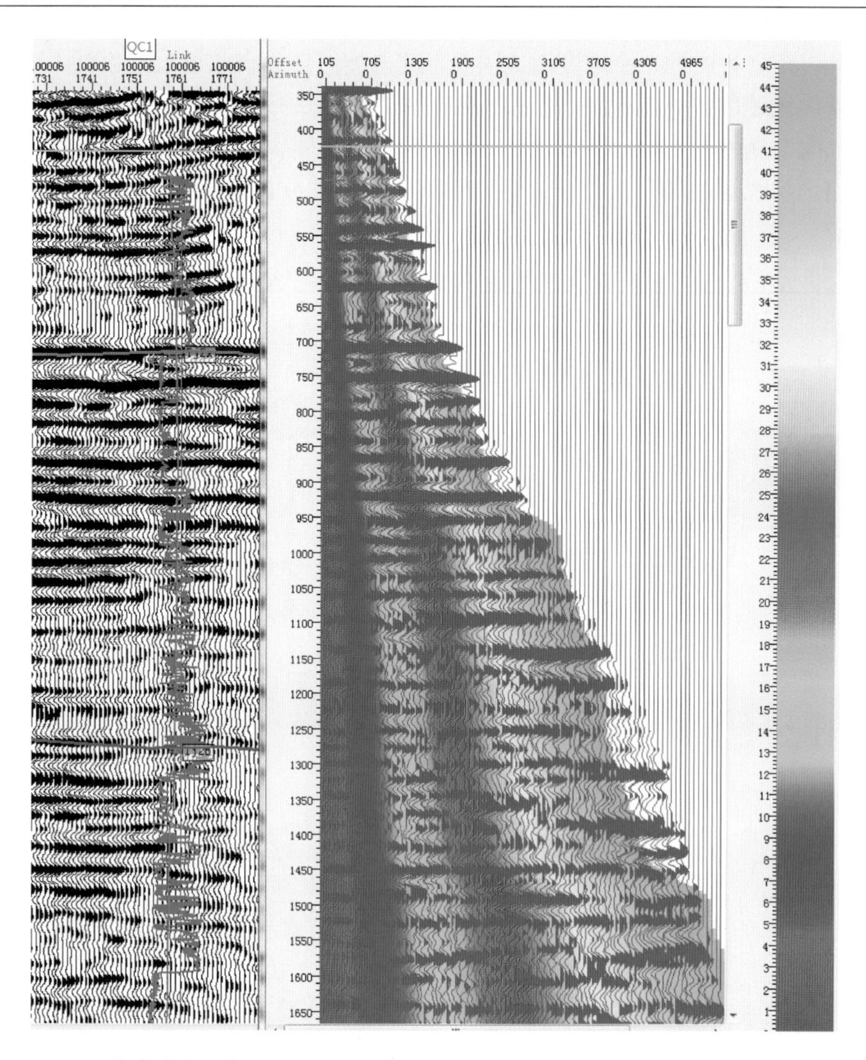

图 9-13　羌塘盆地半岛湖地区过羌科 1（QC1）井优化处理前 CMP 道集入射角分析

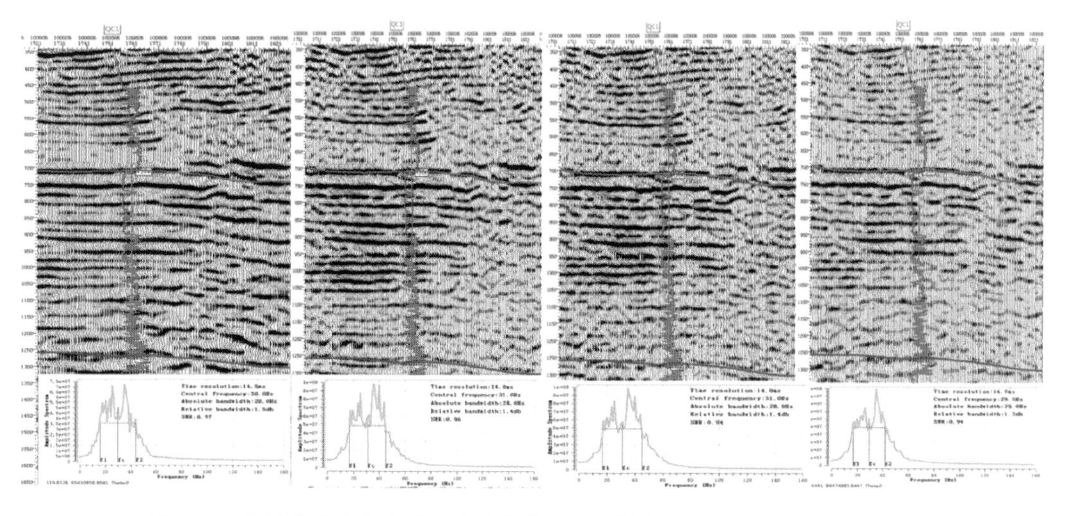

图 9-14　羌塘盆地半岛湖地区全叠加数据与入射角部分叠加数据体对比分析

基于此，充分利用近、中角度道集信息，获得类似自激自收的反射剖面，通过叠前反演手段获得纵波速度体（图 9-15），也针对不同的地质目标体，选用相同的分析时窗，进行了叠后与叠前属性的对比（图 9-16），说明纵波速度体属性与纵波阻抗属性体一致性较好，即高速地层表现为高阻抗特征，这与前述岩石物理分析结果一致。

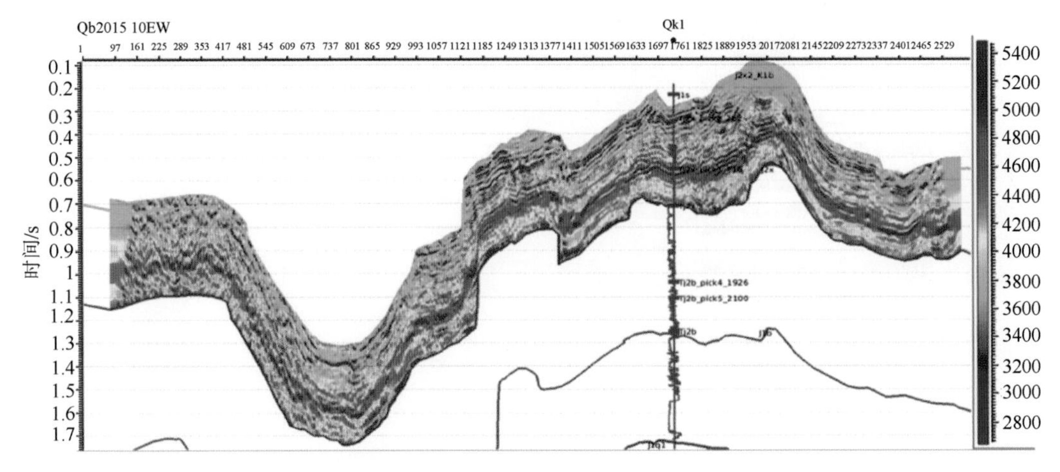


图 9-15　羌塘盆地半岛湖地区纵波速度反演剖面（QT2015-10EW）（反演时窗：夏里组顶-夏里组底）

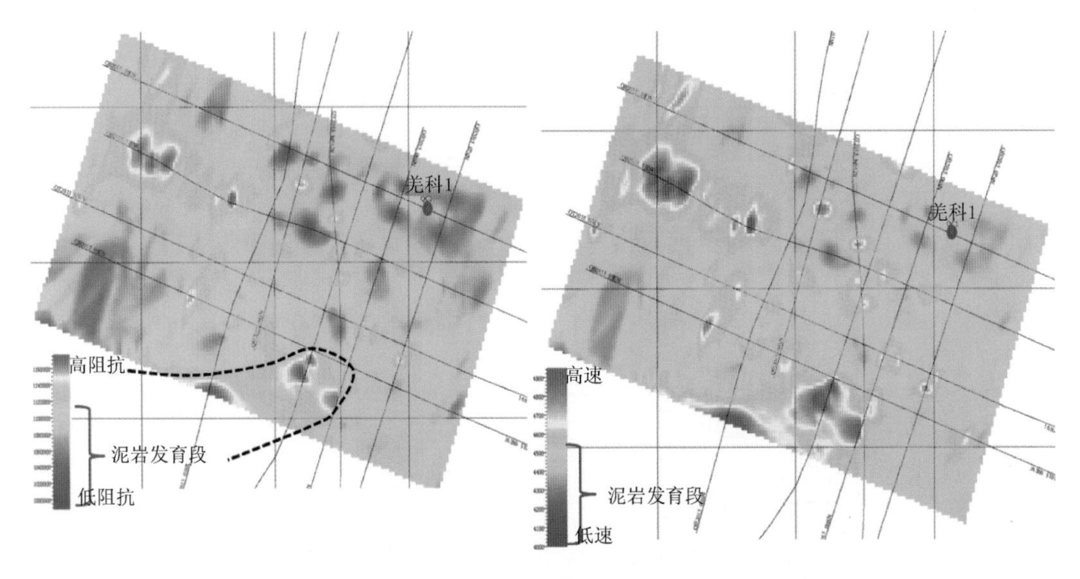


图 9-16　羌塘盆地半岛湖地区夏里组下部泥岩段平面预测图（左：叠后波阻抗；右：叠前纵波速度）

（分析时窗：夏里组底界至夏里组底界往上 130ms）

## 三、构造特征解析

### （一）总体构造特征

半岛湖地区发育 NNW、NW 向逆断层，褶皱构造成排成带发育，整体表现为由北向南逆冲的构造面貌，万安湖凹陷整体变形较弱（图9-17）。

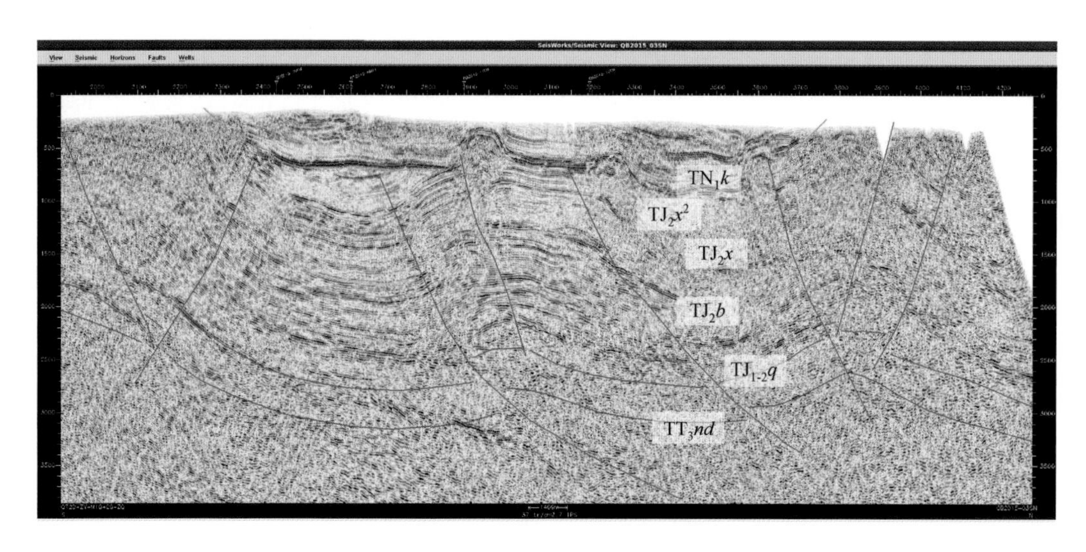


图9-17　羌塘盆地半岛湖地区QB2015-03SN地震剖面

## （二）断裂特征

根据构造解释及断层平面分布，明确半岛湖地区主要发育NNW、NW向逆断层，褶皱构造成排成带发育，共解释断层29条（表9-1），断层走向以近NW为主，NE向和近EW向为辅（图9-18）。其中二级断裂2条，分别为木马山断裂、向峰河断裂，走向北西，其控制了工区隆凹构造格局；三级断裂27条，以近NW走向为主，NE走向为辅，将隆凹构造复杂化。

**表9-1　羌塘盆地半岛湖地区主要断裂要素表**

| 断层级次 | 断层名称 | 断层性质 | 断层位置 | 层位 | 走向 | 倾向 | 平均断距/m | 长度/km | 落实程度 | 断开层位 |
|---|---|---|---|---|---|---|---|---|---|---|
| 二级断裂 | 向峰河断裂 | 逆断层 | 万安湖凹陷 | TJ | NW | NE | 600 | 45.44 | 落实 | TT-$J_3s$ |
| | 木马山断裂 | 逆断层 | 万安湖凹陷 | TJ | NW | SW | 550 | 42.67 | 落实 | TT-$J_2x$ |
| 三级断裂 | Fr1 | 逆断层 | 万安湖凹陷 | TJ | NW | NE | 600 | 23.61 | 落实 | TT-$J_2x$ |
| | Fr2 | 逆断层 | 万安湖凹陷 | TJ | NW | SW | 450 | 17.1 | 落实 | TT-$J_2x$ |
| | Fr3 | 逆断层 | 万安湖凹陷 | TJ | NW | NE | 450 | 33.42 | 落实 | TT-$J_2x$ |
| | Fr4 | 逆断层 | 万安湖凹陷 | TJ | EW | N | 300 | 14.62 | 落实 | TT-$J_2x$ |
| | Fr5 | 逆断层 | 万安湖凹陷 | TJ | EW | S | 300 | 20.98 | 落实 | TT-$J_2x$ |
| | Fr6 | 逆断层 | 万安湖凹陷 | TJ | NNW | NE | 400 | 11.82 | 落实 | TT-$J_2x$ |
| | Fr7 | 逆断层 | 万安湖凹陷 | TJ | NW | N | 400 | 15.69 | 落实 | TT-$J_2x$ |
| | Fr8 | 逆断层 | 万安湖凹陷 | TJ | EW | NE | 450 | 26.61 | 落实 | TT-$J_2x$ |
| | Fr9 | 逆断层 | 万安湖凹陷 | TJ | EW | N | 450 | 19.79 | 落实 | TT-$J_2x$ |

续表

| 断层级次 | 断层名称 | 断层性质 | 断层位置 | 层位 | 走向 | 倾向 | 平均断距/m | 长度/km | 落实程度 | 断开层位 |
|---|---|---|---|---|---|---|---|---|---|---|
| 三级断裂 | Fr10 | 逆断层 | 万安湖凹陷 | TJ | EW | S | 450 | 18.29 | 落实 | TT-$J_2x$ |
| | Fr11 | 逆断层 | 万安湖凹陷 | TJ | NE | NW | 500 | 31.49 | 落实 | TT-$J_2x$ |
| | Fr12 | 逆断层 | 万安湖凹陷 | TJ | EW | S | 100 | 14.88 | 落实 | TT-$J_2x$ |
| | Fr13 | 逆断层 | 万安湖凹陷 | TJ | EW | S | 150 | 8.22 | 落实 | TT-$J_2x$ |
| | Fr14 | 逆断层 | 万安湖凹陷 | TJ | NW | SW | 500 | 25.56 | 落实 | TT-$J_2x$ |
| | Fr15 | 逆断层 | 万安湖凹陷 | TJ | EW | S | 400 | 6.96 | 落实 | TT-$J_2x$ |
| | Fr16 | 逆断层 | 万安湖凹陷 | TJ | EW | N | 400 | 6.52 | 落实 | TT-$J_2x$ |
| | Fr17 | 逆断层 | 万安湖凹陷 | TJ | EW | S | 300 | 10.82 | 落实 | TT-$J_2x$ |
| | Fr18 | 逆断层 | 万安湖凹陷 | TJ | EW | S | 300 | 7.03 | 落实 | TT-$J_2x$ |

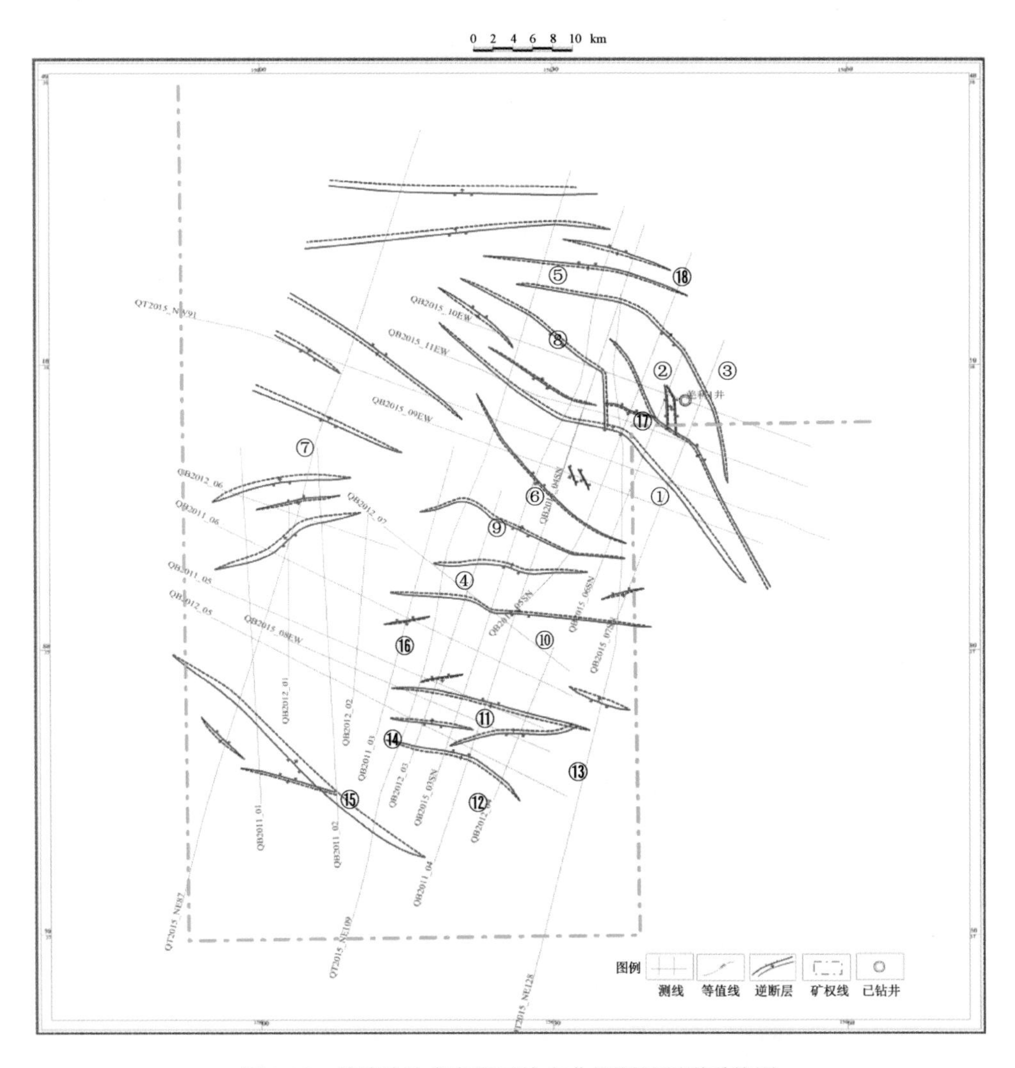


图 9-18　羌塘盆地半岛湖区块布曲组顶界断裂系统图

向峰河断裂：走向 NW，倾向 NE，平面延伸距离 45.44km，最大断距 850m，最小断距 150m，平均断距 600m，断层断穿从三叠系到索瓦组所有地层。在此断裂的控制下，形成了北部的万安湖构造。

木马山断裂：走向 NW，倾向 SW，平面延伸距离 42.67km，最大断距 650m，最小断距 150m，平均断距 550m，断层断穿从三叠系到夏里组所有地层。

## （三）构造单元划分

依据半岛湖地区总体构造特征、主干断裂及其相关褶皱的分布特征，对半岛湖地区开展构造单元划分（图 9-19）。半岛湖地区总体表现为两凸两凹的构造格局，由北向南依次

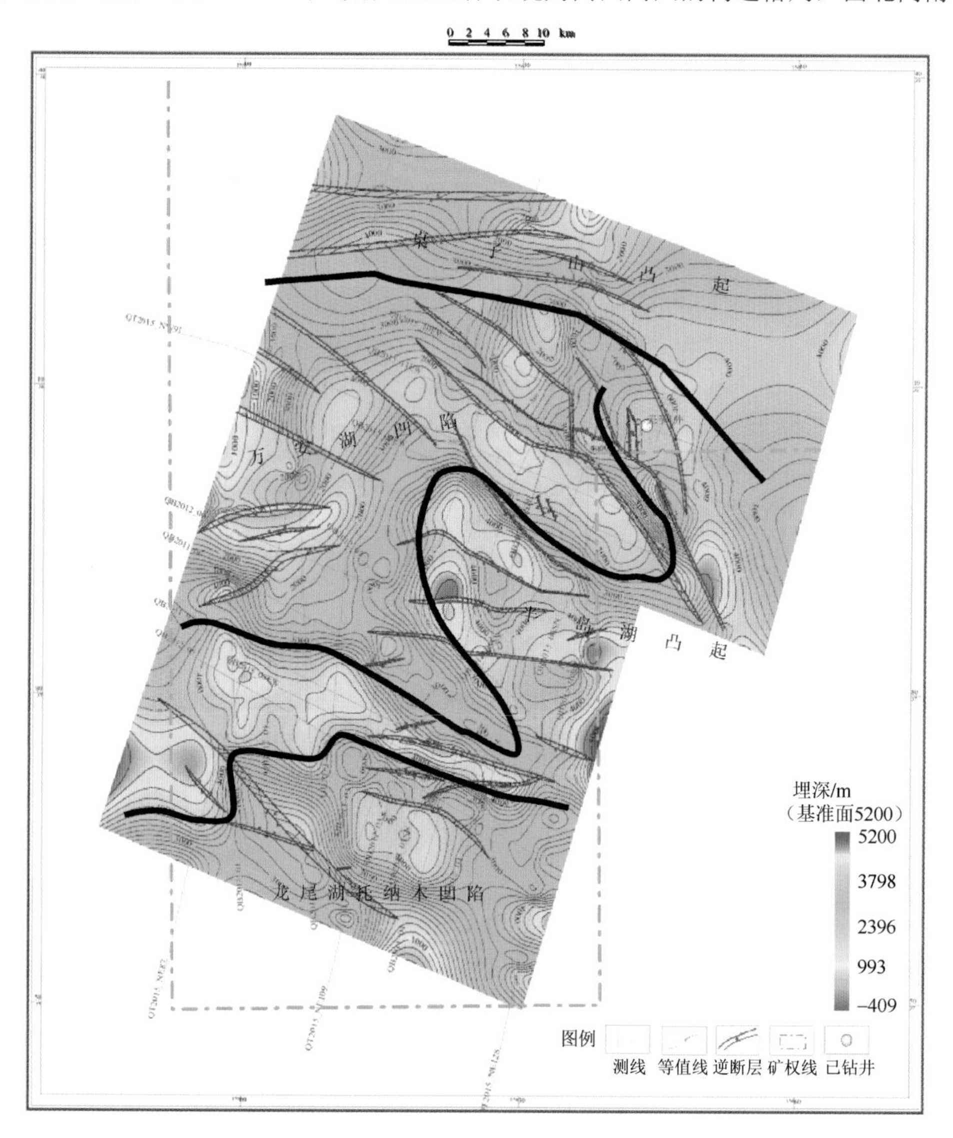


图 9-19　羌塘盆地半岛湖地区构造区划图

可以划分为桌子山凸起、万安湖凹陷、半岛湖凸起以及龙尾湖-托纳木凹陷四个构造单元。其中万安湖凹陷地震资料品质最好、断裂规模小、构造变形相对较弱，为构造保存最有利单元。

## 四、有利目标区优选

### （一）羌科1井西南侧布曲组内发现有利地震异常迹象

通过单井相分析，羌科1井布曲组钻遇局限台地潮坪-潟湖相沉积。井周的长水河西剖面研究表明，布曲组可分为3个短期旋回。其中三亚段发育台内浅滩储层，局部发育点礁，整体储层厚度较大，一亚段以台内浅滩为主。通过井周连井相层序对比分析，半岛湖地区布曲组具备台内浅滩叠置发育的特点。并且在羌科1井西南侧发现明显“底平顶凸、内部杂乱变振幅反射”地震异常的有利迹象（图9-20），表明半岛湖地区具有较好的勘探潜力，急需进一步落实。

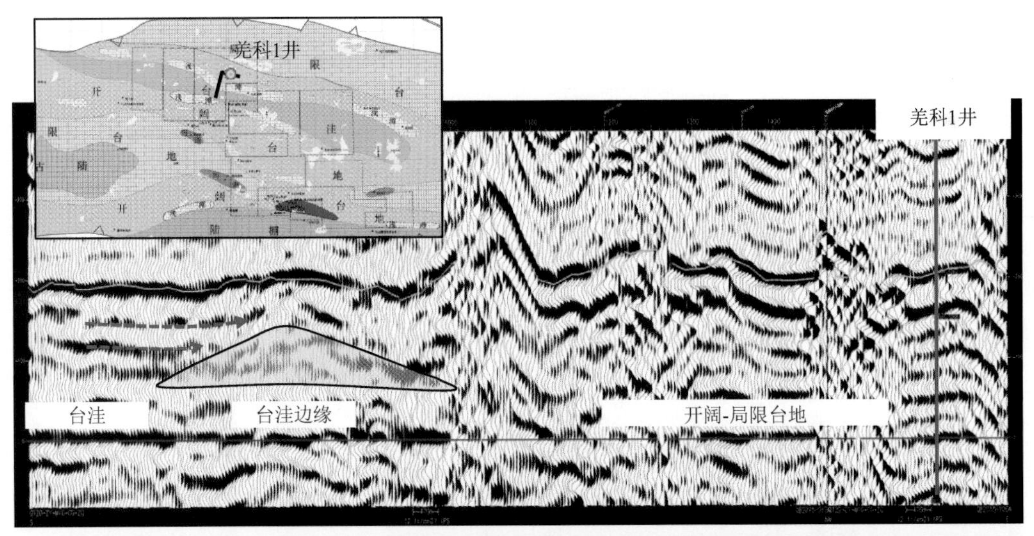


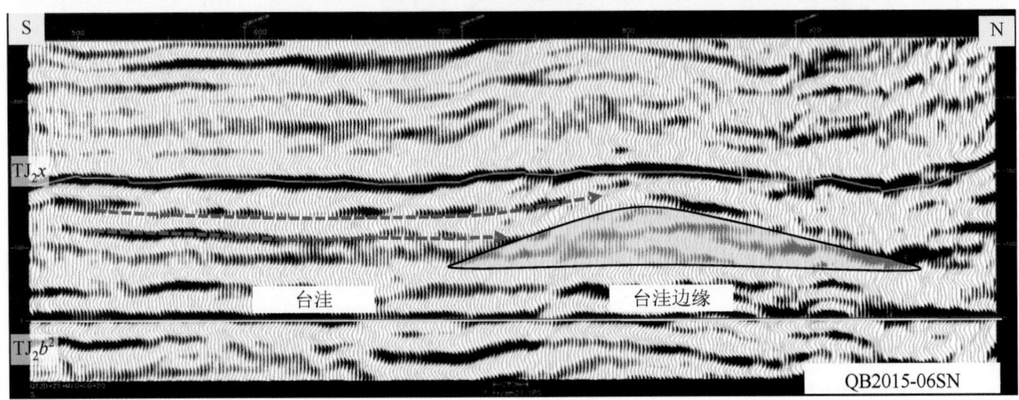


图9-20　羌科1井西南侧地震异常

## （二）石油地质条件

从烃源岩条件来看，目前已钻地层中夏里组底部泥岩以及布曲组中下部泥岩段具有一定的生烃潜力，其中布曲组中下部泥岩相对最优；半岛湖地区布曲组泥岩平面上厚度展布特征呈现由西北向东南泥岩厚度呈增厚趋势，南部为烃源岩发育有利区。

从储层条件来看，羌科 1 井目前钻遇储层主要发育在布曲组，其中布曲组 2 号层（1236.3～1252.5m、干层）以及 4 号层（2058.1～2065.9m、干层）为已钻井段中相对较好的储层段。其主要为局限台地潮坪相储层，以生物碎屑灰岩、砂屑灰岩为主，孔隙度分布平均为 0.7%，渗透率平均为 0.0011md 左右，属特低孔特低渗储层；储层孔隙结构差，压汞曲线呈“中-低排驱压力、中细歪度”特征，储集性能较差。低渗储层也主要分布在羌科 1 井南部地区。并且通过对井周连井地层对比分析，认为半岛湖地区布曲组具备台内浅滩叠置发育条件。羌科 1 井西南侧地震剖面明显“底平顶凸、内部杂乱变振幅反射”，分析认为是浅滩异常，依据四川盆地勘探经验，此相带内发育的台内浅滩储层较羌科 1 井目前钻遇的局限台地潮坪相储层物性要更好，因此半岛湖地区羌科 1 西南侧为布曲组有利储层发育区，值得进一步研究落实。

从盖层的角度来看，羌科 1 井目前共发育夏里组底部泥岩、布曲组中下部泥岩以及雀莫错组膏岩三套较好的盖层，从常规地震剖面以及波阻抗反演剖面上看，三套盖层均连续稳定分布。其中夏里组底部泥岩可以作为布曲组储层的直接盖层或区域盖层，其厚度展布西北向东南泥岩厚度呈增厚趋势，南部为泥岩最发育的地区。

从构造保存角度来看，万安湖凹陷地震资料品质最好、断裂规模小、构造变形相对较弱，为构造保存最有利单元。

从油气显示情况（图 9-21）来看，羌科 1 井与邻井羌地 17 井在布曲组顶部均发现良好含气显示。羌科 1 井在布曲组井深 1237.00～1249.26m 含生物碎屑灰岩中气测全烃 0.028%

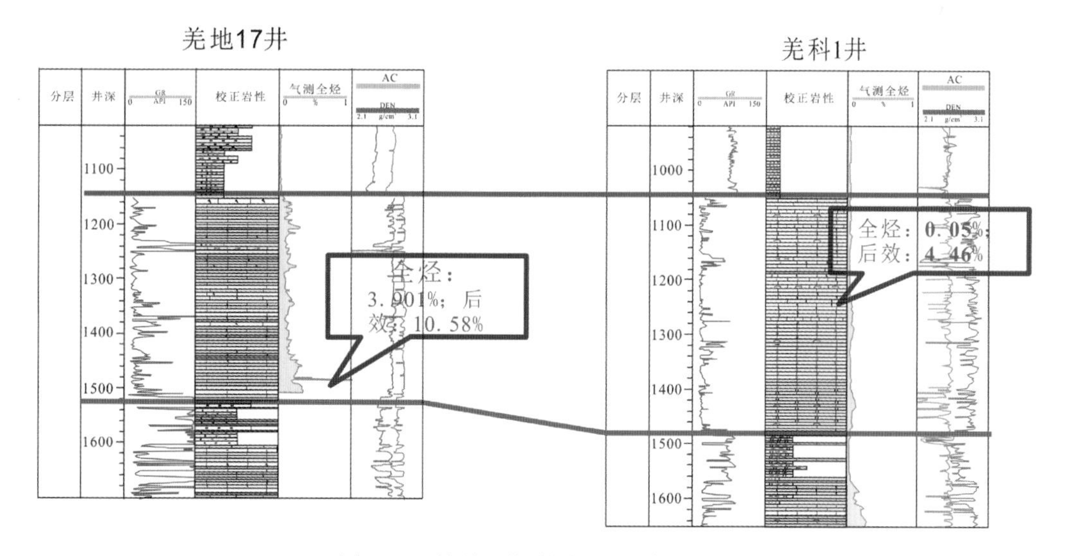


图 9-21　羌科 1 井-羌地 17 井连井剖面

～0.074%、后效全烃 0.049%上升至 4.467%；羌地 17 井在布曲组顶部与羌科 1 井的对应层段，即井深 1484.00～1485.00m 气测全烃最高达 3.901%、后效全烃最高达 10.587%。羌科 1 井布曲组中部井深 2059.00～2061.00m 为泥质粉砂岩，气测全烃 0.161%上升至 0.541%，共出现 13 次后效，后效全烃最高 0.024%上升至 2.894%，显示了布曲组具有一定的能量，也表明羌科 1 井布曲组具有较好的保存条件。

因此，综合烃源岩、储层、盖层、构造特征条件并结合油气显示情况，认为半岛湖地区万安湖凹陷南部布曲组有一定的资源前景，值得进一步探索。

## 第二节　托纳木-笙根区块有利目标优选

### 一、断裂特征

托纳木重点区块内皱褶破碎严重，断裂发育，共解释断裂 60 余条，其中平面组合 6 条（图 9-22，表 9-2），这些断裂均为逆断层，主要为 NW、NE、SN 走向。断层断距普遍不大，断层平面延伸距离以北西西及北东东向较长，工区内平面延伸 10km 以上，为区域性断裂；近南北向断层平面延伸较短，多数为层间断层。断层断距普遍不大，为 100～300m，剖面上断开白垩系至二叠系层位，表明断裂形成时期较晚。

**表 9-2　羌塘盆地托纳木地区断裂要素表**

| 名称 | 断层性质 | 长度/km | 断距/m | 倾角/℃ | 断面倾向 | 断层走向 |
|---|---|---|---|---|---|---|
| 托 F1 | 逆断层 | 47.3 | 2070 | 33 | N | E-W |
| 托 F2 | 逆断层 | 21.2 | 368 | 45 | S | NWW-NNE |
| 托 F3 | 逆断层 | 7.9 | 230 | 46 | NE | NW |
| 托 F4 | 逆断层 | 11.8 | 575 | 53 | N | NWW-NNE |
| 托 F5 | 逆断层 | 24.8 | 795 | 52 | SW | NW-SE |
| 托 F6 | 逆断层 | 19.7 | 510 | 62 | S | 近 E-W |

### 二、构造特征

依据地震剖面的特征，本区块北部总体上表现为由东北向西南逆冲的构造面貌［图 9-23（a）］，区块南部主要表现为近东西向对冲的构造样式［图 9-23（b）］，逆冲断层和水平收缩构造是其主要变形形式。

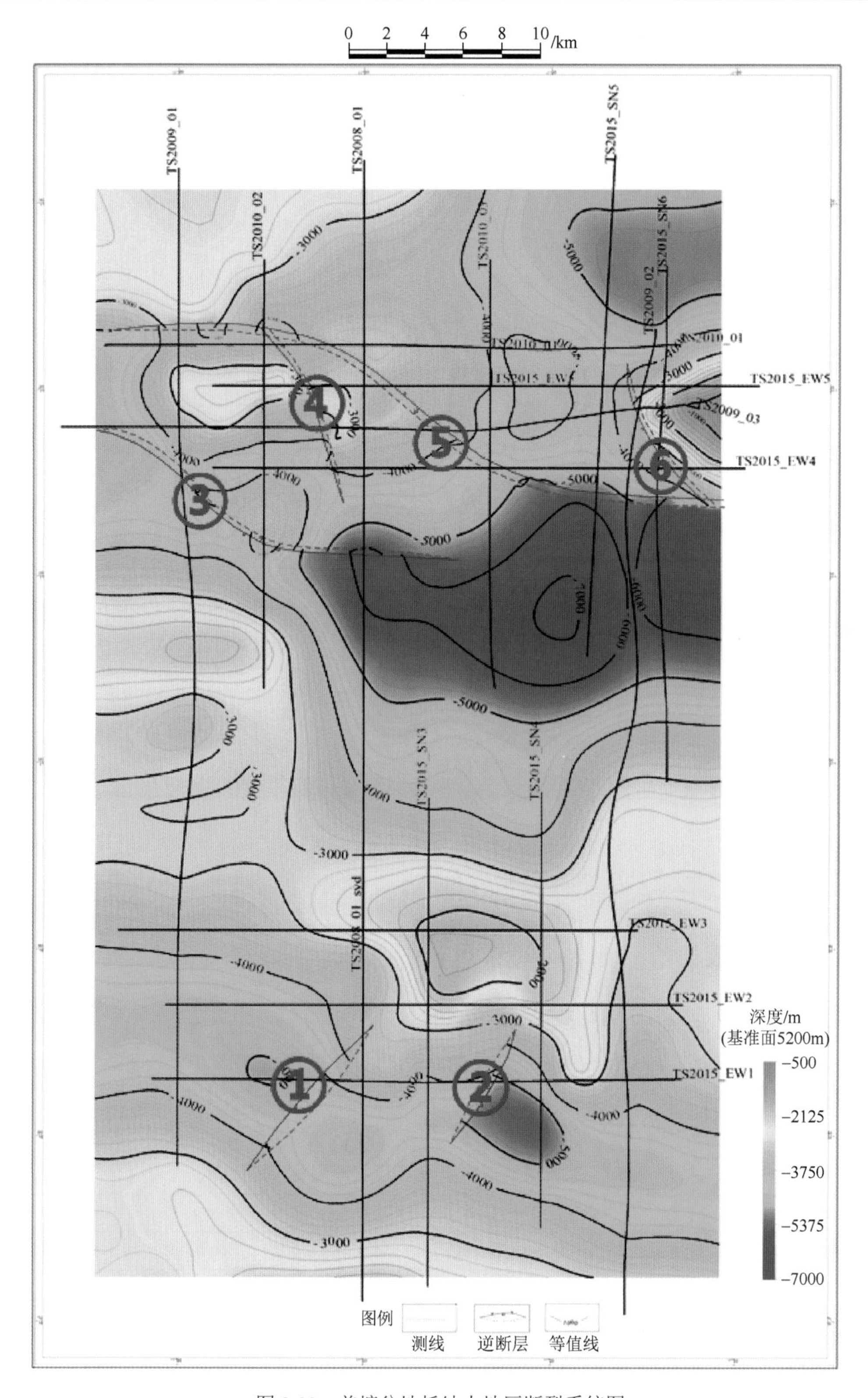


图 9-22　羌塘盆地托纳木地区断裂系统图

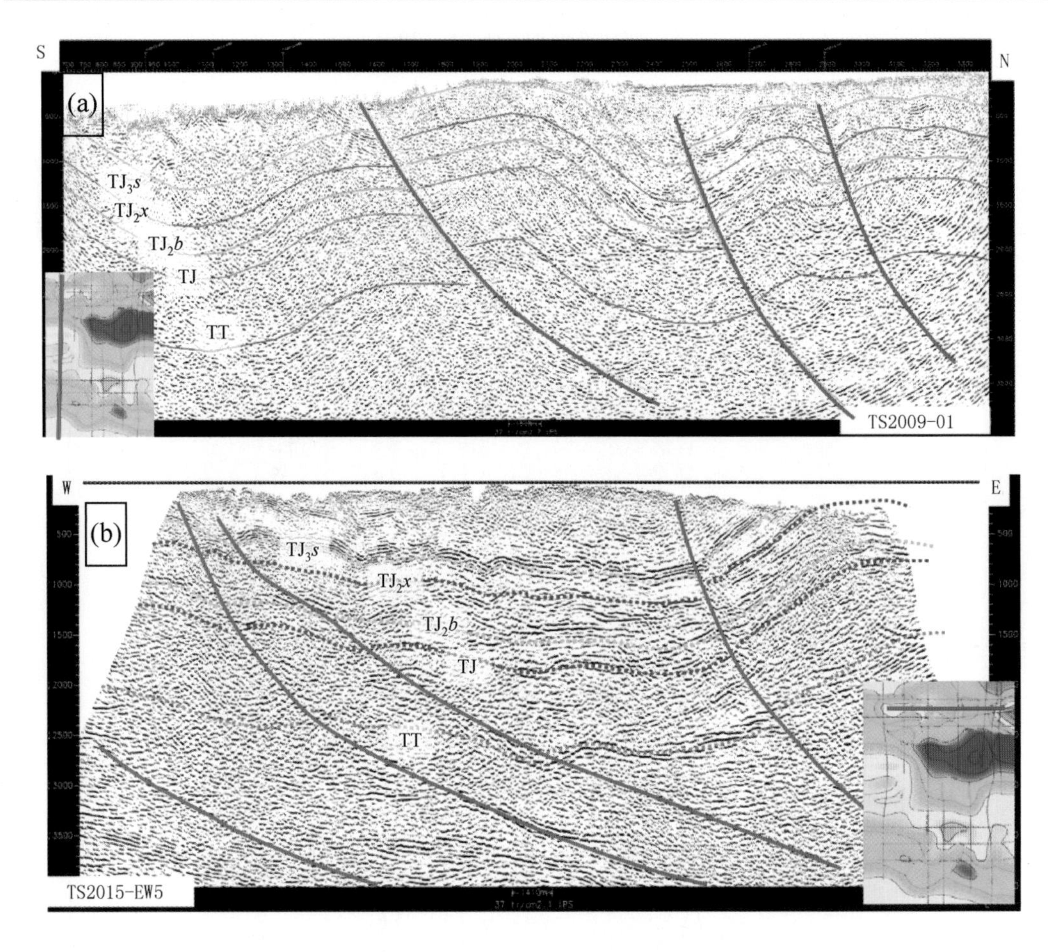


图 9-23　羌塘盆地 TS2009-01 测线和 TS2015-EW5 测线剖面图

## 三、圈闭特征及评价

通过对本重点区块内的局部构造进行进一步细化，并落实前人发现构造，共发现了 5 个圈闭构造（表 9-3），分别发育于区块北部凸起带与南部凸起带之上，总面积 133.68km$^2$，结合地震资料品质、测网控制程度及密度，落实 2 个较可靠圈闭（表 9-4、表 9-5）。

**表 9-3　羌塘盆地托纳木-笙根区块圈闭要素统计表**

| 构造名称 | 构造形态 | 最低圈闭线/m | 构造高点/m | 闭合幅度 | 圈闭面积/km$^2$ |
|---|---|---|---|---|---|
| 托纳木 1 号 | 断背斜 | −3400 | −2600 | 800 | 27.91 |
| 托纳木 2 号 | 断背斜 | −3400 | −3200 | 200 | 13.13 |
| 托纳木 3 号 | 断背斜 | −3400 | −600 | 2800 | 23.03 |
| 托纳木 4 号 | 断背斜 | −4000 | −3200 | 800 | 14.66 |
| 托纳木 5 号 | 背斜 | −2400 | −1800 | 600 | 54.95 |

**表 9-4 侏罗系布曲组底界局部构造可靠程度评价表**

<table>
<tr><th rowspan="2">构造名称</th><th rowspan="2">构造形态</th><th rowspan="2">最低圈闭线/m</th><th rowspan="2">构造高点/m</th><th rowspan="2">圈闭面积/km²</th><th colspan="4">可靠程度评价</th></tr>
<tr><th>测网控制程度</th><th>测网密度</th><th>地震资料品质</th><th>可靠程度</th></tr>
<tr><td>托纳木 1 号</td><td>断背斜</td><td>–3400</td><td>–2600</td><td>27.91</td><td>“井”字形测线</td><td>3km×3km</td><td>二级</td><td>较可靠</td></tr>
<tr><td>托纳木 2 号</td><td>断背斜</td><td>–3400</td><td>–3200</td><td>13.13</td><td>“十”字形测线</td><td>/</td><td>二级</td><td>不可靠</td></tr>
<tr><td>托纳木 3 号</td><td>断背斜</td><td>–3400</td><td>–600</td><td>23.03</td><td>“十”字形测线</td><td>/</td><td>二级/三级</td><td>不可靠</td></tr>
<tr><td>托纳木 4 号</td><td>断背斜</td><td>–4000</td><td>–3200</td><td>14.66</td><td>单条测线</td><td>/</td><td>二级</td><td>不可靠</td></tr>
<tr><td>托纳木 5 号</td><td>背斜</td><td>–2400</td><td>–1800</td><td>54.95</td><td>“井”字形测线</td><td>4km×3km</td><td>二级/三级</td><td>较可靠</td></tr>
</table>

**表 9-5 托纳木工区圈闭综合排队表**

<table>
<tr><th rowspan="2">圈闭名称</th><th rowspan="2">构造形态</th><th rowspan="2">闭合幅度/m</th><th rowspan="2">圈闭面积/km²</th><th rowspan="2">可靠程度评价</th><th colspan="4">圈闭地质条件</th><th rowspan="2">资料品质</th><th rowspan="2">综合排队</th></tr>
<tr><th>生</th><th>储</th><th colspan="2">保存</th></tr>
<tr><td>托纳木1号</td><td>断背斜</td><td>800</td><td>27.91</td><td>较可靠</td><td rowspan="2">上三叠统肖茶卡组厚层泥页岩有利烃源岩和布曲组碳酸盐岩次要烃源岩</td><td rowspan="2">发育上三叠统肖茶卡组、雀莫错组三角洲相碎屑岩储层和布曲组礁滩相碳酸盐岩</td><td rowspan="2">索瓦组出露</td><td>断弯背斜、资料复杂</td><td>二类</td><td>II</td></tr>
<tr><td>托纳木5号</td><td>断背斜</td><td>600</td><td>54.95</td><td>较可靠</td><td>向斜背景内的紧闭背斜，资料复杂，可能存在多解性</td><td>二类、三类</td><td>III</td></tr>
</table>

托纳木 1 号构造，地震资料品质以二类为主，控制测线呈“井”字形，测网密度达 3km×3km，构造形态总体上为由多条逆断层控制的逆冲背斜，圈闭面积 27.91km²，闭合幅度 800m，构造高点–2600m。在东西方向上，TS2009-03 测线和 TS2015-EW5 测线表现为两条断层夹持的背斜构造；在南北方向上，TS2010-02 测线亦表现为断背斜构造。烃源岩以三叠统肖茶卡组厚层泥页岩为主，布曲组碳酸盐岩为次要烃源岩，储层为三叠统肖茶卡组、雀莫错组三角洲相碎屑岩储层和布曲组礁滩相碳酸盐岩，是落实的断背斜构造圈闭。

托纳木 5 号构造，地震资料品质以二、三类为主，控制测线呈“井”字形，测网密度达 4km×3km，构造形态总体上缺少明显的逆冲断层控制，整体为等轴背斜，南部北逆断层切割，圈闭面积 54.95km²，闭合幅度 600m，构造高点–1800m。东西方向和南北方向剖面上均表现为较为完整的背斜构造。与托纳木 1 号构造相同，烃源岩以三叠统肖茶卡组厚层泥页岩为主，布曲组碳酸盐岩为次要烃源岩，储层为三叠统肖茶卡组、雀莫错组三角洲相碎屑岩储层和布曲组礁滩相碳酸盐岩，但向斜背景内的紧闭背斜，资料复杂，可能存在多解性，是相对落实的构造圈闭。

## 第三节 隆鄂尼-鄂斯玛区块有利目标优选

通过本轮对羌塘盆地二维测线的解释，分区块编制了侏罗系索瓦组底界、夏里组底界、布曲组底界、雀莫错组底界（玛曲地区）或曲色组底界（隆鄂尼、鄂斯玛地区）和三叠系底界、二叠系底界（玛曲地区）共 6 层构造图，基本查清了该区地腹构造形态、细节变化、圈闭规模以及断裂展布情况。

## 一、断裂特征

在羌塘盆地鄂斯玛、隆鄂尼、玛曲区块二维地震测区共解释断层 43 条，其中控制局部圈闭形成的Ⅲ级断层 18 条，其余为调节断层。下面分区块对这些断层的类型、平面组合、平面展布进行详细描述。

隆鄂尼区块解释断层 19 条，其中Ⅲ级断层有 7 条，Ⅳ级断层有 12 条（表 9-6）。区块内发育的断层均为逆断层，走向北西，同时发育少量北东向延伸的逆断层。本书研究共解释断层 19 条，6 条Ⅲ级断层控制隆鄂尼区块三级构造带的形成与发育；Ⅳ级断层起到调节作用；区内断层延伸长短不一，部分断层单线控制，延伸方向有待考究；区块内断裂在平面上雁列或斜列展布，表现出走滑的性质，剖面上以简单的背冲式、对冲式、平行式为发育特征（图 9-24）。

**表 9-6　羌塘盆地隆鄂尼区块断裂要素表**

| 断裂名称 | 性质 | 断开层位 | 区内延展长度/km | 最大断距/m | 产状 | | 断层级别 | 可靠程度 | 典型剖面 |
|---|---|---|---|---|---|---|---|---|---|
| | | | | | 走向 | 倾向 | | | |
| LF1 | 逆 | $TJ_2b$～TT | 27.11 | 3400 | NWW-NEE | NNE-NNW | Ⅲ级 | 可靠 | TS2015-SN1 |
| LF2 | 逆 | $TJ_2b$～TT | 19.26 | 4700 | NNW | SSW | Ⅲ级 | 可靠 | TS2015-SN1 |
| LF3 | 逆 | $TJ_2b$～TT | 6.05 | 3900 | NE | SE | Ⅳ级 | 可靠 | L2015-05 |
| LF4 | 逆 | $TJ_{1\text{-}2}q$～TT | 6.24 | 900 | NWW | NNE | Ⅳ级 | 较可靠 | TS2015-SN2 |
| LF5 | 逆 | $TJ_2b$～TT | 11.2 | 1200 | NWW | NNE | Ⅲ级 | 较可靠 | TS2015-SN1 |
| LF6 | 逆 | $TJ_2b$～TT | 9.25 | 2000 | NWW | SSW | Ⅳ级 | 较可靠 | L2015-05 |
| LF7 | 逆 | $TJ_2b$～TT | 10.26 | 4000 | NWW | SSW | Ⅲ级 | 较可靠 | L2015-05 |
| LF8 | 逆 | $TJ_1q$～TT | 7.1 | 1100 | NWW | NNE | Ⅳ级 | 较可靠 | TS2015-SN1 |
| LF9 | 逆 | $TJ_2b$～TT | 6.7 | 1600 | NEE | NNW | Ⅳ级 | 较可靠 | L2015-07 |
| LF10 | 逆 | $TJ_2b$～TT | 11.94 | 1500 | NEE | NNW | Ⅳ级 | 可靠 | L2015-07 |
| LF11 | 逆 | $TJ_2b$～TT | 21.78 | 3400 | NE | NW | Ⅲ级 | 可靠 | L2015-07 |
| LF12 | 逆 | $TJ_2b$～TT | 12.85 | 2600 | NEE | SSE | Ⅲ级 | 较可靠 | L2015-07 |
| LF13 | 逆 | $TJ_2b$～$TJ_{1\text{-}2}q$ | 11.67 | 3000 | NEE | NNW | Ⅲ级 | 较可靠 | L2015-07 |
| LF14 | 逆 | $TJ_{1\text{-}2}q$～TT | 8.88 | 2100 | E | S | Ⅳ级 | 较可靠 | L2015-07 |
| LF15 | 逆 | TT | 22.44 | 2700 | NWW | SSW | Ⅳ级 | 可靠 | TS2015-SN1 |
| LF16 | 逆 | TT | 7.13 | 3400 | NEE | NNW | Ⅳ级 | 较可靠 | L2015-07 |
| LF17 | 逆 | TT | 6.92 | 800 | NWW | SSW | Ⅳ级 | 较可靠 | TS2015-SN1 |
| LF18 | 逆 | TT | 6.99 | 800 | NWW | SSW | Ⅳ级 | 较可靠 | TS2015-SN1 |
| LF19 | 逆 | $TJ_2b$ | 13.33 | 450 | NE | SE | Ⅳ级 | 不可靠 | 依据露头 |

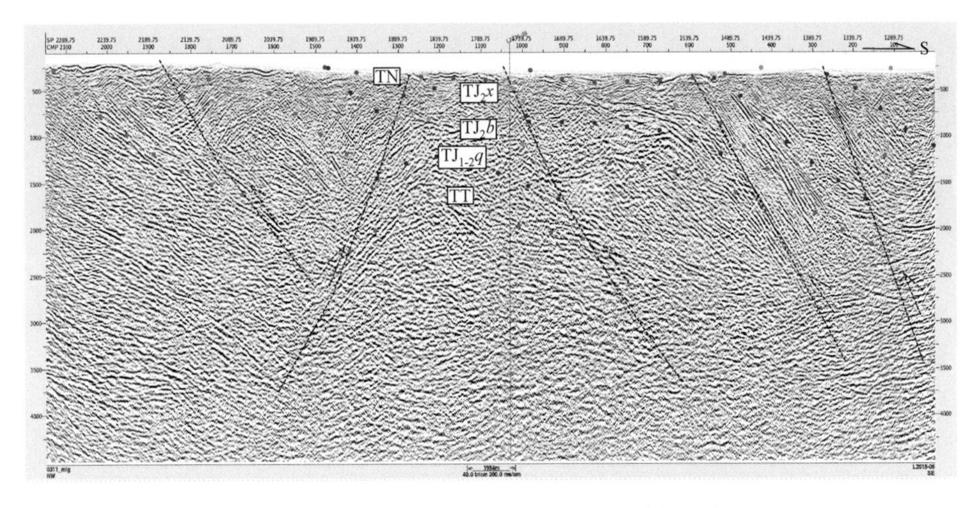


图 9-24　羌塘盆地隆鄂尼区块断裂剖面特征示意图

鄂斯玛区块断裂相对比较发育，地层产状变化较大，遭受剥蚀严重（表 9-7）。鄂斯玛区块解释断层 13 条：Ⅲ级断层有 7 条；Ⅳ级断层有 3 条；Ⅴ级断层 3 条。区块内发育的断层均为逆断层，走向北西，同时发育少量北东向延伸的逆断层。本书研究解释断层 13 条，7 条Ⅲ级断层控制鄂斯玛区块三级构造带的形成与发育；Ⅳ级、Ⅴ级断层把已形成的三级构造复杂化，划分为大小不一、形状各异的断背斜、断鼻、断块构造；该区断裂受力相对较复杂，具有明显的走滑性质，部分断层由北西西向延伸转换为北西向延伸；区内的Ⅳ级、Ⅴ级断层相对较发育，断层延伸长短不一，多为单线控制，延伸方向有待考究。区块内断裂在平面上以雁列或斜列展布为主，表现出走滑的性质，剖面上以简单的背冲式、对冲式、平行式为发育特征（图 9-25）。

**表 9-7　羌塘盆地鄂斯玛区块断裂要素表**

| 断裂名称 | 性质 | 断开层位 | 区内延展长度/km | 最大断距/m | 产状 | | 断层级别 | 可靠程度 | 典型剖面 |
|---|---|---|---|---|---|---|---|---|---|
| | | | | | 走向 | 倾向 | | | |
| EF1 | 逆 | $TJ_2b$～TT | 49.33 | 边界断层 | NE-NEE-SEE | NW-NNW-NNE | Ⅲ级 | 可靠 | E2015-04 |
| EF2 | 逆 | $TJ_2x$～TT | 27.08 | 3800 | 北西 | 北东 | Ⅲ级 | 可靠 | E2015-05 |
| EF3 | 逆 | $TJ_2x$～TT | 24.36 | 4000 | 北西 | 南西 | Ⅲ级 | 可靠 | E2015-05 |
| EF4 | 逆 | $TJ_2b$～TT | 10.98 | 2700 | 北东 | 北西 | Ⅲ级 | 可靠 | E2015-03 |
| EF5 | 逆 | $TJ_2x$～TT | 37.18 | 4600 | 北西 | 南西 | Ⅲ级 | 可靠 | E2015-04 |
| EF6 | 逆 | $TJ_2b$～TT | 22.04 | 5200 | 北西 | 北东 | Ⅲ级 | 可靠 | E2015-01 |
| EF7 | 逆 | $TJ_2x$～TT | 28.7 | 3200 | 北西 | 北东 | Ⅲ级 | 可靠 | E2015-03 |
| EF8 | 逆 | $TJ_2b$～TT | 4.65 | 2200 | 北西 | 南西 | Ⅳ级 | 较可靠 | E2015-07 |
| EF9 | 逆 | $TJ_{1\text{-}2}q$～TT | 11.29 | 1800 | 北西 | 南西 | Ⅳ级 | 可靠 | E2015-06 |
| EF10 | 逆 | $TJ_2x$～TT | 9.46 | 3600 | 北西 | 南西 | Ⅳ级 | 较可靠 | E2015-05 |
| EF11 | 逆 | $TJ_2x$～$TJ_{1\text{-}2}q$ | 12.22 | 1400 | 北东东 | 南南东 | Ⅴ级 | 可靠 | E2015-05 |
| EF12 | 逆 | $TJ_2b$～TT | 4.16 | 1100 | 北北西 | 南西西 | Ⅴ级 | 较可靠 | E2015-01 |
| EF13 | 逆 | TT | 17.03 | 1900 | 北西 | 南西 | Ⅴ级 | 较可靠 | E2015-06 |

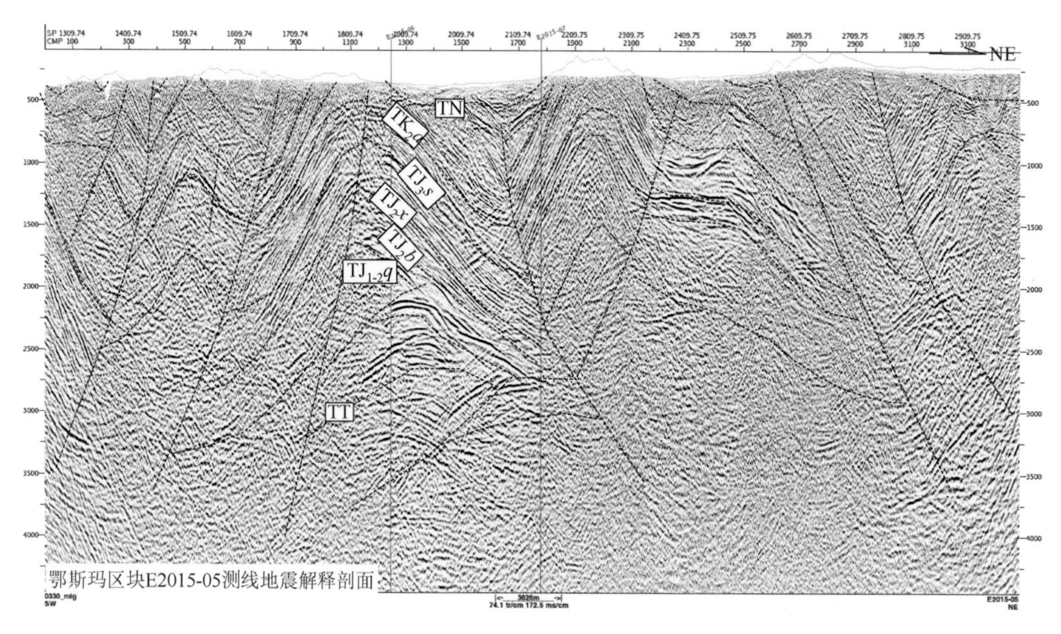


图 9-25　羌塘盆地鄂斯玛区块断裂剖面特征

玛曲区块位于羌塘盆地南羌塘拗陷东部，测区内控制测线比较稀少，现有的测线解释成果认为该区断裂不发育，共解释断层 11 条，其中Ⅲ级断层有 4 条，Ⅳ级断层有 7 条（表 9-8）。区块内发育的断层均为逆断层，走向北西，同时发育少量北东向延伸的逆断层。本书研究共解释断层 11 条，4 条Ⅲ级断层控制玛曲区块三级构造带的形成与发育；Ⅳ级断层把已形成的三级构造复杂化，划分为大小不一、形状各异的断背斜、断鼻、断块构造；区内的Ⅳ级、Ⅴ级断层相对较发育，断层延伸长短不一，多为单线控制，延伸方向有待考究。区块内断裂在平面上雁列或斜列展布为主，表现出走滑的性质，剖面上以简单的背冲式、对冲式、平行式为发育特征（图 9-26）。

**表 9-8　羌塘盆地玛曲区块断裂要素表**

| 断裂名称 | 性质 | 断开层位 | 区内延展长度/km | 最大断距/m | 产状 | | 断层级别 | 可靠程度 | 典型剖面 |
|---|---|---|---|---|---|---|---|---|---|
| | | | | | 走向 | 倾向 | | | |
| MF1 | 逆 | $TJ_2b$～TP | 20.67 | 3200 | NNW | NNE | Ⅲ级 | 可靠 | M2015-02 |
| MF2 | 逆 | $TJ_2b$～TP | 9.72 | 1900 | NW | SW | Ⅲ级 | 可靠 | M2015-02 |
| MF3 | 逆 | $TJ_2b$～TP | 6.09 | 5000 | NW | NE | Ⅲ级 | 可靠 | M2015-04 |
| MF4 | 逆 | $TJ_2b$～TP | 12.36 | 5000 | NNW | SWW | Ⅲ级 | 可靠 | M2015-03 |
| MF5 | 逆 | $TJ_2b$～TP | 10.58 | 1000 | NWW | NNE | Ⅳ级 | 较可靠 | M2015-03 |
| MF6 | 逆 | $TJ_{1\text{-}2}q$～TP | 7.72 | 900 | NE | NW | Ⅳ级 | 较可靠 | M2015-01 |
| MF7 | 逆 | $TJ_{1\text{-}2}q$～TP | 5.59 | 450 | NW | SW | Ⅳ级 | 较可靠 | M2015-01 |
| MF8 | 逆 | TT～TP | 3.69 | 1300 | NW | SW | Ⅳ级 | 较可靠 | M2015-01 |
| MF9 | 逆 | TT～TP | 4.6 | 900 | NW | SW | Ⅳ级 | 较可靠 | M2015-01 |
| MF10 | 逆 | TT | 7.63 | 2300 | NE | NW | Ⅳ级 | 较可靠 | M2015-01 |
| MF11 | 逆 | TT | 5.37 | 1500 | NWW | SSW | Ⅳ级 | 较可靠 | M2015-03 |

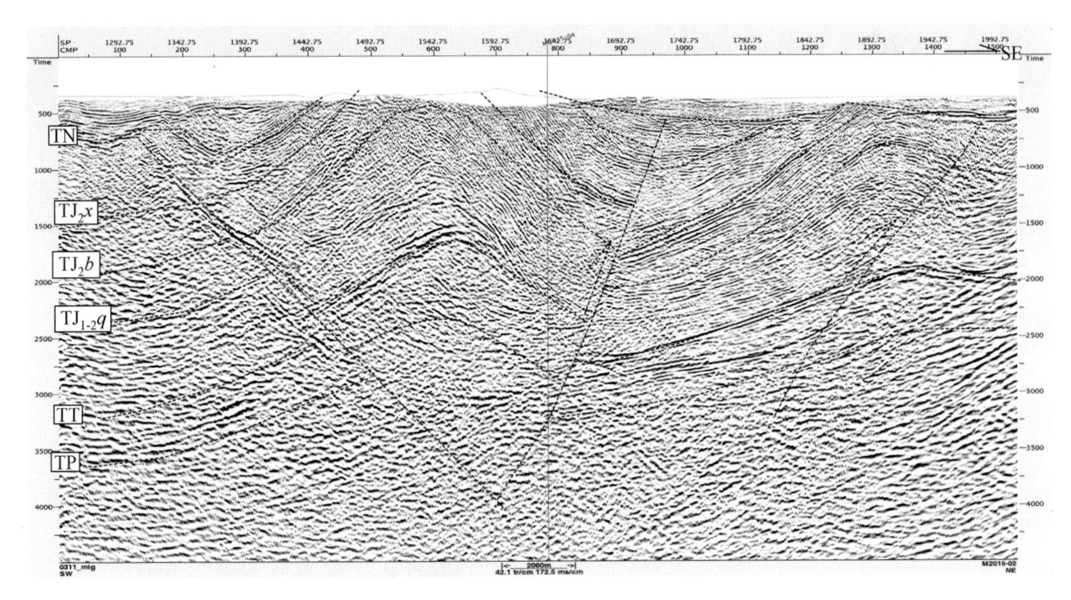


图 9-26　羌塘盆地玛曲区块断裂剖面特征示意图

## 二、构造特征

### （一）地面构造

鄂斯玛区块地面构造总体呈北西西向展布，表现为北西西向的褶皱及与之相伴的逆冲断层，构成褶皱冲断构造体系；西北角构造线有向南西方向急剧扭曲特点，并显示出弧形扭曲特点。隆鄂尼区块紧邻中央隆起带，地面发育长轴方向东西向延伸的紧密褶皱，断裂相对较发育，以平行于长轴方向的近东西向逆冲断裂发育为主，同时发育北东向逆冲断裂，近东西向逆冲断裂发育主要分布在隆鄂尼东部，而西部主要发育北东向的逆冲断裂，说明该区位于构造应力转换区。受区域构造运动的影响和制约，该区整体上呈南高北低的构造格局，南部背斜长轴方向近北西西向，北部转换为北东向，长轴方向呈东西向的背斜主要受羌塘北缘褶冲带从北向南的挤压和中央古隆起带由南向北的挤压形成，造成该区现今的构造形态以褶皱为主、断裂较少。

### （二）地腹构造

本区东西长约 600km，平均宽 50km，是一个狭长的、被消减了的盆地。其南界以断层与班公湖-尼玛构造带相接，并与南侧的构造组成一个在成因环境上有联系的陆裂谷-有限洋裂盆地（王成善等，2001）。羌南拗陷区就位于裂谷盆地北部边缘斜坡，广泛分布海相侏罗系及少量上三叠统，总厚超过 10km。总体上南厚北薄呈楔状。

次级构造划分拟以 89° 断裂界分东、西两个凹陷。两凹陷内次级单元为南、北分带，南带为强烈挤压带，如在 88°30′附近发现一系列紧密叠瓦状逆冲推覆构造；北带为过渡构造带，主要构造样式为叠瓦状台阶式逆冲断层及相关断层转折褶皱。

## 1. 隆鄂尼区块

隆鄂尼区块位于羌塘盆地南羌塘拗陷中部偏北，该区块地震资料品质相对较差，信噪比和分辨率都很低，地层产状不是很清楚，构造解释比较困难。从地震剖面上看，南北向的主测线和东西向的联络测线分别具有明显的南北向和东西向的褶曲，凸凹相间格局可以识别（图 9-27）。

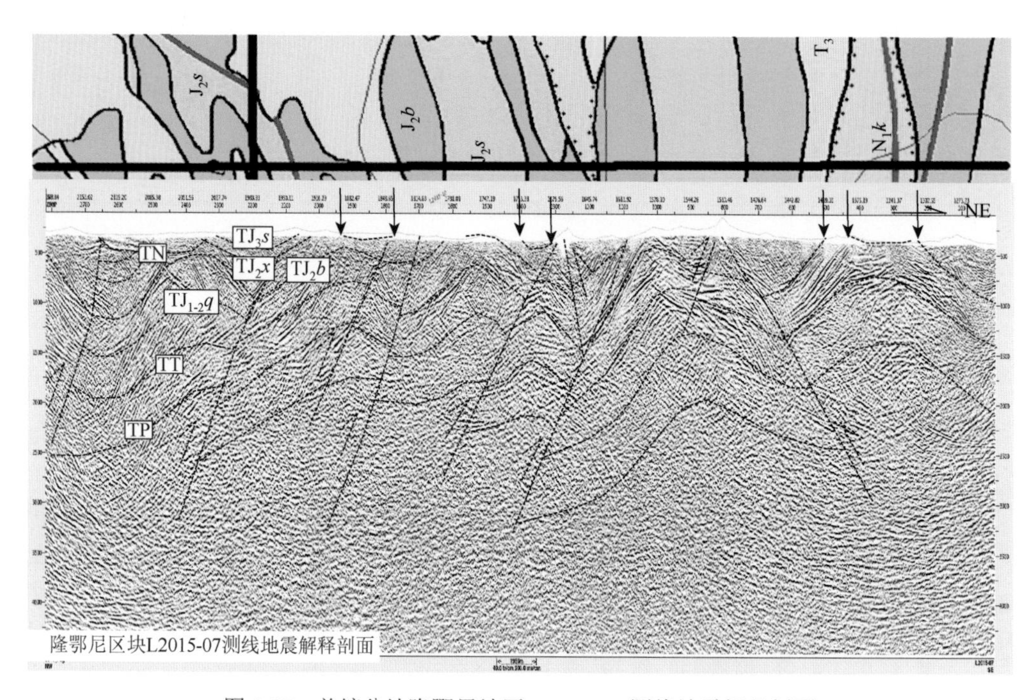


图 9-27　羌塘盆地隆鄂尼地区 L2015-07 测线地震解释剖面

平面上，隆鄂尼区块构造形态相对比较简单，总体存在南高北低的构造格局，构造圈闭大部分集中发育在南部斜坡区域，隆鄂尼区块西部区域多发育北西向延伸的断裂，而东部则以北东向断裂发育为主，说明该区处于应力转换带的位置；北西向、北东向延伸的III级断裂对隆鄂尼区块的构造格局和构造形态均起到控制作用。隆鄂尼区块平面构造形态表现为一个南高北低的单斜形态，局部存在褶曲或小背斜，褶曲被断层切截，形成断鼻、断块等形状的局部圈闭（图 9-28）。

隆鄂尼区块共落实 13 个局部圈闭（表 9-9），主要分布在南部凸起带和北部凸起带上，圈闭类型以断鼻为主，$TJ_2b$、$TJ_{1-2}q$、TT 三层总层圈闭面积 314.54km$^2$。

## 2. 鄂斯玛区块

鄂斯玛区块位于羌塘盆地南羌塘拗陷中部偏北，部分南北向的测线进入中央隆起带，从地震剖面上看，南北向的主测线和东西向的联络测线分别具有明显的南北向和东西向的褶曲，凸凹相间格局清晰（图 9-29）。

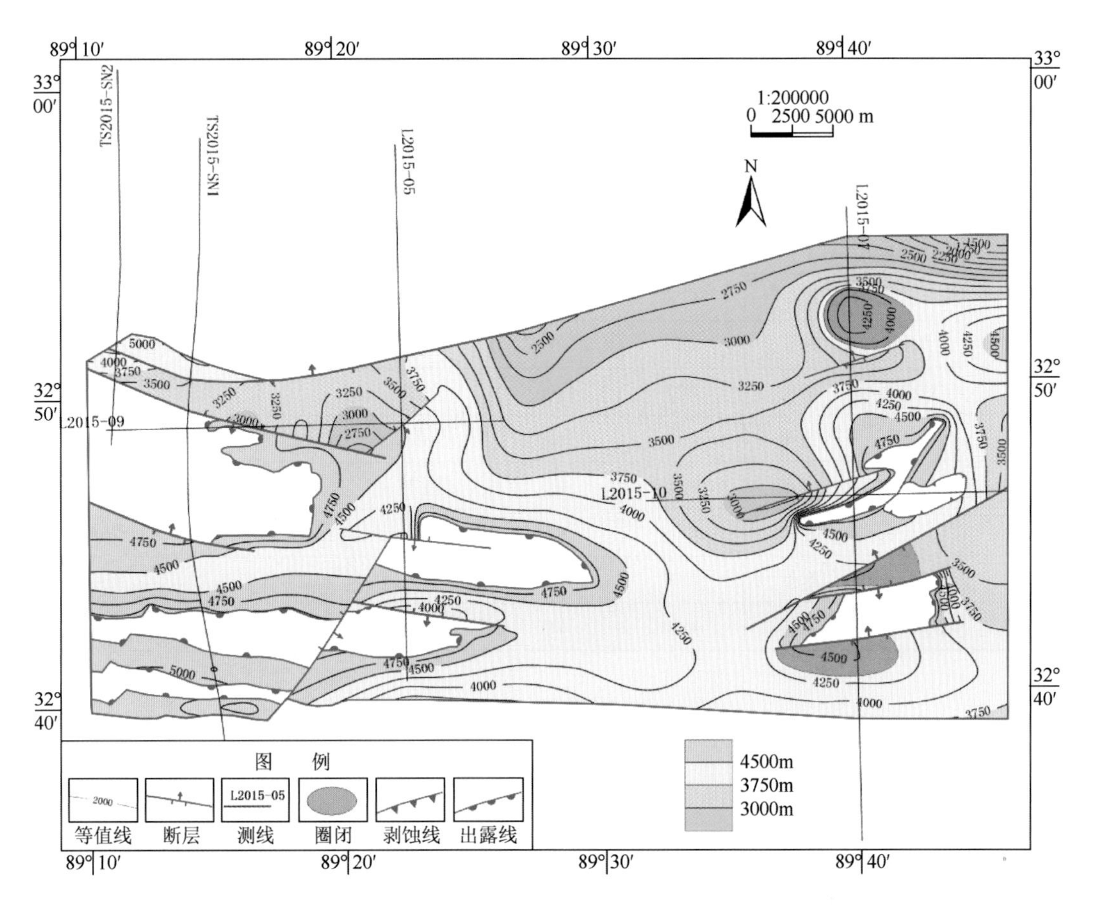


图 9-28　羌塘盆地隆鄂尼地区中侏罗统布曲组底界地震反射层构造图

**表 9-9　羌塘盆地隆鄂尼区块圈闭要素表**

| 构造名称 | 发育层位 | 圈闭类型 | 构造高点/m | 构造幅度/m | 圈闭面积/km$^2$ | 测线位置 |
|---|---|---|---|---|---|---|
| L1（北） | 曲色组 | 断鼻 | 5100 | 400 | 12.68 | L2015-09 与 TS2015-SN1 交点南侧 |
| L1（南） | 曲色组 | | 4600 | 200 | 4.81 | |
| L2 | 曲色组 | 背斜 | 4300 | 300 | 13.51 | L2015-09 与 TS2015-SN1 交点南侧 |
| | 三叠系 | 背斜 | 2500 | 100 | 5.46 | |
| L3 | 曲色组 | 断鼻 | 4800 | 900 | 18.84 | L2015-05 南侧 |
| | 三叠系 | 断鼻 | 3800 | 1500 | 17.92 | |
| L4 | 曲色组 | 断鼻 | 4600 | 200 | 4.65 | L2015-09 与 TS2015-SN1 交点南侧 |
| | 三叠系 | 断鼻 | 2500 | 100 | 3.89 | |
| L5 | 曲色组 | 断鼻 | 4500 | 100 | 6.41 | L2015-09 与 TS2015-SN1 交点南侧 |

续表

| 构造名称 | 发育层位 | 圈闭类型 | 构造高点/m | 构造幅度/m | 圈闭面积/km$^2$ | 测线位置 |
|---|---|---|---|---|---|---|
| L6 | 布曲组 | 背斜 | 4450 | 550 | 15.91 | L2015-07 北侧 |
| | 曲色组 | 断鼻 | 3200 | 300 | 9.45 | |
| | 三叠系 | 断鼻 | 1600 | 700 | 11.91 | |
| L7 | 曲色组 | 断鼻 | 4500 | 800 | 21.94 | L2015-07 与 L2015-10 交点东南侧 |
| | 三叠系 | 断鼻 | 3700 | 1700 | 20.85 | |
| L8 | 布曲组 | 断块 | 3750 | 150 | 7.49 | L2015-07 与 L2015-10 交点南侧 |
| | 曲色组 | 断鼻 | 2800 | 300 | 3.73 | |
| | 三叠系 | 断块 | 800 | 1000 | 27.7 | |
| L9 | 曲色组 | 断块 | 4700 | 1000 | 16.4 | L2015-07 与 L2015-10 交点南 |
| L10 | 三叠系 | 断鼻 | 4800 | 400 | 21.36 | L2015-05 北侧 |
| L11 | 三叠系 | 断鼻 | 3200 | 800 | 5.9 | L2015-05 与 L2015-09 交点南 |
| L12 | 三叠系 | 断鼻 | 2300 | 300 | 7.57 | L2015-07 与 L2015-10 交点北 |
| L13 | 布曲组 | 断鼻 | 4550 | 200 | 13.19 | L2015-07 与 L2015-10 交点南 |

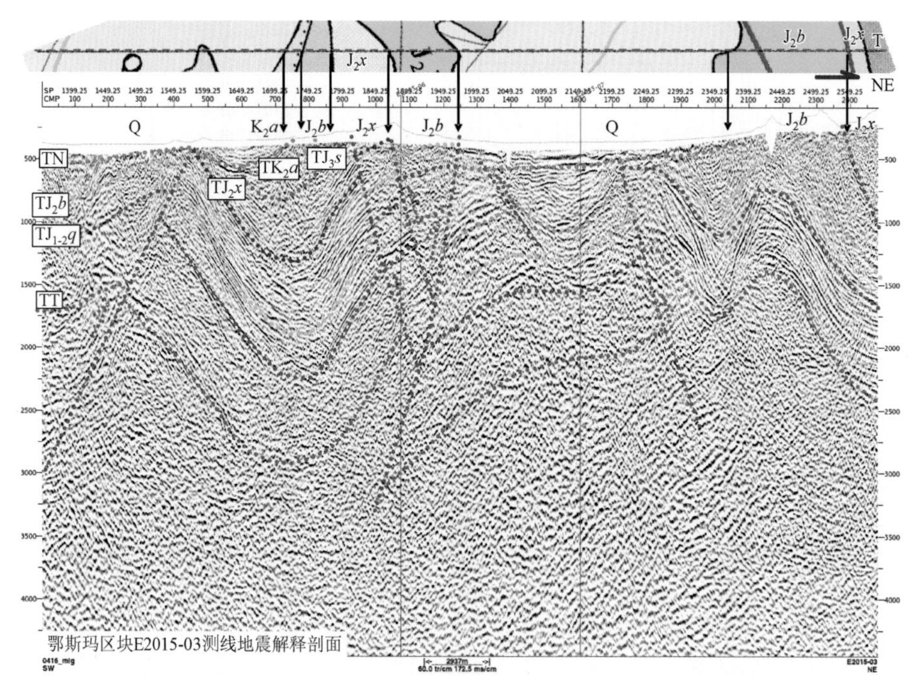


图 9-29　羌塘盆地鄂斯玛地区 E2015-03 测线地震解释剖面

本区块根据剖面形态和平面构造形态，可以划分为北部斜坡带、中央突起带、中央洼漕带、南部斜坡带 4 个四级构造单元（图 9-30）。鄂斯玛区块构造形态复杂，断裂发育，走滑运动造成该区域隆凹相间的构造格局，发生局部扭曲，但总体仍存在东西构造成排的构造格局（吴滔等，2013），构造圈闭集中发育在中央突起带与南部斜坡带，北西向发育的Ⅲ级断裂对鄂斯玛区块的构造格局和构造形态均起到控制作用。本区块共落实 16 个圈闭（表 9-10），圈闭类型以长轴背斜、断鼻为主，$TJ_2x$、$TJ_2b$、$TJ_1q$、TT 四层总层圈闭面积 496.07km$^2$。

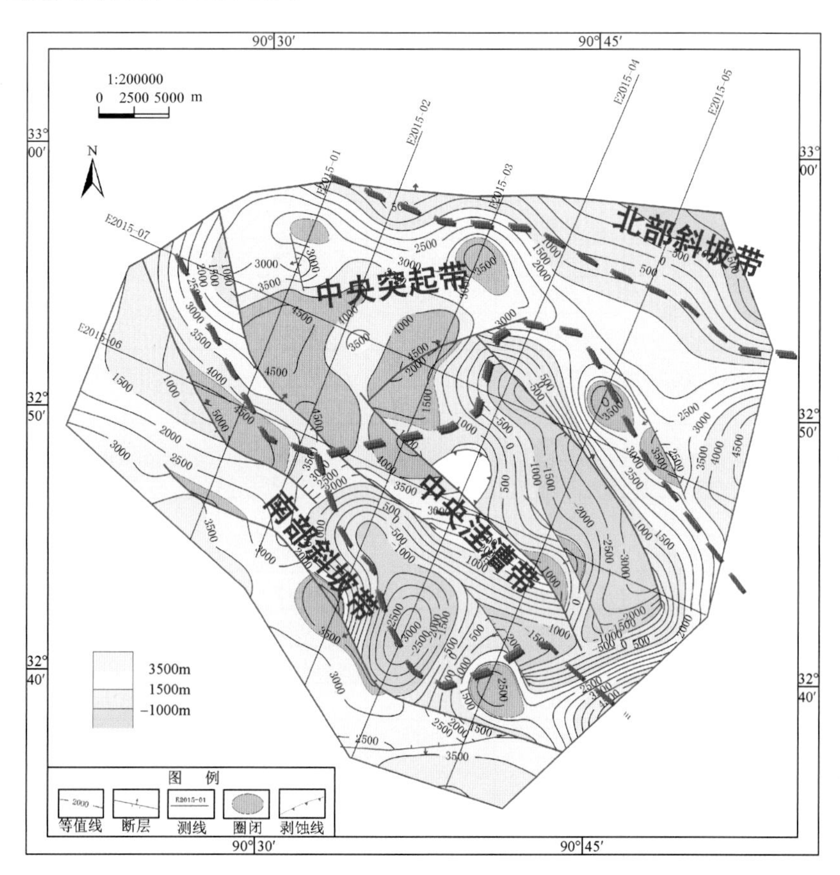


图 9-30　羌塘盆地鄂斯玛区块下侏罗统曲色组底界地震反射层构造图

**表 9-10　羌塘盆地鄂斯玛区块圈闭要素表**

| 构造名称 | 发育层位 | 圈闭类型 | 构造高点/m | 构造幅度/m | 圈闭面积/km$^2$ | 测线位置 |
|---|---|---|---|---|---|---|
| E1 | 布曲组 | 背斜 | 4100 | 100 | 3.11 | E2015-01 北侧 |
| | 曲色组 | | 3400 | 200 | 3.6 | |
| | 三叠系 | | 1200 | 200 | 2.65 | |
| E2 | 布曲组 | 背斜 | 4500 | 600 | 11.28 | E2015-03 北侧 |
| | 曲色组 | | 3800 | 600 | 10.22 | |
| | 三叠系 | | 1800 | 800 | 14.49 | |
| E3 | 布曲组 | 断鼻 | 4500 | 600 | 17.52 | E2015-05 与 E2015-07 交点东北侧 |
| | 曲色组 | | 4000 | 900 | 16.72 | |
| E3（北） | 三叠系 | 背斜 | 1400 | 1400 | 18.72 | |
| E3（南） | 三叠系 | 断鼻 | 1400 | 800 | 4.22 | E2015-05 与 E2015-07 交点东南侧 |

续表

| 构造名称 | 发育层位 | 圈闭类型 | 构造高点/m | 构造幅度/m | 圈闭面积/km$^2$ | 测线位置 |
|---|---|---|---|---|---|---|
| E4 | 夏里组 | 断鼻 | 4000 | 100 | 9.61 | E2015-01 南侧 |
| | 布曲组 | | 3700 | 400 | 13.9 | |
| | 曲色组 | | 2900 | 100 | 3.67 | |
| | 三叠系 | | 1000 | ＜100 | 0.98 | |
| E5 | 夏里组 | 断鼻 | 4700 | 200 | 10.27 | E2015-03 南侧 |
| | 布曲组 | | 4600 | 500 | 15.96 | |
| | 曲色组 | | 3900 | 500 | 13.59 | |
| | 三叠系 | | 1700 | 300 | 11.48 | |
| E6 | 布曲组 | 背斜 | 4000 | 800 | 10.18 | E2015-05 南侧 |
| | 曲色组 | | 2900 | 800 | 10.79 | |
| | 三叠系 | 断鼻 | 600 | 1600 | 20.76 | |
| E7 | 曲色组 | 断鼻 | 4900 | 900 | 58.7 | E2015-01 与 E2015-07 交点南侧 |
| | 三叠系 | | 3800 | 700 | 20.87 | |
| E8 | 曲色组 | 断鼻 | 4600 | 600 | 17.56 | E2015-03 与 E2015-07 交点西北侧 |
| | 三叠系 | | 3500 | 600 | 8.71 | |
| E9 | 曲色组 | 断块 | 1900 | 600 | 18.77 | E2015-03 与 E2015-07 交点 |
| | 三叠系 | | 1200 | 1700 | 26.53 | |
| E10 | 曲色组 | 断鼻 | 5000 | 800 | 21.74 | E2015-01 与 E2015-06 交点 |
| | 三叠系 | 断块 | 3200 | 1900 | 35.82 | |
| E11 | 夏里组 | 断鼻 | 2800 | 300 | 2.15 | E2015-05 与 E2015-06 交点南侧 |
| | 布曲组 | | 1700 | 100 | 0.78 | |
| | 曲色组 | | 1300 | 600 | 4.97 | |
| E12 | 曲色组 | 断鼻 | -200 | 700 | 2.54 | E2015-05 与 E2015-06 交点东侧 |
| E13 | 曲色组 | 断鼻 | 4500 | 500 | 11.18 | E2015-03 与 E2015-06 交点北侧 |
| | 三叠系 | | 3400 | 300 | 4.81 | |
| E14 | 三叠系 | 断鼻 | 1600 | 2100 | 13.39 | E2015-04 与 E2015-06 交点北侧 |
| E15 | 夏里组 | 断鼻 | 5100 | 1200 | 4.5 | E2015-03 南侧 |
| | 布曲组 | | 3800 | 1000 | 2.97 | |
| | 曲色组 | | 2900 | 900 | 2.59 | |
| | 三叠系 | | 400 | 700 | 2.44 | |
| E16 | 夏里组 | 断鼻 | 4800 | 800 | 11.33 | E2015-05 与 E2015-06 交点西南侧 |

#### 3. 玛曲区块

玛曲区块位于北羌塘拗陷的东部，构造运动相对比较剧烈，大面积出露三叠系地层，侏罗系地层剥蚀殆尽，仅底部雀莫错组地层保存比较完整，从剖面上看（图 9-31），研究区中部的 M2015-02 测线构造形态比较完整，凸凹相间的格局比较清楚，突起部位出露下侏罗统雀莫错组地层，三叠系保存完好；M2015-04 测线上可以看到地层向西抬升，遭受严重剥蚀，西部区域出露三叠系地层，地层向东倾没，存在凸凹相间的格局，突起部位出露侏罗系地层，三叠系保存完好。

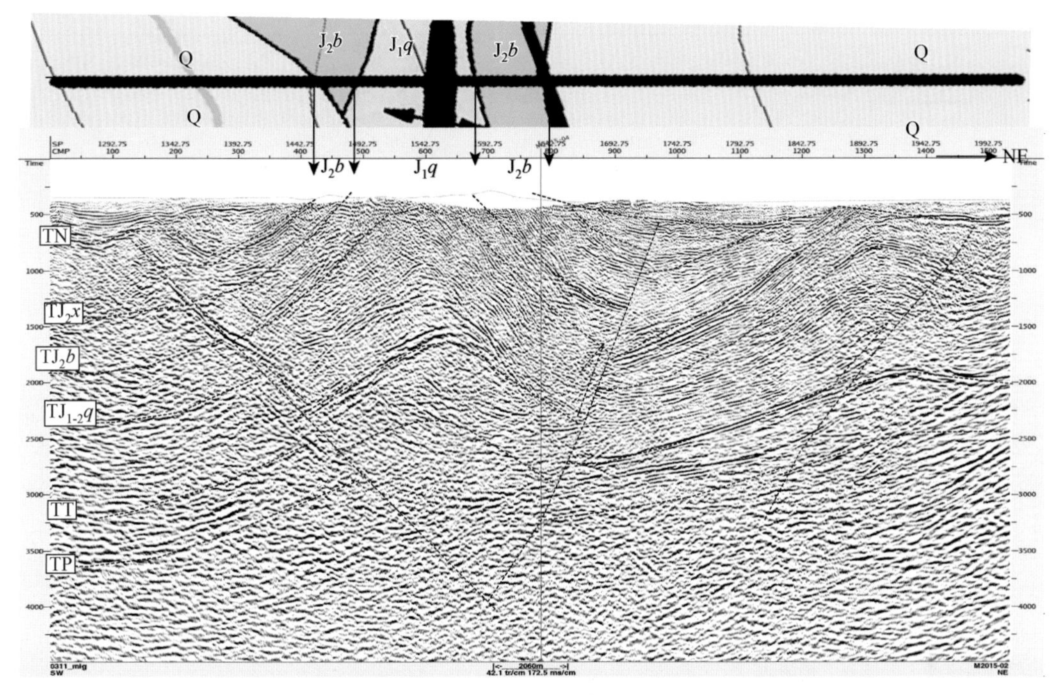


图 9-31 羌塘盆地玛曲地区 M2015-02 测线地震解释剖面

玛曲区块由于测线分布局限，难以识别其构造区划形态，整体构造形态相对简单，中上侏罗系地层剥蚀殆尽，大面积出露三叠系地层，侏罗系构造破坏比较严重，分布比较局限，保存相对比较完好的侏罗系雀莫错组，三叠系地层内发育断鼻、背斜等局部构造（图 9-32）。本区块共落实 7 个圈闭（表 9-11），圈闭类型以长轴背斜、断鼻为主，$TJ_1q$、TT、TP 三层总层圈闭面积 40.82km$^2$。

**表 9-11 羌塘盆地玛曲区块圈闭要素表**

| 构造名称 | 发育层位 | 圈闭类型 | 构造高点/m | 构造幅度/m | 圈闭面积/km$^2$ | 测线位置 |
|---|---|---|---|---|---|---|
| M1 | 雀莫错组 | 断鼻 | 4500 | 100 | 4.85 | M2015-02 与 M2015-04 交点西侧 |
| | 三叠系 | | 2000 | 100 | 1.98 | |
| | 二叠系 | | 0 | <100 | 0.38 | |
| M2 | 雀莫错组 | 背斜 | 4500 | 100 | 2.84 | M2015-02 与 M2015-04 交点西南侧 |
| M3 | 雀莫错组 | 断鼻 | 4400 | 200 | 3.37 | M2015-03 与 M2015-04 交点侧 |
| M4 | 三叠系 | 断鼻 | 3100 | 200 | 3.48 | M2015-01 与 M2015-04 交点北侧 |
| M5 | 三叠系 | 断块 | 2400 | 200 | 1.19 | M2015-01 与 M2015-04 交点侧 |
| M6 | 三叠系 | 断鼻 | 4600 | 500 | 6.30 | M2015-01 与 M2015-04 交点西南侧 |
| | 二叠系 | 断块 | 3100 | 500 | 8.88 | |
| M7 | 三叠系 | 断鼻 | 4500 | 400 | 4.36 | M2015-01 与 M2015-04 交点西南侧 |
| | 二叠系 | | 2800 | 200 | 3.19 | |

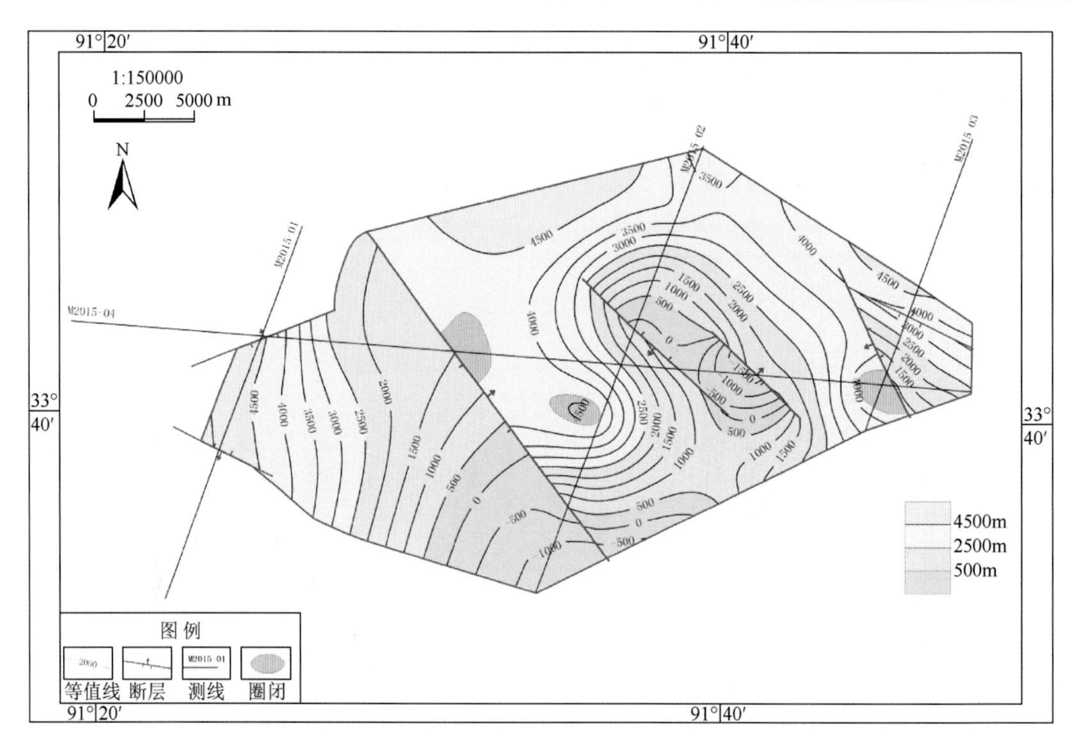


图 9-32　羌塘盆地玛曲区块下侏罗统雀莫错组底界地震反射层构造图

## 三、圈闭特征及评价

通过本次构造精细解释，研究区内落实圈闭 36 个，隆鄂尼区块落实局部圈闭 13 个、总层圈闭面积 314.54km$^2$，鄂斯玛区块落实局部圈闭 16 个、总层圈闭面积 496.07km$^2$，玛曲区块落实局部圈闭 7 个、总层圈闭面积 40.82km$^2$，三个区块总的层圈闭面积 851.43km$^2$。

此次仅在玛曲区块进行中侏罗统夏里组底界（$TJ_2x$）构造图编制，共落实局部圈闭 5 个，层圈闭面积 37.86km$^2$；中侏罗统布曲组底界（$TJ_2b$）在隆鄂尼、鄂斯玛区块共落实局部圈闭 11 个，层圈闭面积 112.29km$^2$；下侏罗统雀莫错组或曲色组底界（$TJ_{1\text{-}2}q$）整个研究区均有分布，共落实局部圈闭 27 个，层圈闭面积 320.12km$^2$；三叠系底界底界（TT）落实局部圈闭 29 个，层圈闭面积 368.71km$^2$；二叠系底界（TP）仅在玛曲区块存在，共落实局部圈闭 3 个，层圈闭面积 12.45km$^2$。这些圈闭的发现和落实，为综合地质解释和有利目标区的确定提供了可靠的依据。

本次按照隆鄂尼区块的圈闭以隆（圈闭要素表中为 L）开头加顺序号，鄂斯玛区块的圈闭以鄂（圈闭要素表中为 E）开头加顺序号，玛曲区块的圈闭以玛（圈闭要素表中为 M）开头加顺序号的方式对圈闭逐一命名。

### 1. 隆鄂尼⑦号构造

隆鄂尼⑦号构造位于隆鄂尼研究区的东部，L2015-07 与 L2015-10 测线交点东侧，是一个由 TF10、TF11 断层共同控制的断鼻构造，长轴方向北东向延伸，在过该构造的 L2015-07 测线上，地层向东西倾没比较清楚，在过该构造的 L2015-10 测线上，地层向南、北两个方向倾没，回倾明显，构造形态可靠，层位、断层解释比较合理，圈闭较落实。

该圈闭仅发育在曲色组、三叠系地层内，曲色组以上地层遭受剥蚀，不能形成圈闭（图 9-33、图 9-34），两层总层圈闭面积 42.79km$^2$，其中曲色组底界构造图上圈闭高点海拔为 4500m，闭合幅度 800m，圈闭面积 21.94km$^2$；三叠系底界构造图上圈闭高点海拔为 3700m，闭合幅度 1700m，圈闭面积 20.85km$^2$。

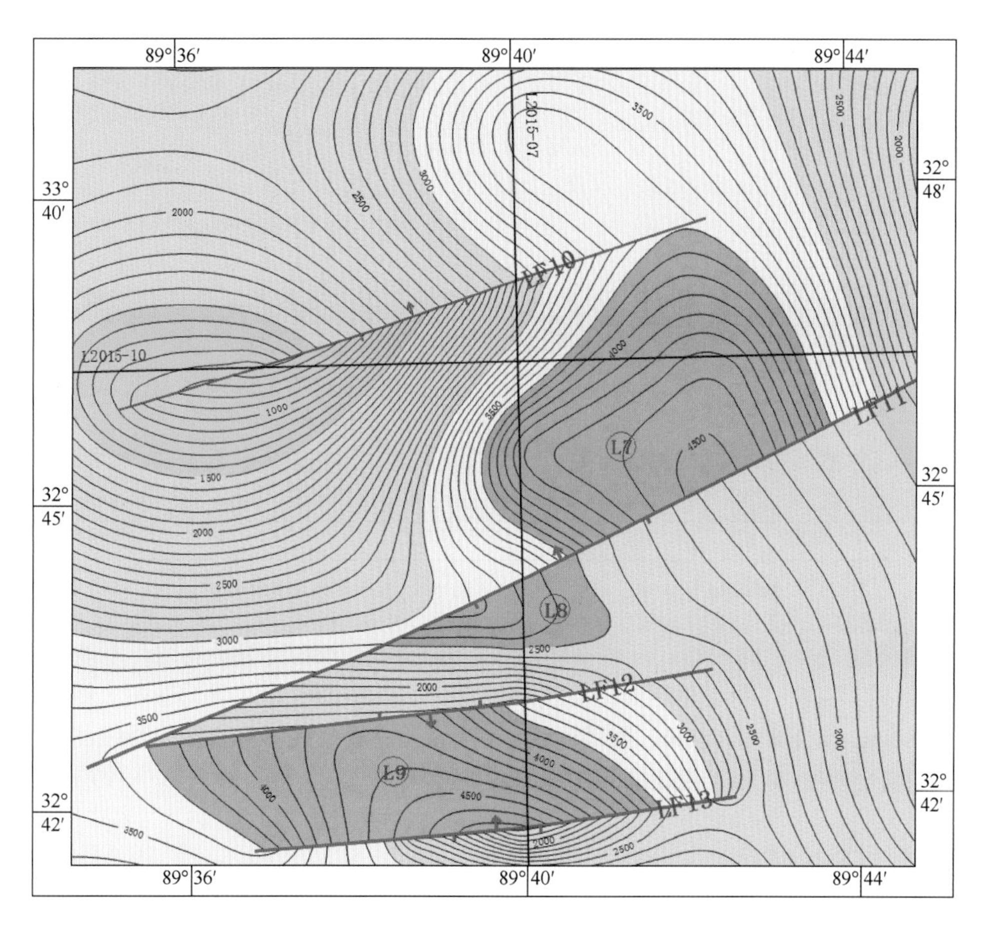


图 9-33　羌塘盆地隆鄂尼⑦号构造曲色组底界局部圈闭图

2. 鄂斯玛⑦号构造

鄂斯玛⑦号构造位于鄂斯玛区块中央突起带上，E2015-01 测线与 E2015-07 测线交点东侧，是一个由 EF7 断层控制的断鼻构造，长轴方向北西向延伸，在过该构造的 E2015-07 测线上，地层向东南、西北倾没比较清楚，在过该构造的 E2015-01 测线上，地层向北倾没，但向南回倾明显，构造形态可靠，层位、断层解释比较合理，圈闭较落实。

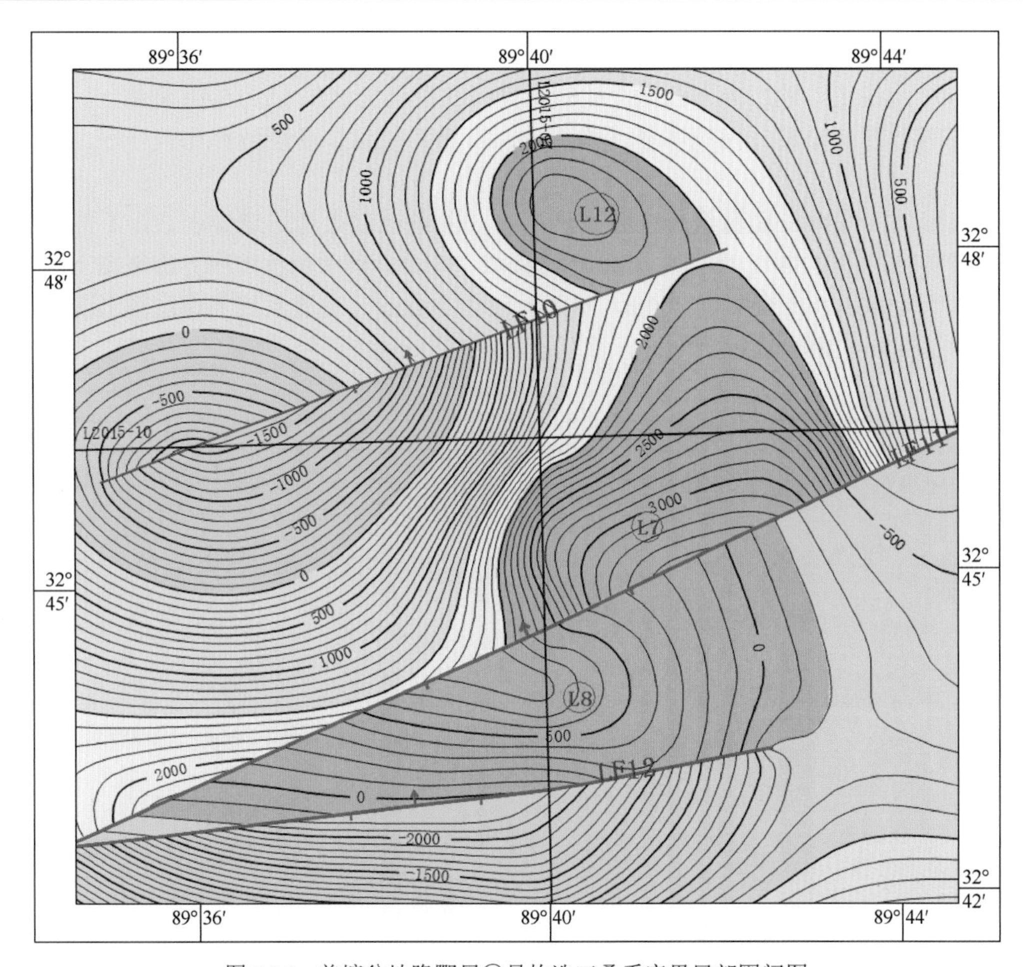


图 9-34　羌塘盆地隆鄂尼⑦号构造三叠系底界局部圈闭图

该圈闭仅发育在曲色组、三叠系地层内，曲色组以上地层遭受剥蚀，不能形成圈闭（图 9-35、图 9-36），两层总层圈闭面积 79.57km$^2$，其中曲色组底界构造图上圈闭高点海拔为 4900m，闭合幅度 900m，圈闭面积 58.7km$^2$；三叠系底界构造图上圈闭高点海拔为 3800m，闭合幅度 700m，圈闭面积 20.87km$^2$。

## 四、有利目标区优选

羌塘盆地是青藏高原一个最大的中生代海相残留盆地（谭富文等，2003），在这种类型的盆地进行油气勘探，必须在活动中找相对稳定的地区，在抬升剥蚀中找地层相对保存完整的地区。羌塘盆地被夹持在可可西里-金沙江缝合带与班公湖-怒江缝合带之间（赵文津等，2004），中央隆起带将羌塘盆地分为南北拗陷，两条缝合带与中央隆起带构成三条构造活动带，其间夹持两块相对稳定的地块，即北羌塘中部复向斜带和南羌塘中部复向斜带。相对稳定的地块是油气勘探的有利地区，其中以金星湖-浩波湖平缓褶皱带为主、东湖-托纳木-洞错断褶带及比洛错-鄂斯玛平行褶皱带，褶皱平缓，断裂少，岩浆活动微弱，背斜圈闭发育，面积大，为大中型油气田形成创造了有利条件，是勘探首选目标区。

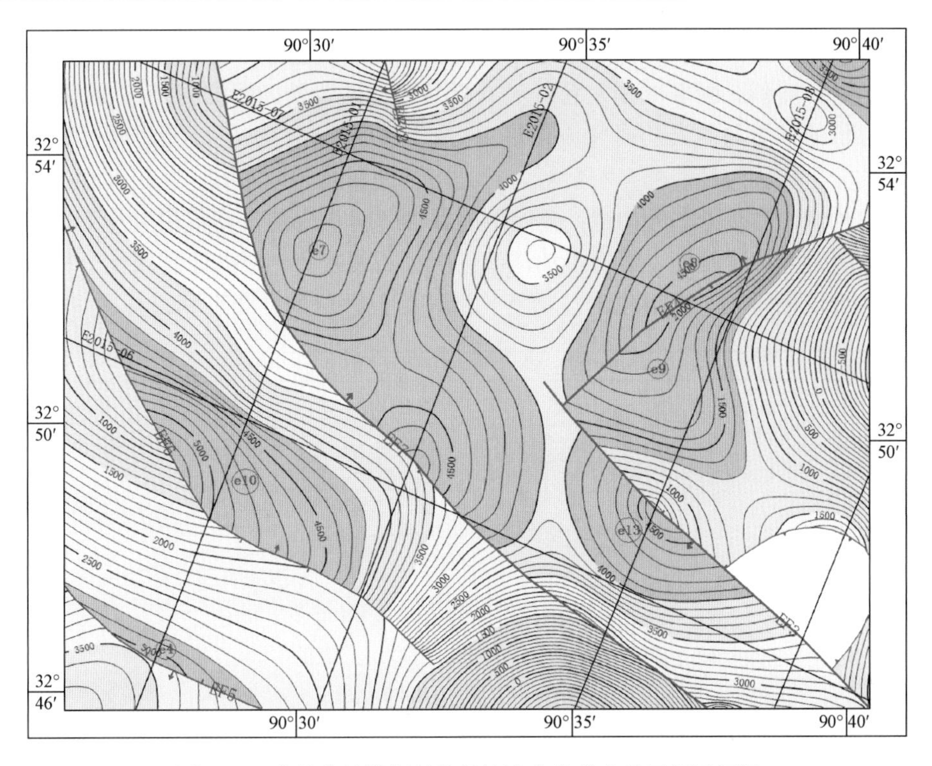


图 9-35　羌塘盆地鄂斯玛⑦号构造曲色组底界局部圈闭图

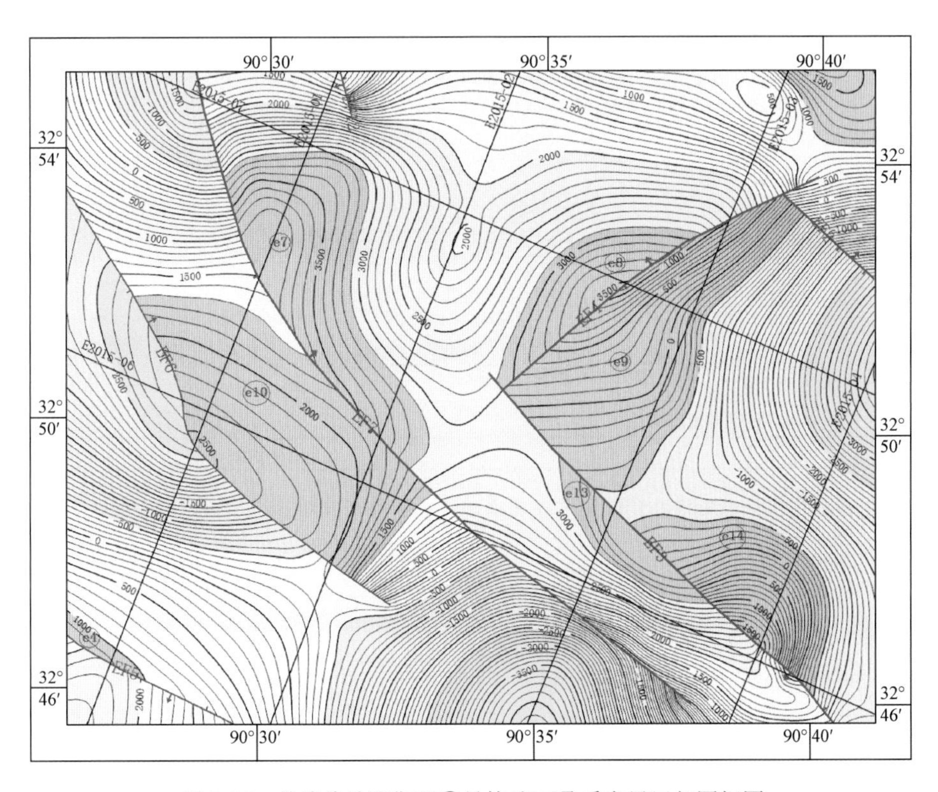


图 9-36　羌塘盆地鄂斯玛⑦号构造三叠系底界局部圈闭图

本次地震资料精细解释表明，在这个研究区内，褶皱相对比较平缓，断裂较少，没有大型岩浆活动，背斜、断鼻圈闭发育，具有良好的构造背景。根据圈闭综合评价的结果，认为本次评价的结果与前人的研究成果基本相似，根据主要目的层段地震属性分析与圈闭分布特点的分析，认为目前的有利目标，首先应该选取圈闭形态好、地层保存齐全、临近生油洼漕的构造。鄂斯玛⑦号构造：叠后地震属性分析认为油气富集程度相对比较高，构造形态好、圈闭落实程度高、紧邻生油洼漕，次级断裂发育。根据地震属性分析、地层综合评价，结合圈闭落实、临近生油洼漕等构造特征，评价为Ⅱ类有利目标区（图 9-37）。

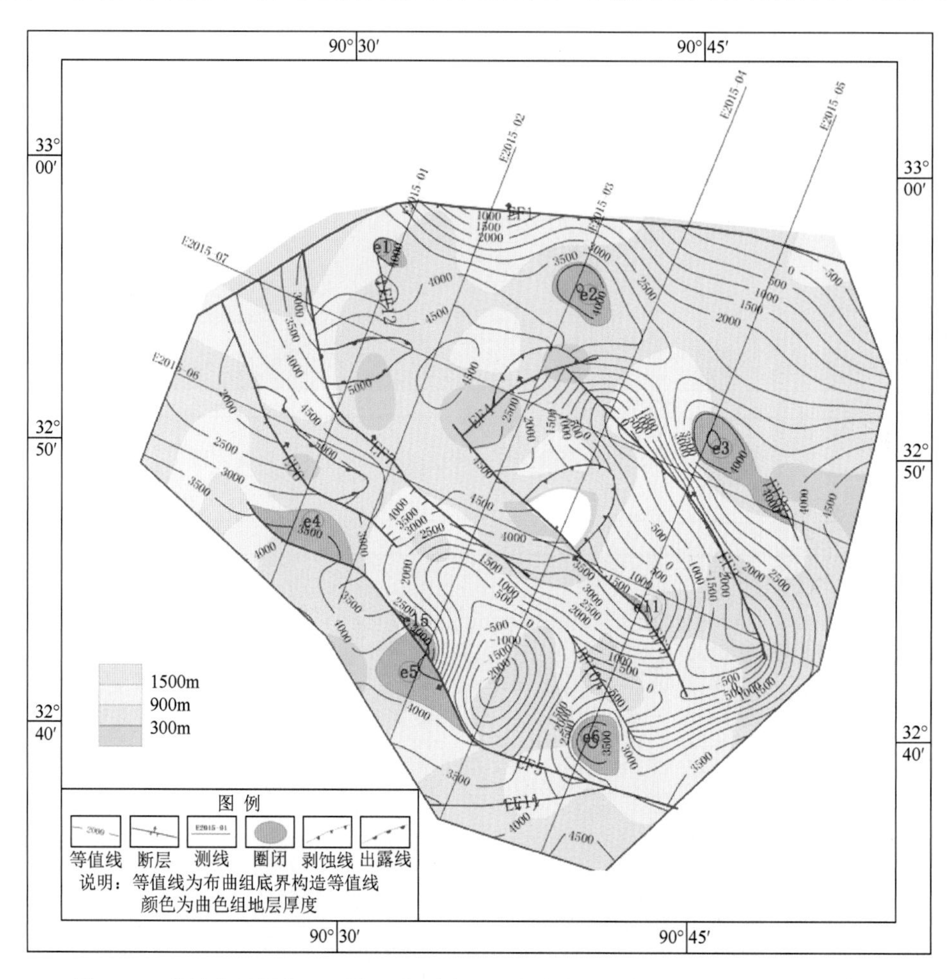


图 9-37　羌塘盆地鄂斯玛区块三叠系地层综合评价图（构造线＋地层厚度颜色）

# 参 考 文 献


边千韬，沙金庚，郑祥身，1993. 西金乌兰晚二叠世-早三叠世石英砂岩及其大地构造意义[J]. 地质科学，28（4）：327-335.

边千韬，常承法，郑祥身，1997. 青海可可西里大地构造基本特征[J]. 地质科学，32（1）：37-46.

常承法，1992. 特提斯及青藏碰撞造山带的演化特点[M]//大陆岩石圈构造与资源. 北京：海洋出版社.

陈文西，王剑，汪正江，等，2007. 藏北羌塘盆地菊花山地区晚三叠世古岩溶不整合面的发现及其意义[J]. 地质论评，53（5）：699-703.

邓万明，1984. 藏北东巧-怒江超基性岩的岩石成因[M]//喜马拉雅地质（Ⅱ）. 北京：地质出版社.

邓志文，2006. 复杂山地地震勘探[M]. 北京：石油工业出版社.

方德庆，云金表，李椿，2002. 北羌塘盆地中部雪山组时代讨论[J]. 地层学杂志，26（1）：68-72.

付修根，廖忠礼，刘建清，等，2007a. 南羌塘盆地扎仁地区中侏罗统布曲组沉积环境特征及其对油气地质条件的控制作用[J]. 中国地质，34（4）：599-605.

付修根，王剑，汪正江，等，2007b. 藏北羌塘盆地上三叠统那底岗日组与下伏地层沉积间断的确立及意义[J]. 地质论评，53（3）：329-336.

付修根，王剑，汪正江，等，2007c. 藏北羌塘盆地晚侏罗世海相油页岩生物标志物特征、沉积环境分析及意义[J]. 地球化学，36（5）：486-496.

付修根，王剑，汪正江，等，2008. 藏北羌塘盆地菊花山地区火山岩 SHRIMP 锆石 U-Pb 年龄及地球化学特征[J]. 地质论评，54（2）：232-242.

高瑞祺，赵政璋，2001. 中国油气新区勘探——青藏高原石油地质：第六卷[M]. 北京：石油工业出版社.

郝子文，饶荣标，1999. 西南区区域地层[M]. 武汉：中国地质大学出版社.

黄继钧，2001. 羌塘盆地基底构造特征[J]. 地质学报，75（3）：333-337.

黄继钧，伊海生，林金辉，2003. 羌塘盆地构造特征及油气远景初步分析[J]. 地质科学，39（1）：1-10.

黄兆辉，底青云，唐必锐，等，2008. 速度控制点法在川东高陡构造时深转换中的应用[J]. 地球物理学进展，23（3）：717-721.

金之钧，张金川，2002. 油气资源评价方法的基本原则[J]. 石油学报，23（1）：19-23.

孔祥儒，王谦身，1996. 西藏高原西部综合地球物理与岩石圈结构研究[J]. 中国科学 D 辑：地球科学，26（4）：308-315.

李才，2003. 羌塘基底质疑[J]. 地质论评，49（1）：4-9.

李才，程立人，张以春，等，2004. 西藏羌塘南部发现奥陶纪—泥盆纪地层[J]. 地质通报，23（5-6）：602-604.

李才，翟庆国，程立人，等，2005. 青藏高原羌塘地区几个关键地质问题的思考[J]. 地质通报，24（4）：295-301.

李春昱，1982. 亚洲大地构造图及说明书[M]. 北京：地质出版社.

李勇，王成善，伊海生，2002. 西藏晚三叠世北羌塘前陆盆地构造层序及充填样式[J]. 地质科学，37（1）：27-37.

李勇，李亚林，段志明，等，2005. 中华人民共和国区域地质调查报告（1∶250 000）：温泉兵站幅[M]. 北京：地质出版社.

刘保林，周芝旭，殷厚成，等，2005. 山前地震带勘探实践[M]. 北京：石油工业出版社.

刘崇禧，赵克斌，余刘应. 等，2001. 中国油气化探40年[M]. 北京：地质出版社：46-136.
刘家铎，周文，李勇，等，2007. 青藏地区油气资源潜力分析与评价[M]. 北京：地质出版社.
刘训，1992. 青藏高原不同地体的地层、生物区系及沉积构造演化史[M]. 北京：地质出版社：1-145.
刘增乾，李兴振，1993. 三江地区构造岩浆带的划分与矿产分布规律[M]. 北京：地质出版社.
刘振声，王洁民，1994. 青藏高原南部花岗岩地质地球化学[M]. 成都：四川科学技术出版社.
潘裕生，1994. 青藏高原第五缝合带的发现与论证[J]. 地球物理学报，37（2）：184-192.
潘裕生，1999. 青藏高原的形成与隆升[J]. 地学前缘，6（3）：153-163.
青藏油气区石油地质志编写组，1987. 中国石油地质志——青藏油气区[M].北京：石油工业出版社.
沈显杰，张文仁，1992. 青藏热流和地体构造热演化[M]. 北京：地质出版社，1-90.
孙忠军，秦爱华，伊海生，2007. 羌塘盆地金星湖区块地表油气化探试验[J]. 物探化探计算技术，29（1）：211-214.
孙忠军，杨少平，张学军，等，2006. 油气资源潜力浅表地球化学评价[J]. 地质通报，25（9-10）：1184-1188.
谭富文，潘桂棠，徐强，2000. 羌塘腹地新生代火山岩的地球化学特征与青藏高原隆升[J]. 岩石矿物学杂志，19（2）：121-130.
谭富文，王剑，王小龙，等，2002. 西藏羌塘盆地—中国油气资源战略选区的首选目标[J]. 沉积与特提斯地质，22（1）：16-21.
谭富文，王剑，王小龙，等，2003. 藏北羌塘盆地上侏罗统中硅化木的发现及意义[J]. 地质通报，22（11-12）：956-958.
谭富文，王剑，李永铁，等，2004. 羌塘盆地侏罗纪末—早白垩世沉积特征与地层问题[J]. 中国地质，31（4）：400-405.
谭富文，陈明，王剑，等，2008. 西藏羌塘盆地中部发现中高级变质岩[J]. 地质通报，27（3）：351-355.
汪云亮，张成江，修复芝，2001. 玄武岩形成的大地构造环境的Th/Hf-Ta/Hf图解判别[J]. 岩石学报，17（3）：413-421.
王成善，张哨楠，1987. 藏北双湖地区三叠系油页岩的发现[J]. 中国地质，8：29-31.
王成善，伊海生，李勇，等，2001. 羌塘盆地地质演化与油气远景评价[M]. 北京：地质出版社：184-251.
王成善，伊海生，刘池洋，等，2004. 西藏羌塘盆地古油藏发现及其意义[J]. 石油与天然气地质，25（2）：139-143
王国芝，王成善，吴山，2002. 西藏羌塘阿木岗群硅质岩段时代归属[J]. 中国地质，29（2）：139-142.
王鸿祯， 1985. 中国古地理图集[M]. 北京：地质出版社.
王辉，2005. 青藏高原羌塘-三江地区残留微陆块[J]. 云南地质，25（1）：1-10.
王剑，谭富文，李亚林，等，2004. 青藏高原重点沉积盆地油气资源潜力分析[M]. 北京：地质出版社.
王剑，付修根，陈文西，等， 2007a. 藏北北羌塘盆地晚三叠世古风化壳地质地球化学特征及其意义[J]. 沉积学报，25（4）：487-494.
王剑，付修根，杜安道，等，2007b. 藏北羌塘盆地胜利河油页岩地球化学特征及Re-Os定年[J]. 海相油气地质，12（3）：21-26.
王剑，汪正江，陈文西，等，2007c. 藏北北羌塘盆地那底岗日组时代归属的新证据[J]. 地质通报，26（4）：404-409.
王剑，付修根，陈文西，等，2008. 北羌塘沃若山地区火山岩年代学及区域地球化学对比——对晚三叠世火山——沉积事件的启示[J]. 中国科学D辑：地球科学，38（1）：33-43.
王剑，丁俊，王成善，等. 2009. 青藏高原油气资源战略选区调查与评价[M]. 北京：地质出版社.
王钧，黄尚瑶，黄歌岳，等，1990. 中国地温分布的基本特征[M]. 北京：地震出版社.
王乃文，1984. 青藏印度古陆及其与华夏古陆的拼合[M]//中法喜马拉雅考察成果. 北京：地质出版社.
王西文，高建虎，刘伟方，等，2010. 复杂地区地震勘探实践[M]. 北京：石油工业出版社.

王希斌，鲍佩声，邓万明，等，1987. 西藏蛇绿岩[M]. 北京：地质出版社.
王新红，2008. 平原复杂地表区地震勘探特殊炸药震源的研究及应用[M]. 北京：石油工业出版社.
王永胜，张树岐，谢元和，等，2006. 中华人民共和国区域地质调查报告（1∶250 000）：昂达尔错幅[M]. 武汉：中国地质大学出版社.
吴滔，马德胜，符宏斌，等，2013. 南羌塘拗陷鄂斯玛地区构造解析[J]. 新疆石油地质，34（2）：162-164.
吴锡生，严光生，1994. 油气化探工作中测网密度、取样深度及样品粒度的初步研究[J]. 油气化探，1（4）：1-5.
西藏自治区地质矿产局，1993. 西藏自治区区域地质志[M]. 北京：地质出版社：178-194.
夏代祥，1986. 班公湖-怒江、雅鲁藏布缝合带中段演化历程的剖析[M].//青藏高原地质文集（9）. 北京：地质出版社：123-138.
夏新宇，洪峰，赵林，1998. 烃源岩生烃潜力的恢复探讨——以鄂尔多斯盆地下奥陶统碳酸盐岩为例[J]. 石油与天然气地质，19（4）：307-312.
熊绍柏，刘宏兵，1997. 青藏高原西部的地壳结构[J]. 科学通报，42（12）：1309-1312.
熊盛青，2001. 青藏高原中西部航磁调查[M]. 北京：地质出版社.
许荣华，成忠礼，桂训唐，等，1986. 西藏聂拉木群变质时代的讨论[J]. 岩石学报，2（13）：15-24.
徐文耀，2007. 地磁场的三维巡测和综合建模[J]. 地球物理学进展，22（4）：4.
徐运亭，万江，邬在宇，等，2009. 地震勘探技术在大庆朝阳沟油田开发中的应用[M]. 北京：石油工业出版社.
阎世信，吕其鹏，2002. 黄土塬地震勘探技术[M]. 北京：石油工业出版社.
颜自给，1999. 应用地表油气化探资料研究油气藏保存条件[J]. 矿产与地质，13（5）：303-307.
杨競红，蒋少涌，凌洪飞，等，2005. 黑色页岩与大洋缺氧事件的 Re-Os 同位素示踪与定年研究[J]. 地学前缘，12（2）：143-149.
杨勇举，杨金华，陈猛，等，2009. 塔里木盆地沙漠地震勘探技术及应用[M]. 北京：石油工业出版社.
尹集祥，1988. 青藏高原南特提斯区地层地质演化轮廓[M]. 北京：地质出版社.
余光明，王成善，1990. 西藏特提斯沉积地质[M]. 北京：地质出版社：1-132.
袁学诚，1996. 中国地球物理图集[M]. 北京：地质出版社.
张胜业等，1996. 西藏羌塘盆地大地电磁测深研究[J]. 地球科学，21：198-202.
张志明，曹丹平，印兴耀，等，2016. 时深转换中的井震联合速度建模方法研究与应用现状[J]. 地球物理学进展，31（5）：2276-2284.
赵殿栋，宋玉龙，马国光，等，2002. 济阳拗陷深层地震勘探技术研究[M]. 北京：石油工业出版社.
赵文津，赵逊，史大年，等，2002. 喜马拉雅和青藏高原深剖面（INDEPTH）研究进展[J]. 地质通报，21（11）：691-700.
赵文津，刘葵，蒋忠惕，等，2004a. 西藏班公湖-怒江缝合带——深部地球物理结构给出的启示[J]. 地质通报，23（7）：623-635.
赵文津，薛光琦，吴珍汉，等，2004b. 西藏高原上地幔的精细结构与构造-地震层析成像给出的启示[J]. 地球物理学报，47（3）：616-621.
赵政璋，李永铁，王岫岩，等，2002. 羌塘盆地南部海相侏罗系古油藏例析[J]. 海相油气地质，7（3）：34-36.
赵政璋，李永铁，叶和飞，等，2001a. 青藏高原大地构造特征及盆地演化[M]. 北京：科学出版社.
赵政璋，李永铁，叶和飞，等，2001b. 青藏高原地层[M]. 北京：科学出版社.
赵政璋，李永铁，叶和飞，等，2001c. 青藏高原海相烃源层的油气生成[M]. 北京：科学出版社.
赵政璋，李永铁，叶和飞，等，2001d. 青藏高原羌塘盆地石油地质[M]. 北京：科学出版社.
赵政璋，李永铁，叶和飞，等，2001e. 青藏高原中生界沉积相及油气储盖层特征[M]. 北京：科学出版社.
郑鸿明，吕焕通，娄兵，等，2009. 地震勘探近地表异常校正[M]. 北京：石油工业出版社.

郑有业，何建社，李维军，等，2003. 中华人民共和国区域地质调查报告（1∶250 000）：兹格塘错幅[M]. 北京：地质出版社.
钟大赉等，1998. 滇川西部古特提斯造山带[M]. 北京：科学出版社.
中国地质调查局成都地质矿产研究所，2004. 青藏高原及邻区地质图（1∶150 万）说明书[M]. 成都：成都地图出版社.
周海民，谢占安，熊翥，等，2007. 断陷盆地精细地震勘探实践[M]. 北京：石油工业出版社.
周祥，1984. 西藏板块构造-建造图及说明书[M]. 北京：地质出版社，1-20.
朱同兴，林仕良，冯心涛，等，2005. 中华人民共和国区域地质调查报告（1∶250 000）_黑虎岭幅[M]. 武汉：中国地质大学出版社.
朱同兴，于远山，金灿，等，2005. 中华人民共和国区域地质调查报告（1：250 000）_多格错仁幅[M]. 武汉：中国地质大学出版社.
邹才能，张颖，徐凌，等，2002. 油气勘探开发实用地震新技术[M]. 北京：石油工业出版社.
Barringer A R，Lovell J S，1986. Multiple Correlation Geochemical Prospecting[M]//Unconventional Methods In Exploration For Petroleum And Natural Gas，Ⅳ. Dallas：Southern Methodist Univ. Press：201-217.
Cohen A S，Coe A L，Bartlett J M，et al.，1999. Precise Re-Os ages of organic-rich mudrocks and the Os isotope composition of Jurassic seawater[J]. Earth Planet Sci Lett，167：159-173.
Creaser R A，Sannigrahi P，Chacko T，et al.，2002. Further evaluation of the Re-Os geochronometer in organic-rich sedimentary rocks：a test of hydrocarbon maturation effects in the Exshaw formation，Western Canada Sedimentary Basin[J]. Geochim. Cosmochim. Acta，66：344-352.
Fu X G，Wang J，Qu W J，et al.，2008. Re-Os（ICP-MS）dating of the marine oil shale in the Qaingtang basin，northern Tibet，China[J]. Oil Shale，25（1）：47-55.
Horvitz L，1972. Vegetation and geochemical prospecting for petroleum[J]. AAPG，56（5）：926-940.
Kirkpatrick S，Celatt C D，Vecchi M P，1983. Optimization by simulated annealing[J]. Science，220：671-680.
Ludwig K，1999. Isoplot/Ex，Version 2.0：A geochrological toolkit for Microsoft excel[M]. Berkeley：Geochronology Center Special Publication.
Marsden D，1993. Static corrections a review[J]. The Leading Edge，12（1，2）：43-49，115-120.
Matthews M D，1996. Importance of Sampling Design and Density In Target Recognition[M]//Hydrocarbon Migration and Its Near-Surface express：AAPG Memoir，66：243-253.
McMechan G A，1983. Migration by extrapolation of time-dependent boundary values[J]. Geophysical prospecting，31：413-420.
Meschede M，1986. A method of discriminating between different type of mid-ocean ridge basalts and continental tholeiites with the Nb-Zr-Y diagram[J]. Chem. Geolo.，56：207-218.
Metropolis N，Rosenbluth A，Rosenbluth M，et. al.，1953. Equation of state calculations by fast computing machines[J]. Journal of Chemical Physics，21：1087-1092 .
Pearce J A，Cann J R，1973. Tectonic setting of basic volcanic rocks determines using trace element analyses[J]. Earth Planet Sci. Lett.，19：290-300.
Peters K E，Moldowan J M，1991. Effects of source，thermal maturity，and biodegradation on the distribution and isomerization of homohopanes in petroluem[J]. Organic Geochemistry，17（1）：47-61.
Price L C A，1986. Critical overview and proposed working model of surface geochemical exploration// Davidson M J. Unconventional Methods in Exploration for Petroleum and Natural Gas，Ⅳ[M]. Dallas：Southern Methodist Univ. Press：245-290.
Ravizza G，Turekian K K，Hay B J，1991. The geochemistry of rhenium and osmium in recent sediments fromthe Black Sea[J]. Geochim. Cosmochim. Acta，55：3741-3752.

Rothman D H, 1985. Nonlinear inversion, statistical mechanics, and residual statics estimation[J]. Geophysics, 50: 2784-2796.

Rothman D H, 1986. Automatic estimation of large residual statics correction[J]. Geophysics, 51: 337-346.

Sen M K, Stoffa P L, 1991. Nonlinear one-dimensional seismic waveform inversion using simulated annealing[J]. Geophysics, 56: 1624-1638.

Sengör A M C, 1979. Mid-mesozoic closure of permo-triassic Tetys and its implications[J]. Nature, 279: 590-593.

Smoliar H J, Walker R J, Morgan J W, 1996. Re-Os ages of group ⅡA, ⅢA, ⅣA, and ⅣB iron meteorites[J]. Science, 271: 1099-1102.

Ulmishek, 1992. Petroleum systems: medols and applications[J]. Jurnal of Petroleum Geology, 15(2): 319-325.

Xie X J, 1992. Local and regional surface geochemical exploration for oil and gas[J]. Journal of Geochemical Exploration, 42: 25-42.